序

制造业是国民经济的重要支柱产业，也是我国当前经济建设的重要基石，而作为制造业的重中之重，数控系统产业无疑处于举足轻重的地位。从我国制造业的现状及未来发展趋势来看，具有高精、高效特点的高性价比数控系统，将成为我国未来机械制造业的首选。此外，该类系统还必须同时具备系统稳定、调试简单、功能开放，并且易于学习和操作等特点。

本书所介绍的 SINUMERIK 808D 数控系统，是全球化跨国运营集团德国西门子公司近年来新推出的数控产品。在该款产品中，西门子公司充分融入了其 167 年以来在工业生产领域中所积累的丰富经验，专为适应中低端机械制造业的生产现状及未来发展趋势所设计。可以说，该款产品充分反映了西门子公司所提倡的虚拟化与现实化的数字工业革新的理念，极大地丰富和满足了我国机械制造业市场对于中低端数控系统的需求，是制造业一次有益地变革与创新。

在本书中，编者结合自身对西门子 SINUMERIK 808D 数控系统的理解，以及大量的丰富而有益的产品调试经验，对该款数控系统的整体性能、机械及电气调试的重要步骤和注意要点，以及该产品所具备的常用拓展功能及特殊应用进行了较为详细的介绍；而在本书的结构上，以 SINUMERIK 808D 数控系统的整体调试流程作为主线，结合实际的调试及应用案例，由浅入深，化繁为简，力求帮助读者通过阅读本书，完成对 SINUMERIK 808D 数控系统从认识到了解，进而实现自主调试的过程。

本书可供数控机床的安装调试、操作、维修维护人员阅读，也可作为中高职、高校相关专业师生教学参考用书，还可供数控行业及制造业设计、管理人员阅读。此外，希望对 SI-NUMERIK 808D 及数控行业相关的基本原理有所了解的各行业人士，也可以在阅读此书的过程中有所收获。

最后，希望本书可以为广大数控与机械行业工作者，及有志于该行业的相关人员提供有益的参考信息，促进中国机械制造业并数控行业的进一步发展，助力中国制造业更上一层楼！

王平

工业业务领驱动技术集团

运动控制部标准产品业务　总经理

西门子数控（南京）有限公司　总经理

2014 年 10 月

前　言

作为制造大国，我国在近十几年间，在制造行业，尤其是在数控机械行业有极大的发展和变革，这种革新是令人欣喜的，但同样也让我们看到了与世界发达国家之间依然存在着一定的差距。因此，现阶段而言，在不断地发展和提高自身的技术水平和管理模式之外，积极地借鉴和学习国外的先进经验，合理地选择切合市场需要和未来发展定位的数控产品是十分重要的。

编写《SINUMERIK 808D数控系统安装与调试轻松入门》，旨在通过浅显的语言，向读者介绍西门子公司近两年来新近推出的SINUMERIK 808D数控系统，在全面描述该产品的基本性能的同时，对该产品在安装、调试、使用过程中获得的一些经验进行整合，并结合数控基本原理，与广大读者及数控行业工作者们进行分享，聊为他山之石，希望可以看到更多，更精彩的行业之玉。

本书的章节是依据现场调试流程进行编排的，并针对各个步骤所涉及的工作从原理进行了剖析，介绍了行业标准和实际经验的延展，力求全面地覆盖SINUMERIK 808D数控系统调试及使用过程中所涉及的要点。

我们相信知识的力量，也相信事实的力量，尤其针对于我国数控行业高竞争、高需求的行业现状，我们相信这样一个切合行业需求和未来发展定位的产品，不仅可以帮助我们在竞争激烈的市场环境中获得先机，同样可以为我们在这个行业中进一步地自主探索与技术创新，提供大量宝贵的经验和参考依据。

本书可作为数控行业并机床制造业中，相关行业工作者及生产管理者的参考资料及培训用书，也可以作为各中、高职高校进行授课的参考用书。此外，我希望此书也可以为有志于学习和了解SINUMERIK 808D产品及数控系统基本原理的读者朋友们带来一定的帮助。

本书由陈勇、耿亮任主编，曲金龙任执行主编，参加编写的有柏志富、游辉胜、蒋金柏和胡佑仲。感谢在本书编写过程中给予大力支持的各位朋友。

由于作者水平有限，书中难免存在不足之处，希望诸位读者朋友多多包涵，并不吝批评指正。

编　者

2014 年 10 月

西门子运动控制丛书——数控系统篇

SINUMERIK 808D
数控系统安装与调试轻松入门

主　　编　陈勇　耿亮

执行主编　曲金龙

参　　编　柏志富　游辉胜　蒋金柏　胡佑仲

机械工业出版社

本书主要介绍了西门子 SINUMERIK 808D 数控系统安装、调试过程，所涉及的相关数控原理和行业标准。

本书共分为 8 章、附录 A 和附录 B。根据实际的数控产品及机床的规范调试流程，第 1 ~ 8 章节分别介绍了 SINUMERIK 808D 数控系统产品总览，SINUMERIK808D 数控系统硬件安装标准及相关要求，SINUMERIK 808D 数控系统电气安装标准及相关接线要求，PLC 程序及示例，SINUMERIK 808D 数控系统调试方法及机床数据，系统驱动基本调试和系统数据备份及数据恢复方法，以及 SINUMERIK 808D 数控系统中一些常用和特殊功能。

本书可供数控机床的安装调试、操作、维修维护人员数控行业及制造业设计、管理人员阅读，也可作为中高职、高校相关专业的师生教学参考用书。

图书在版编目（CIP）数据

SINUMERIK 808D 数控系统安装与调试轻松入门/陈勇，耿亮主编. —北京：机械工业出版社，2014.10
（西门子运动控制丛书. 数控系统篇）
ISBN 978 - 7 - 111 - 48468 - 4

Ⅰ. ①S… Ⅱ. ①陈…②耿… Ⅲ. ①数控机床 - 数字控制系统 - 安装②数控机床 - 数字控制系统 - 调试方法 Ⅳ. ①TG659

中国版本图书馆 CIP 数据核字（2014）第 261017 号

机械工业出版社（北京市百万庄大街 22 号　邮政编码 100037）
策划编辑：林春泉　责任编辑：林春泉
责任印制：刘　岚　责任校对：李锦莉
北京京丰印刷厂印刷
2015 年 1 月第 1 版·第 1 次印刷
184mm×260mm·16 印张·385 千字
0 001—3 000 册
标准书号：ISBN 978 - 7 - 111 - 48468 - 4
定价：68.00 元

目　　录

第 1 章 系 统 总 览

本章导读：

　　数控机床行业是一个讲究技术与经验的行业，而技术和经验的积累不仅仅在对整体机床制造行业的熟悉，还有对需要配套使用的数控系统特性熟悉及合理的选择。一台数控机床需要进行何种设计？实现何种功能？在机床设计之初就应是早已明确定义下来的；与此同时，选择何种数控系统与机床相配合才能使得机床的预定义特性得到充分的乃至超常的发挥，同样也是重中之重，而这一目的的实现，建立在基于机床特性和功能定义明确的前提下，对于系统有充分了解的基础之上。

　　同样的，这些原则和前提条件也适用于本书所要进行介绍的西门子 SINUMERIK 808D 数控系统，并且会为该系统的实际应用带来重要影响。

　　总之，本章主要介绍三部分内容，其中第 1.1、1.2 节主要介绍了 SINUMERIK 808D 数控系统各组成部件的基本信息，包括系统的基本构成、各部件的基本型号和选择范围以及相关的订货信息等，帮助读者对 SINUMERIK 808D 数控系统建立一个初步的整体认识；第 1.3 节从数控机床制造行业在机床设计时比较关注的重点内容入手，结合 SINUMERIK 808D 数控系统自身的特点进行说明；第 1.4 节给出了 SINU-MERIK 808D 数控系统各组成部件的相关技术信息，为实际进行机床制造设计工作及数控系统选型工作，提供详细的参考依据。

1.1　系统概述

　　西门子 SINUMERIK 808D 数控系统是一款面向全球市场的、以面向标准车床和铣床为主的经济型数控系统解决方案。在本节中，将针对该系统的基本情况及主要部件的组成进行介绍，帮助读者从整体上对该系统建立初步的认识和了解。

1.1.1　系统概览

　　对于 SINUMERIK 808D 数控系统而言，可从系统的软硬件上将其分为车床版和铣床版两个版本：

　　1）车床版主要针对标准车床的应用，系统可以控制 3 个轴，其中包括两个进给轴（通过两个脉冲驱动接口与西门子 SINAMICS V60 驱动器连接）和 1 个模拟量主轴（通过一个模拟量主轴接口连接）。

　　2）铣床版本主要针对标准铣床的应用，系统可以控制 4 个轴，其中包括 3 个进给轴（通过 3 个脉冲驱动接口与西门子 SINAMICS V60 驱动器连接）和 1 个模拟量主轴（通过 1 个模拟量主轴接口连接）。

在图 1-1 和图 1-2 中，分别给出 SINUMERIK 808D 数控系统的车床及铣床的配置连接示例，为实际应用提供参考依据。

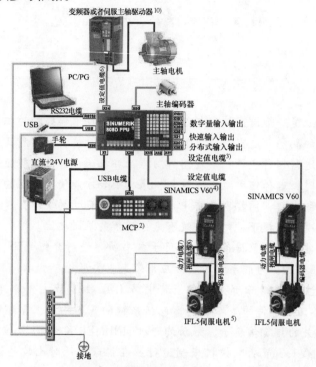

图 1-1　车床连接实例总图

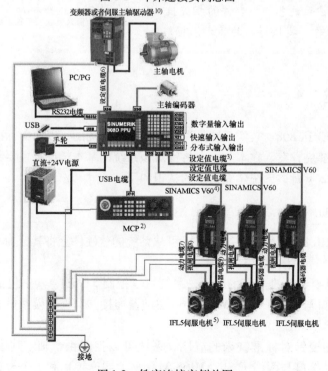

图 1-2　铣床连接实例总图

1. 1. 2 部件清单

西门子 SINUMERIK 808D 数控系统是由系统 PPU、MCP、SINAMICS V60 驱动器以及 1FL5 伺服电动机等各组件构成，不同的组件部分分别对应有相应的组件包。在表 1-1 中介绍了 SINUMERIK 808D 数控系统中各组件包所对应的名称及组件包内标准配置组件的数量，为实际应用时的配置选择以及交接组件时进行相应的配置核对，提供参考依据。

表 1-1 部 件 清 单

	组 件 名 称	数 量
PPU 套件包	面板处理单元(以下简称为 PPU)	1 个
	带螺钉的安装卡扣	8 个
	接线端子	I/O 接线端子:7 个 24V 电源端子:1 个
MCP 套件包	机床控制面板(以下简称为 MCP/默认为车床控制面板)	1 块
	MCP 连接电缆(用于将 MCP 与 PPU 连接,最长为 50cm)	1 根
	带螺钉的安装卡扣	6 个
	打印好的 MCP 插条(用于铣床)	1 套(6 根)
	空白插条纸(A4 大小)	1 张
	MCP 产品信息手册	1 本
CNC 备件	连接 SINAMICS V60 驱动器的设定值电缆(用于进给轴)	车床 2 根/铣床 3 根
	连接西门子变频器或第三方驱动器的设定值电缆(用于主轴)	1 根
	*急停按钮不在交付范围之内,如有需要,可与西门子销售人员联系单独采购	
SINAMICS V60 驱动器套件包	SINAMICS V60 驱动器模块	1 个
	SINAMICS V60 驱动器简明操作说明	1 本
	电缆夹(用于固定和屏蔽电缆)	2 个
	保修卡	1 张
1FL5 伺服电动机 套件包	1FL5 电动机	1 个
	1FL5 电动机简易说明书	1 个
单独电缆包	1FL5 伺服电动机动力电缆(非屏蔽)	1 根
	1FL5 伺服电动机抱闸电缆(非屏蔽)	1 根
	1FL5 伺服电动机编码器电缆(屏蔽)	1 根

1.2 系统各部件型号总览

西门子公司数控系统的每个部件都有一个独立的订货号，通过这个订货号可以采购到相应的物品。SINUMERIK 808D 数控系统也不例外。

表 1-2 给出 SINUMERIK 808D 数控系统中所有组成部件所对应的订货号，为实际配置方案的选择和订购提供参考依据。

需要注意：在 SINUMERIK 808D 数控系统的标准配置中，不包含主轴变频器或伺服主驱动器，需要由机床生产厂家根据自身的需要，自行选择与 SINUMERIK 808D 数控系统所要求的，可输出 0 ~ ±10V 模拟量信号的西门子或第三方生产的主轴变频器或伺服主轴驱动器。

表1-2　部件订货号

名　　称	订货号
SINUMERIK808D 数控系统(PPU141.1)车削版	6FC5370-1AT00-0AA0(英文版)
	6FC5370-1AT00-0CA0(中文版)
SINUMERIK808D 数控系统(PPU141.1)铣削版	6FC5370-1AM00-0AA0(英文版)
	6FC5370-1AM00-0CA0(中文版)
机床控制面板(MCP)	6FC5303-0AF35-0AA0(英文版)
	6FC5303-0AF35-0CA0(中文版)
连接 PPU141.1 和驱动器 V60 的设定值电缆	6FC5548-0BA00-1AF0(5m)
	6FC5548-0BA00-1AH0(7m)
	6FC5548-0BA00-1BA0(10m)
SINAMICS V60 控制功率模块(CPM60.1)	6SL3210-5CC14-0UA0(4A)
	6SL3210-5CC16-0UA0(6A)
	6SL3210-5CC17-0UA0(7A)
	6SL3210-5CC21-0UA0(10A)
1FL5 伺服电动机	1FL5060-0AC21-0AA0(4N·m、带轴键、不带抱闸)
	1FL5060-0AC21-0AG0(4N·m、不带轴键、不带抱闸)
	1FL5062-0AC21-0AA0(6N·m、带轴键、不带抱闸)
	1FL5062-0AC21-0AG0(6N·m、不带轴键、不带抱闸)
	1FL5064-0AC21-0AA0(7.7N·m、带轴键、不带抱闸)
	1FL5064-0AC21-0AG0(7.7N·m、不带轴键、不带抱闸)
	1FL5066-0AC21-0AA0(10N·m、带轴键、不带抱闸)
	1FL5066-0AC21-0AG0(10N·m、不带轴键、不带抱闸)
	1FL5060-0AC21-0AB0(4N·m、带轴键、带抱闸)
	1FL5060-0AC21-0AH0(4N·m、不带轴键、带抱闸)
	1FL5062-0AC21-0AB0(6N·m、带轴键、带抱闸)
	1FL5062-0AC21-0AH0(6N·m、不带轴键、带抱闸)
	1FL5064-0AC21-0AB0(7.7N·m、带轴键、带抱闸)
	1FL5064-0AC21-0AH0(7.7N·m、不带轴键、带抱闸)
	1FL5066-0AC21-0AB0(10N·m、带轴键、带抱闸)
	1FL5066-0AC21-0AH0(10N·m、不带轴键、带抱闸)
连接 PPU141.1 和主轴变频器或者伺服主轴驱动器的设定值电缆	6FC5548-0BA05-1AF0(5m)
	6FC5548-0BA05-1AH0(7m)
	6FC5548-0BA05-1BA0(10m)
1FL5 伺服电动机动力电缆(不带屏蔽层)	6FX6002-5LE00-1AF0(5m)
	6FX6002-5LE00-1BA0(10m)

（续）

名　　　称	订 货 号
1FL5 伺服电动机抱闸电缆（不带屏蔽层）	6FX6002-2BR00-1AF0（5m）
	6FX6002-2BR00-1BA0（10m）
1FL5 伺服电动机编码器电缆（带屏蔽层）	6FX6002-2LE00-1AF0（5m）
	6FX6002-2LE00-1BA0（10m）

1.3　系统配置

数控系统的配置及功能选择是设计和生产数控机床的重要组成部分，如何实现对数控系统类型及相关功能的合理选择，是机床生产厂家和最终用户都普遍关注的重要问题。同样，在选配 SINUMERIK 808D 数控系统时，也需要根据实际机床机械配比和用户的需求情况去配置系统。一般来说，可以从系统功能需求、数字量输入/输出点数、功率范围及电缆长度等四个方面进行考虑。

1.3.1　系统功能需求

在选配系统时需要考虑到数控机床用于何种类型的加工及实现这些需求所需要配备的功能，这点非常重要。正确选择合适的系统配置，不仅可以确保加工质量并提高生产效率，而且还可以很好的控制系统成本。就西门子 SINUMERIK 808D 数控系统而言，它主要具备以下基本特点：

1. 功能特点

SINUMERIK 808D 数控系统是单通道开环控制系统，最多可以配置 3 个进给轴和 1 个主轴。进给轴控制信号为脉冲信号、方向信号和使能信号，因此可以与能够接收脉冲信号的驱动器进行连接和控制。同时，系统所支持的主轴为模拟量信号主轴，控制信号为 0 ~ ±10V 模拟量信号。

2. 硬件特点

SINUMERIK 808D 数控系统硬件特点极具特色：从硬件版本上，可分有车削版和铣削版，分别应用于标准车床及标准铣床；从 HMI 显示屏上，其配有 7.5in LCD 彩色液晶显示器，具有 640×480 像素（宽×高）的高分辨率，可以提供良好的屏幕效果；从键盘设计上，其配置的键盘为机械式按键设计，包含有全数字字母键盘和针对不同工艺优化的功能键盘，操作较为方便。

3. 软件特性

SINUMERIK 808D 数控系统的软件设计也遵从于人性化的理念，许多快捷键的定义和电脑一致，从而进一步增强了操作的便捷性，而且易于使用和掌握。此外，SINUMERIK 808D 数控系统的软件针对不同领域的应用，分为车削版和铣削版。不同版本的设计使得调试工作可以更加具有针对性，为实际调试过程缩减了许多参数设置过程，但同时要求使用者在选择时应注意选择正确的硬件及软件版本。

4. 通信特点

SINUMERIK 808D 数控系统支持 USB 和 RS232 串口两种通信方式，通过这两种通信方式均可以实现数据传输和 DNC 加工，为使用者提供灵活选择的余地。

5. 编程特点

SINUMERIK 808D 数控系统提供全球通用的西门子 SINUMERIK 高级 CNC 语言，极大地扩展了编程工艺范围，同时也增加了操作灵活性；此外，SINUMERIK 808D 数控系统还支持常用的 ISO 方式编程语言，便于帮助熟悉 ISO 编程模式的操作人员快速学习和使用 SINU-MERIK 808D 数控系统。

1.3.2 数字量输入/输出（I/O）点数

数字量输入/输出信号即开关量信号，最为常见的是 DC24V 信号，有两种状态，即 1-高电平和 0-低电平。

在数控机床应用中，数字量输入/输出信号主要通过控制继电器或者接触器的触点吸合来控制数控机床的外围设备，如冷却液、照明灯、刀塔或者安全门等功能。因此，不仅不同型号的数控机床的设计需要不同的 I/O 点数，甚至同一型号的数控机床在满足不同的加工应用时，对于 I/O 点数的要求也不相同。一般来说，功能要求越多、应用越复杂的数控机床所需要的 I/O 点数越多，而相对简单的经济型数控机床所需要的 I/O 点数则会少一些。

因此，在设计数控机床和配置系统时，I/O 点数是一个必须考虑的重要因素。系统的 I/O 点数能否满足数控机床的设计需要，将直接决定该系统能否适用于该类型的机床。

在西门子 SINUMERIK 808D 数控系统中，共有 72 个输入点数和 48 个输出点数。其中 24 点输入和 16 点输出为接线端子方式，48 点输入和 32 点输出为两个 50 芯扁平电缆接线方式，可以说基本覆盖了常见的应用需求，并且方便用户根据自己的需要灵活地进行接线设计。

1.3.3 功率范围选择

驱动和电动机的功率选择是设计数控机床和配置系统时的一个重要指标，如果功率范围选择过小，则会因为超负载工作而造成硬件损坏；选择过大，则会出现大马拉小车情况，造成成本上的浪费。因此，正确地选择功率范围是很有必要的，下面将简要介绍在选择功率范围的过程中，关于进给轴电动机负载特性及功率计算的基本应用。

1. 电动机功率负载特性

作为一般驱动负载工作的回转电动机，主要有以下三种常用的功率负载特性：

（1）连续工作制（S1）

是指该电动机在额定工作条件和负载条件下允许长时间不间断的工作。

（2）短时工作制（S2）

是指该电动机在所规定的较短时间内，允许超出额定功率进行运转工作，其超载时间优先采用 10min、30min 或 60min 等。

（3）断续工作制（S3）

是指该电动机应按一定的通、断周期进行工作，以保证电动机在大电流、超载情况下不致因电动机温度过高，击穿绝缘层而烧坏。

2. 伺服进给轴有效推力的计算及选择

在图 1-3 中给出了基本的进给轴电动机传动示例，从图中我们不难发现，电动机的传动过程不仅仅与电动机和驱动器自身有关，同时也和相应的机械部件有很大的关联。

因此，在数控机床应用中，电动机和驱动器功率的选择还需要考虑机械负载、传动配比、丝杠等许多因素。需要注意的是，本书以下示例仅以水平伺服轴的电动机选择作为分析目标。

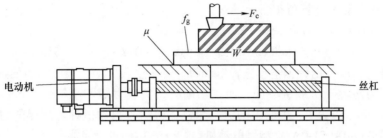

图 1-3　电动机传动示例图

同时，在涉及具体功率的选择时，实际的机械配比条件对功率选择有较大影响。为了更好地进行说明，在表 1-3 中给出一组参考的机械配比条件示例，作为后续力矩计算的使用值。

表 1-3　机械配比条件示例

工作台和工作台规格条件	W:运动部件(工作台及工件)总重量(kg) = 1000kgf
	μ:滑动表面的摩擦系数 = 0.05
	η:驱动系统(包括滚珠丝杠)的效率 = 0.9
	f_g:镶条锁紧力(kgf) = 50kgf
	F_c:由切削力引起的反推力(kgf) = 100kgf
	F_{cf}:由切削力矩引起的滑动表面上工作台受到的力(kgf) = 30kgf
	Z_1/Z_2:变速比 1:1
进给丝杠(滚珠丝杠)的规格条件	D_b:轴径 = 32mm
	L_b:轴长 = 1000mm
	P:螺距 = 8mm

注：表 1-3 中数据仅作为示例数据用于支撑后文的计算演示，实际应用中应根据实际情况获得相关数据值。

计算负载力矩，即加到电动机轴上的负载力矩计算，通常可根据以下公式算出：

$$T_m = \frac{FL}{2\pi\eta} + T_f$$

式中　T_m——加到电动机轴上的负载力矩（N·m）；

　　　　F——沿坐标轴移动的部件（工作台或刀架）所受到的力（N）；

　　　　L——电动机转动一转时，机床移动的距离 = $P(Z_1/Z_2)$ = 8mm；

　　　　T_f——滚珠丝杠螺母或轴承加到电动机轴上的摩擦力矩 = 0.2N·m

　　　　π——取近似值 3.14。

需要强调的是，公式中 F 值的大小取决于工作台的重量、摩擦系数，而与切削与否，或者是垂直轴或水平轴无关。此外，如果坐标轴是垂直轴，F 值还与平衡锤有关。

对于水平工作台，F 值可按下列公式计算：

（1）不切削时：$F = \mu(W + f_g)$

使用表 1-3 中的数据计算可得：

- $F = 0.05 \times (1000 + 50) \text{kgf} = 52.5 \text{kgf}$
- $T_m = (52.5 \times 0.008 \times 9.8) \text{kgf.cm}/(2 \times 3.14 \times 0.9) \text{kgf.cm} + 0.2 \text{N} \cdot \text{m} = 0.928 \text{N} \cdot \text{m}$

（2）切削时：$F = F_c + \mu(W + f_g + F_{cf})$

使用表 1-3 中的数据计算可得：

- $F = 100 \text{kgf} + 0.05 \times (1000 + 50 + 30) \text{kgf} = 154 \text{kgf}$
- $T_m = (154 \times 0.008 \times 9.8) \text{kgf.cm}(2 \times 3.14 \times 0.9) + 0.2 \text{N} \cdot \text{m} = 2.336 \text{N} \cdot \text{m}$

为了满足条件，应根据数据清单选择电动机。基于上例，对于负载力矩的选择应确保在不切削时，负载力矩大于 $0.928 \text{N} \cdot \text{m}$；而在切削时，负载力矩不小于 $2.336 \text{N} \cdot \text{m}$，最高转速不高于 3000r/min。以表 1-3 中给出的数据为例，根据其数据值计算所得的力矩大小进行判断，选择 1FL5060-0AC21-0AA0 型号电动机（4N·m）即可满足需要。

对于驱动器的选择则需要根据计算出来的电动机规格选择。例如，如果选择了 4Nm 的电动机，只需选择 4A 的 SINAMICS V60 驱动器就可以了。

需要强调的是，在进行计算力矩时，要注意以下几点：

1）应考虑由镶条锁紧力（f_g）引起的摩擦力矩。根据运动部件的重量和摩擦系数计算得到的力矩通常比较小，但应注意镶条锁紧力和滑动表面的质量对力矩有很大影响。

2）滚珠丝杠轴承和螺母的预加负载，丝杠的预应力及其它一些因素有可能导致滚动接触时产生的 F_c 相当大。因此，小型和轻型机床的摩擦力矩会大大影响电动机所承受的力矩。

3）应考虑由切削力引起的滑动表面摩擦力（F_{cf}）的增加。切削力和驱动力通常并不作用在一个公共点上，如图 1-3 中所示，当切削力很大时，造成的力矩会增加滑动表面的负载。因此，在计算切削时的力矩时，要考虑由负载引起的摩擦力矩。

4）实际进给速度的变化会使摩擦力矩变化很大。因此，如果要得到精确的摩擦力矩值，则需要仔细研究速度变化、工作台支撑结构（滑动接触、滚动接触和静压力等）、滑动表面材料、润滑情况以及其他因素对摩擦力的影响。

5）机床的装配情况、环境温度及润滑状况等对一台机床的摩擦力矩也有很大的影响。因此，大量搜集同一型号的机床数据可以帮助我们较为精确的计算其负载力矩；此外，在调整镶条锁紧力时，还要注意保持对于摩擦力力矩状态的监测，避免过大的力矩产生。

1.3.4 电缆长度

电缆长度的选择相对简单一些。主要是在实际的设计中，根据实际情况的需要，对机床进行电气安装时所需要的布线长度进行合理计算，并预留一定的余量就可以了。对于西门子 SINUMERIK 808D 数控系统而言，目前与其配套的标准设定值电缆（从 PPU 端到 SINAMICS V60 驱动器端）的长度规格有 5m、7m 和 10m 三种；而电动机的动力电缆和编码器电缆（从 SINAMICS V60 驱动器端到 1FL5 伺服电动机端）的规格有 5m 和 10m 两种。

1.4 SINUMERIK 808D 数控系统各组件技术参数

SINUMERIK 808D 数控系统主要构成组件可分为 SINUMERIK 808D PPU 及 MCP、SINAMICS V60 驱动器以及 1FL5 伺服电动机。在实际应用中，各组件的正常使用和工作需要满足相应的技术要求和技术指标,本节即对 SINUMERIK 808D 数控系统的各组件技术参数,进行简要的介绍。

1.4.1 SINUMERIK 808D PPU141.1 和 MCP 技术参数

SINUMERIK 808D PPU141.1 及 MCP 是重要的机床控制组件,也是操作者在实际使用中接触最为频繁的组件,因此在实际的选配、安装及使用中,应充分考虑并结合该组件自身的技术特性和技术指标进行机床的设计和安装使用。

在表 1-4 中,给出了 SINUMERIK 808D 数控系统的 PPU141.1 及 MCP 组件相关的技术参数,为实际的配置选择和机床装配提供参考依据。

表 1-4 PPU141.1 和 MCP 的技术参数示例表

		PPU141.1	MCP
设计数据	尺寸(宽×高×厚)/mm	420×200×104	420×120×58
	重量/kg	3.06	0.86
	冷却方法	自冷	自冷
	防护等级	前面:IP54	前面:IP54
		后面:IP20	后面:IP00
电气数据	电源电压	DC24V(允许范围:20.4~28.8V)	—
	波动性	3.6$V_{(p-p)}$	3.6$V_{(p-p)}$
	24V 的电流损耗	基本配置 典型 1.5A(输入/输出打开)	—
	非周期性过电压	35V,持续时间 500ms;恢复时间 50s	—
	总起始电流	5A	5A
	功率损耗	最大 50W	最大 5W
	符合 EN61800-3 抗干扰性	≥20μs	≥20μs
	过电压等级	3	3
	污染等级	2	2
运输及存储条件	温度	−20~+60℃	−20~+60℃
	抗振性(运输)	5~9Hz:3.5mm 9~200Hz:1g	5~9Hz:3.5mm 9~200Hz:1g
	抗冲击性(运输)	10g 峰值,持续 6ms,3 个相互垂直轴中每个轴 100 次振动	
	自由下落	<1m	<1m
	相对湿度	5%~95%,没有凝露	5%~95%,没有凝露
	大气压力	1060hPa~700hPa(对应海拔 3000m)	
周围运行条件	温度	0~45℃	
	大气压力	795~1080hPa	795~1080hPa
	抗振性(运行)	10~58Hz:0.35mm 58~200Hz:1g	10~58Hz:0.35mm 58~200Hz:1g
	抗冲击性(运行)	10g 峰值,持续 6ms,3 个相互垂直轴中每个轴 6 次振动	

（续）

		PPU141.1	MCP
锂电池	额定输出电压	3V	—
	最大电容	950mA	—
	使用寿命	3 年	—
认证	认证等级与标准	CE	CE
干扰	电缆形成的干扰	C3（限值类别，根据 EN61800-3）	
	干扰	C3（限值类别，根据 EN61800-3）	

1.4.2　SINAMICS V60 驱动器技术参数

在表 1-5 中，给出 SINAMICS V60 驱动器的基本技术参数，为实际的驱动选择和机床装配提供参考依据。

需要注意的是 SINAMICS V60 驱动器共有 4 种型号，根据额定输出电流的不同可以分为 4A、6A、7A 和 10A，而每一种型号又有特定功率段的 1FL5 伺服电动机与之对应。因此，正如上述所提及的，在进行实际的选择和配置时，需要认真考虑不同功率段的驱动和电动机的合适性，并且结合实际的技术参数，确定最终所选择的驱动器类型。

表 1-5　SINAMICS V60 驱动器的技术参数示例表

	订货号 6SL3210-	5CC14-0UA0	5CC16-0UA0	5CC17-0UA0	5CC21-0UA0
一般性能	额定输出电流/A	4	6	7	10
	最大输出电流/A	8	12	14	20
	额定输出功率/kW	0.8	1.2	1.6	2.0
	额定输入功率/kW	0.9	1.4	1.9	2.3
	额定电动机扭矩/N·m	4	6	7.7	10
	应用领域	车床、铣床、包装机械、雕刻机、印刷机械等			
	可配置的控制器	西门子 SINUMERIK801、SINUMERIK802S Baseline、SINUMERIK808D、SIMATIC S7-200 以及 SIMATIC S7-1200			
	轴	单轴驱动			
	显示	6 位、7 段 LED 显示、两个 LED 状态指示灯			
	面板按键	4 个轻触开关键			
	设定值接口	脉冲接口			
	过载能力:				
	可应用负载惯量	不大于 5 倍电动机转子惯量			

（续）

订货号 6SL3210-		5CC14-0UA0	5CC16-0UA0	5CC17-0UA0	5CC21-0UA0
控制性能	控制模式	1. 位置控制（输入模式：脉冲＋方向信号）			
		2. JOG 模式			
	输入脉冲频率/kHz	≤333			
	驱动输入	1. 伺服使能　2. 报警清除			
	驱动输出	1. 抱闸输出　2. 伺服报警　3. 伺服就绪　4. 零点标示			
	保护功能	过电流、过电压、欠电压、过载、IGBT 温度过高、超速、编码器异常保护、I^2T 监测			
	编码器	带 U、V 和 W 转子位置信号的 TTL 编码器 2500p/r；1 个零脉冲信号			
	电源电压	额定电压：3 相交流 220～240V，公差：－15%～＋10%，50/60Hz，非调节型直流母线			
环境条件	环境温度	运行：0～45℃：功率额定值不下降（100%负载）			
		45～55℃：功率值下降（45℃时功率额定值下降0%，而在55℃时功率额定值下降30%）			
		运输：－40～70℃			
		存储：－25～55℃			
	相对湿度	＜95%			
	振动阻尼	运行：≤1G（0.075mm）　运输和存储：≤2G（7.5mm）			
	安装海拔/m	低于海平面1000：功率额定值不下降 1000～2000：功率额定值下降（降至80%）			
	保护等级	IP20			
构造设计	外形尺寸（W×H×D）	106mm×226mm×200mm	106mm×226mm×200mm	106mm×226mm×200mm	123mm×226mm×200mm

1.4.3　1FL5 伺服电动机技术参数

在 SINUMERIK 808D 数控系统的标准配置中，是使用 1FL5 伺服电动机与 SINAMICS V60 驱动器进行搭配使用的。此外，SINUMERIK 808D 数控系统中所标配的 1FL5 伺服电动机全部为增量式伺服电动机，并根据实际的额定扭矩的不同划分为 4N·m、6N·m、7.7N·m 以及 10N·m 4 种型号，分别与 SINAMICS V60 驱动器的 4 个功率型号一一对应。

需要注意：必须根据实际的电动机功率及扭矩的情况，选择与驱动端相匹配的型号，确保两者的一致性，否则有可能造成不良的影响：

1）如果选择的电动机过小，则无法达到根据驱动所计算出的功率指标。

2）如果选择的电动机过大，则会由于驱动端的限制而导致无法完全发挥出电动机的性能，从而造成浪费。

此外，对于 1FL5 伺服电动机而言，还有一系列相关的技术参数，共同决定着 1FL5 伺服电动机的实际性能和应用情况。在表 1-6 中给出了 1FL5 伺服电动机的基本技术参数，为实际的电动机选择和机床装配提供参考依据。

表 1-6　1FL5 伺服电动机的技术参数

	订货号	1FL5060-0AC21-	1FL5062-0AC21-	1FL5064-0AC21-	1FL5066-0AC21-
一般参数	额定功率/kW	1	1.5	1.6	2.6
	额定转矩/N·m	4	6	7.7	10
	额定转速/r/min	2500	2500	2500	2500
	额定电流/A	4	6	6.5	10
	转子惯量/kgm²	1.101×10^{-3}	1.544×10^{-3}	2.017×10^{-3}	2.595×10^{-3}
	转矩常数/(N·m/Arms)	1	1	1.185	1
	最大电流/A	12	18	19.5	30
	最大转矩/Nm	12	18	23.1	30
	极对数	4			
	编码器线数(F)	2500C/T			
	电动机绝缘等级	B			
	使用环境	环境温度:0～55℃　湿度:小于90%(无凝露)			
	电动机重量(净重)/kg	6.0	7.6	8.6	10.6
	A/mm	163(205)	181(223)	195(237)	219(261)
	B/mm	80	90	112	136
安装尺寸	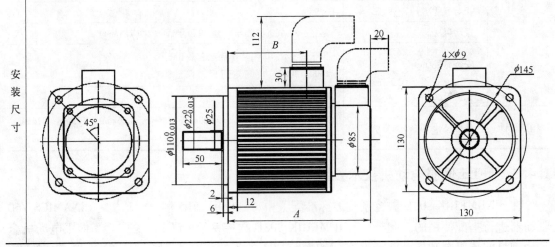			

第2章 硬件安装

本章导读:

    一套完整的 SINUMERIK 808D 数控系统主要包含有数控控制面板(以下简称为 PPU)及机床操作面板(以下简称为 MCP)、SINAMICS V60 驱动器以及 1FL5 伺服电动机等多个部件。各部件之间,需要依照规定的方式,通过固定的接口和电缆进行连接,从而形成一套可以有效工作的完整系统架构。

    在整个的安装过程中,为了保证系统部件的正确安装和未来使用的稳定性,必须遵守西门子公司所给定的安装标准及安装要求,否则很可能在后续的使用中造成尺寸不对、屏蔽不良、散热不好等一系列故障现象的发生。因此,可以说严格而正确的依照 SINUMERIK 808D 数控系统的安装标准进行安装,是保证系统可以正常而稳定地进行工作的重要前提。

    总体来说,本章主要介绍了两部分,其中第 2.1-2.2 节主要说明了 SINUMERIK 808D 数控系统各组成部件的机械安装的准备要求及相关部件的安装尺寸要求;第 2.3 节则从电气安装的角度,介绍了电气柜整体的设计原则、设计思路及电气柜抗干扰的注意事项。

2.1 安装准备

    在进行 SINUMERIK 808D 数控系统包的安装之前,必须做好充足的准备工作。一般来说,安装准备工作主要分为两个方面:一是对于待安装的 SINUMERIK 808D 数控系统各部件进行核对,以确保型号及数量的正确性;二是做好与之关联的电气相关部分的安装准备工作,核查电气安装环境的合理性和安全性。

2.1.1 硬件核对

    一般来说,一套完整的 SINUMERIK 808D 数控系统部件包主要由 PPU 套件包、MCP 套件包、附件包、SINAMICS V60 套件包、1FL5 伺服电动机套件包以及独立电缆包几部分构成。在安装之前,使用者需要根据实际的需求和订货情况,进行硬件部件的核查。

1. PPU 套件包

在表 2-1 中,给出 SINUMERIK 808D PPU 套件包的相关信息。在此套件包中,主要包含 PPU 部件本身及相关的硬件安装和电气连接部件。

2. MCP 套件包

在表 2-2 中,给出 SINUMERIK 808D MCP 套件包的相关信息。在该套件包中,主要包含 SINUMERIK 808D 数控系统面板操作单元(简称 MCP)部件本身、相关的硬件安装及电气连接部件、MCP 上的功能说明插条以及 MCP 相关额产品信息描述，以帮助使用者更好地使用。

表 2-1   SINUMERIK 808D PPU 套件包一览表

组件名称	图例	注释		订货号
面板控制单元（简称 PPU）		车削版	英文版	6FC5370-1AT00-0AA0
			中文版	6FC5370-1AT00-0CA0
		或		
		铣削版	英文版	6FC5370-1AM00-0AA0
			中文版	6FC5370-1AM00-0CA0
带螺钉的安装卡扣		共计 8 个，用于安装固定		—
接线端子	—	I/O 接线端子：7 个 直流 24V 电源接线端子：1 个		—

表 2-2   SINUMERIK 808D MCP 套件包一览表

组件名称	图例	注释	订货号
面板操作单元（简称 MCP）		英文版	6FC5303-0AF35-0AA0
		中文版	6FC5303-0AF35-0CA0
USB 电缆		用于 MCP 与 PPU 之间的连接（最长 30cm）	—
带螺钉的安装卡扣		共计 6 个，用于安装固定	—
印好的 MCP 插条		1 套（共计 6 根）	—
空白插条纸		A4 纸 1 张，可以使用该纸打印自定义的功能键描述插条	—
MCP 产品信息		1 张	—

3. 附件包

在表 2-3 中给出 SINUMERIK 808D 数控系统附件包的相关信息。在该附件包中，主要包含的组件为 SINUMERIK 808D PPU 与 SINAMICS V60 驱动器以及主轴变频器进行连接时，所需要使用的电缆。

需要特别注意：无论是 SINAMICS V60 驱动器的设定值电缆，还是主轴设定值电缆，都有不同的长度型号。在选用时，应根据实际的机床情况及应用要求合理选择。

表2-3　SINUMERIK 808D 数控系统附件包一览表

组 件 名 称	图 例	长度/m	订 货 号
V60 设定值电缆 （用于 PPU 与驱动 之间的连接）		5	6FC5548-0BA00-1AF0
		7	6FC5548-0BA00-1AH0
		10	6FC5548-0BA00-1BA0
主轴设定值电缆 （用于主轴）		5	6FC5548-0BA05-1AF0
		7	6FC5548-0BA05-1AH0
		10	6FC5548-0BA05-1BA0

需要特别注意以下几点：

1）对于车床，需要两根设定值电缆用于 PPU 和 SINAMICS V60 驱动器之间的连接；而对于铣床，则需要三根设定值电缆。

2）急停按钮不在标准配置中，需要自行准备。

3）主轴编码器电缆不作为标准配置，需要自行制作。（具体描述可参见本书 3.2.2 节关于 SINUMERIK 808D PPU 上接口 X60 的介绍）

4. SINAMICS V60 驱动套件包

在表2-4 中给出 SINAMICS V60 套件包的相关信息。在该驱动套件包中，主要包含的组件为 SINAMICS V60 部件本身以及相关的 SINAMICS V60 简明操作说明书，以帮助使用者快速地熟悉 SINAMICS V60 使用原则和判断故障。

需要特别注意的是 SINAMICS V60 共有 4A、6A、7A 及 10A 四种型号，并与 1FL5 伺服电动机的 4 个不同的型号一一对应。因此，在实际选型和应用中，应根据机床设计及功能的需要，结合实际的电动机功率，选用匹配的驱动器型号。

表2-4　SINAMICS V60 套件包一览表

组 件 名 称	图 例	电流/A	订 货 号
SINAMICS V60		4	6FC5548-0BA00-1AF0
		6	6FC5548-0BA00-1AH0
		7	6FC5548-0BA00-1BA0
		10	6SL3210-5CC21-0UA0
简明操作说明		1 本，针对 SINAMICS V60 驱动器的基本调试、操作以及报警诊断进行综合性的说明书	—

（续）

组件名称	图　例	电流/A	订　货　号
电缆夹		2个，用于固定电缆线位置	—

5. 1FL5 伺服电动机套件包

在表2-5中给出1FL5伺服电动机套件包的相关信息，为实际应用提供参考依据。

需要注意：一个电动机套件包中仅含有一台1FL5伺服电动机部件，表2-5中的信息只是针对于所有可能的1FL5伺服电动机型号进行综合性的介绍和说明。

同时，在选用SINUMERIK 808D数控系统标配的1FL5伺服电动机时，需要注意该伺服电动机只能提供增量式编码器；此外，在实际的选型和核对过程中，还应结合实际设计和应用的需要，对于所选用的1FL5伺服电动机是否带有抱闸、是否带有键槽，以及所选电动机的额定功率和额定扭矩是否符合应用要求等方面进行明确的定义和详细地核对。

表2-5　1FL5 伺服电动机套件包一览表

组件名称	图　例	规　格		订　货　号
1FL5 伺服电动机	不带抱闸的电动机	4N·m	带轴键	1FL5060-0AC21-0AA0
			不带轴键	1FL5060-0AC21-0AG0
		6N·m	带轴键	1FL5062-0AC21-0AA0
			不带轴键	1FL5062-0AC21-0AG0
		7.7N·m	带轴键	1FL5064-0AC21-0AA0
			不带轴键	1FL5064-0AC21-0AG0
		10N·m	带轴键	1FL5066-0AC21-0AA0
			不带轴键	1FL5066-0AC21-0AG0
	带抱闸的电动机	4N·m	带轴键	1FL5060-0AC21-0AB0
			不带轴键	1FL5060-0AC21-0AH0
		6N·m	带轴键	1FL5062-0AC21-0AB0
			不带轴键	1FL5062-0AC21-0AH0
		7.7N·m	带轴键	1FL5064-0AC21-0AB0
			不带轴键	1FL5064-0AC21-0AH0
		10N·m	带轴键	1FL5066-0AC21-0AB0
			不带轴键	1FL5066-0AC21-0AH0

6. SIMUNERIK 808D 数控系统独立电缆包

在表2-6中给出SIMUNERIK 808D数控系统独立电缆包相关信息。在该独立电缆包中包含有与SIMUNERIK 808D数控系统相匹配的电缆，主要分为动力电缆、抱闸电缆及编码器电缆三类。

在实际的硬件核查中需要做好对于不同类型电缆的区分。此外，需要强调的是，每一种电缆又有两种不同的长度，需要根据实际的应用情况来选择合适长度的电缆作为连接部件。

表 2-6 SINUMERIK 808D 独立电缆包一览表

组件名称	图例	长度/m	订货号
动力电缆 （非屏蔽）	驱动端 （至电动机接口U、V、W、） 电动机端 （至电动机插座）	5	6FX6002-5LE00-1AF0
		10	6FX6002-5LE00-1BA0
抱闸电缆 （非屏蔽）	驱动端 （至电动机抱闸接口 X3） 电动机端 （至电动机制动插座）	5	6FX6002-2BR00-1AF0
		10	6FX6002-2BR00-1BA0
编码器电缆 （屏蔽）	驱动端 （至电编码器接口 X7） 电动机端 （至编码器插座）	5	6FX6002-2LE00-1AF0
		10	6FX6002-2LE00-1BA0

2.1.2 铭牌示例

对西门子公司的产品，每一款都会有相应的铭牌标签，用以说明产品的基本技术参数信息和订货号，在图 2-1、图 2-2、图 2-3 及图 2-4 中分别给出 SINUMERIK 808D PPU、MCP、SINAMICS V60 驱动器及 1FL5 伺服电动机上的铭牌标签，并对其所包含的信息进行简要的描述。

图 2-1 SINUMERIK 808D PPU 铭牌示例图

图 2-2　SINUMERIK 808D MCP 铭牌示例图

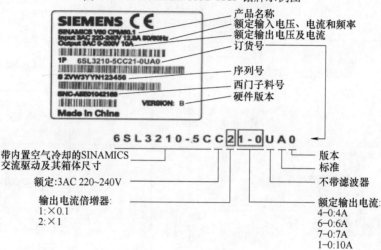

图 2-3　SINAMICS V60 驱动器铭牌示例图

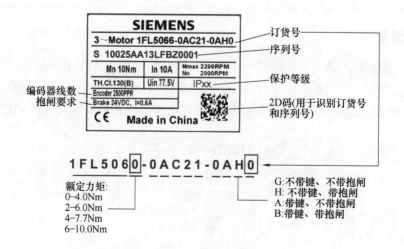

图 2-4　1FL5 伺服电动机铭牌示例图

2.1.3　电气安装的基本要求

在部件核对无误之后，就开始考虑电气安装的相关问题了。需要注意的是，电气安装是确保系统可以安全、准确、稳定运行的重要前提，只有严格地遵循电气安装的基本要求和原则，满足电气安装的基本前提条件，才能够确保各个系统组件稳定地运行；也只有在满足安装条件下规范地进行安装操作，才能够确保各个部件的性能充分地发挥出来，达到其标准的技术参数指标。

1. 电气安装的基本原则

在实际的电气安装过程中，会受到不同环节中多个因素的影响，因此我们必须针对相应的情况做好充分的准备，并在安装过程中保持足够的警惕性。尽管不同现场的实际情况会对电气安装的具体操作过程和考量因素造成一些特定的影响，但是一般来说，电气安装的基本原则可以从以下几个方面进行考虑：

1）安装数控系统时，系统面板不要被硬物、利器等划伤。

2）如果需要进行油漆，则应先将数控系统取下，以避免弄脏系统面板。

3）电气柜应具有 IP54 防护等级，各部件应安装在没有涂漆的镀锌板上。

4）应确保各部件的相关插头及螺钉连接牢固，禁止在系统上电后插、拔信号线接头。

5）数控系统周围应无强电、强磁干扰源，尽量远离易燃、易爆物品和各种危险品。

6）应避免机床遭受电磁波的干扰，否则影响机床正常工作。

7）控制单元、伺服单元、显示器及控制面板等为机床核心部件，因此对其工作及存储环境都有一定的要求标准，在表 2-7 中给出基本的环境要求。

表 2-7 环境条件的基本要求一览表

环 境 条 件	基 本 要 求
室温范围	运行时，应保持在 0 ~ 45℃ 之间
存储和运输	通常在 − 20 ~ 60℃ 之间
温度变化率	最大应不超过 1.1℃/min
相对湿度	通常应维持在 ≤75% 短时(1 个月内) ≤95%（没有结露）
振动范围	运行时 ≤0.5G
使用环境	通常的车间环境

8）驱动器和其他强电电气部件应尽可能与弱电部件等分开安装；同时，在安装位置上应保证各部件之间留有足够大的间距。

9）电源电缆（主电源和主电源到驱动器或变频器的电缆）、电动机电缆（特别是变频器到主轴电动机的电缆）走线时应与信号电缆相互分开。

10）电缆在电气柜中的长度在保证使用的前提下，应当尽可能的短。

11）变频器到主轴电动机的电缆最好采用屏蔽电缆，并确保电缆两端进行了规范的接地保护。

2. 接地保护的基本注意要点

接地保护是电气安装中一个重要的环节，一般来说，在实际应用中，接地保护主要起到两方面的作用：一是防止电气柜因内部设备的损害而意外带电，是一种保证工作安全的手段；二是对于一些特定的电缆及通信信号传输线进行保护屏蔽，降低其由于受到外界信号的干扰而影响自身工作状态的可能性。

总体来说，在电气安装中对接地保护的要求，可以简略地概括为以下三点：

1）接地标准及方法需遵守国标 GB/T 5226.1-2002（等效 IEC 204-1：2000）"工业机械电气设备第一部分：通用技术件"。

2）中性线不能作为保护地使用！

3）PE 接地只能集中在一点接地，接地线截面积必须 $\geqslant 6mm^2$，接地线严禁出现环绕现象。

注：关于接地保护的进一步介绍，可参见本书第 2.3.3 节及 3.1.4 节。

2.2 SINUMERIK 808D 数控系统的安装

在掌握电气安装的基本原则并满足部件安装所要求的安装条件之后，就可以进行 SINUMERIK 808D 数控系统的安装工作了。一般来说，SINUMERIK 808D 数控系统的安装主要分为 SINUMERIK 808D PPU 及 MCP 的安装、SINAMICS V60 的安装及 1FL5 伺服电动机的安装。

2.2.1 SINUMERIK 808D PPU 及 MCP 的安装

在对 SINUMERIK 808D PPU 及 MCP 进行安装时，需要着重注意 3 个方面：一是需要掌握正确的部件尺寸，在进行电气柜设计和实际安装过程中，确保电气柜的开口尺寸与部件相符；二是需要在电气柜的设计工作中，预先留存足够的空间，为后续的系统接线及未来日常的维护和更换工作做好准备；三是需要依照正确的安装步骤和安装操作规范对 SINUMERIK 808D PPU 及 MCP 部件进行安装。

1. SINUMERIK 808D PPU 及 MCP 安装尺寸

前文已经提及，电气柜的设计工作必须要结合实际应用的需要，充分考虑预留足够的安装操作空间，并确保开口尺寸与实际部件尺寸的切合度符合安装要求。而这就要求我们在实际安装之前，必须对于 SINUMERIK 808D PPU 及 MCP 的部件尺寸有充分的了解和认识。为了帮助使用者能够更好地实现这一目的，在图 2-5、图 2-6 及图 2-7 中，针对于 SINUMERIK 808D PPU 及 MCP 相关安装尺寸及安装标准给出详细的示意图例。

其中，图 2-5 是 SINUMERIK 808D PPU 及 MCP 电气柜设计尺寸的整体示例图。需要说明的是，在图 2-5 中所标注的电气柜设计尺寸，仅仅是基于 SINUMERIK 808D PPU 及 MCP 部件实际尺寸的应用建议值，用来帮助我们在实际的电气柜设计中更加深入的理解实际尺寸对于电气柜设计的要求，从而更加合理地进行尺寸设计。

同时，结合图 2-5 中所标注的电气柜设计尺寸建议值，需要强调的一个重要数据是维修盖板与电气柜壁之间的距离。一般而言，应确保两者间距值在 80mm 及以上，才不会影响到后续使用中，需要拆卸维修盖板进行电池或 CF 卡的更换工作。

而图 2-6 和图 2-7 则是在图 2-5 中给出 SINUMERIK 808D PPU 及 MCP 整体安装尺寸示意图的基础上，进一步对具体的 SINUMERIK 808D PPU 及 MCP 各自的部件尺寸情况进行详细的说明。

在这两个示意图中，需要格外注意是 SINUMERIK 808D PPU 及 MCP 部件的厚度，这可以帮助我们在设计电气柜的过程中，在考虑部件厚度的前提下，充分考虑为后续的系统接线预留足够合适的空间。

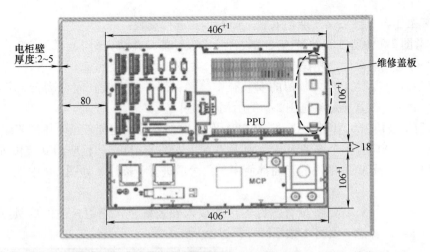

图 2-5　SINUMERIK 808D PPU 及 MCP 电气柜设计整体示例图（单位：mm）

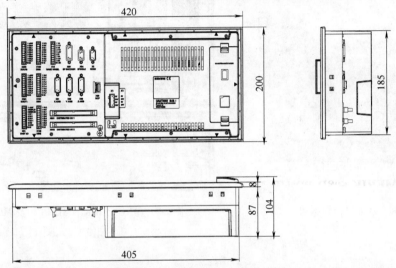

图 2-6　SINUMERIK 808D PPU 部件尺寸示意图（单位：mm）

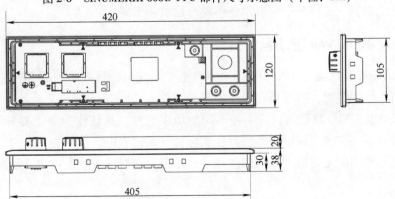

图 2-7　SINUMERIK 808D MCP 部件尺寸示意图（单位：mm）

2. SIMUNERIK 808D PPU 及 MCP 的安装步骤

合理而有序的安装步骤，可以帮助我们高效、高质量地完成 SIMUNERIK 808D PPU 及

MCP 的安装工作。一般来说，推荐依照下面的步骤进行安装：

1）参考图 2-5 中所推荐的整体尺寸设计参考设计值，并结合图 2-6 及图 2-7 中的部件尺寸示意图进行电气柜设计，并在电气柜上预留出大小合适的安装孔。

2）将 PPU 或者 MCP 放入预留的安装孔中，确保部件与安装孔完全吻合，并且位置正确，连接处紧密无缝隙（可参见图 2-5 的示例）。

3）西门子公司为 SINUMERIK 808D PPU 及 MCP 的安装固定配备了专用的安装卡扣，如图 2-8 中所示（PPU 有 8 个安装卡扣，MCP 有 6 个安装卡扣），其相应的安装位置在 SINUMERIK 808D PPU 及 MCP 部件的背面都使用三角表示进行了标注，如图 2-9 中红色标注圈所示。

在固定时，我们只需要将带有螺钉的卡扣放入安装槽，并使用合适的旋具（螺丝刀）将螺钉拧好即可（注意不要将卡扣螺钉拧得过紧）。

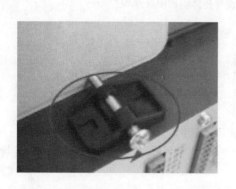

图 2-8   安装卡扣实物图

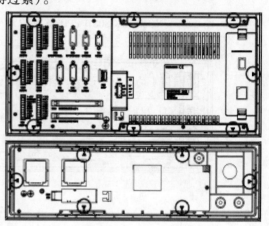

图 2-9   SINUMERIK 808D PPU 及 MCP
安装卡扣位置示意图

4）安装完成后，需要再次检查面板前部安装是否到位。如果有松动的地方，则需要调整相应位置处的螺钉，确保每个螺钉都能够与金属背板卡紧。

2.2.2   SINAMICS V60 驱动器的安装

SINAMICS V60 驱动器是 SINUMERIK 808D 数控系统包中重要的组成部件，同时也是在电气柜中进行电气安装时，需要重点关注的重要部件。

由于 SINAMICS V60 驱动器具有 4 种不同的功率型号，并且作为驱动器部件本身来讲，对于散热设计也有一定的要求限制，所以在实际的安装过程中，必须要考虑的因素主要为两方面：一是实际使用的驱动器型号的部件尺寸；二是驱动器安装间距对于驱动器散热性能的影响。

1. SINAMICS V60 驱动器的安装尺寸

对于 SINAMICS V60 驱动器而言，可以依照功率的不同将其分为 4A、6A、7A 及 10A 4 种不同的型号，而这 4 种型号又分别对应于两种不同的部件尺寸。因此，在实际的安装过程中，必须要根据实际所使用的驱动器类型，确定相应的部件尺寸。

图 2-10 和图 2-11 中，分别给出 4 种驱动器型号所对应的两种不同的部件尺寸，帮助使用者更加清楚地了解不同型号的 SINAMICS V60 驱动器所具有的安装尺寸，为实际的安装及应用提供参考依据（需要注意的是，在图 2-10 和图 2-11 中所使用到的标注数据值的单位，一律为毫米）。

在图 2-10 中所给出的 SINAMICS V60 驱动器的部件尺寸，主要适用于功率类型为 4A/6A/7A 的驱动器；而图 2-11 中所给出的 SINAMICS V60 驱动器的部件尺寸，则主要适用于功率类型为 10A 的驱动器。在实际安装中，应充分结合实际所使用的 SINAMICS V60 驱动器的功率类型，并参考图 2-10 及图 2-11 中所给出的驱动器部件尺寸示意图，正确地进行电气柜内的尺寸确定及驱动器安装工作。

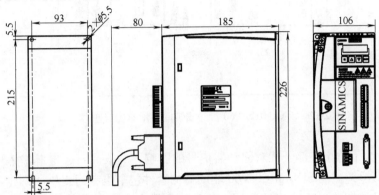

图 2-10　SINAMICS V60 4A/6A/7A 部件尺寸示意图（单位：mm）

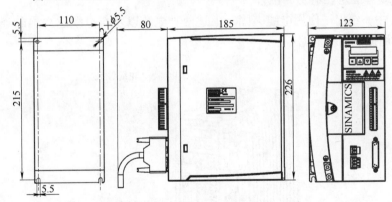

图 2-11　SINAMICS V60 10A 部件尺寸示意图（单位：mm）

2. SINAMICS V60 驱动器的安装注意事项

一般来说，SINAMICS V60 驱动器的安装注意事项主要是指具体的安装方法应符合操作规范，同时应保证驱动器之间的间距，以达到散热要求。

1）SINAMICS V60 驱动器的套件包中，会提供 4 个 M5 预置螺钉。在进行单个驱动器的安装时，只要使用所提供的预置螺钉将驱动垂直安装在电气柜的内壁上即可。需要注意：安装螺钉时所需的最大扭矩为 2.0Nm，不可过大。

2）为了确保 SINAMICS V60 驱动器可以充分散热，在实际安装中还必须在彼此相邻的两个驱动器之间、驱动与其他设备或电气柜壁之间，留出足够的间距。

根据实际部件的特性，西门子公司给出了 SINAMICS V60 驱动器最小安装间距的规定值，如图 2-12 中所示。

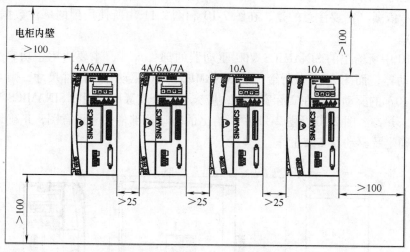

图 2-12　SINAMICS V60 最小安装间距示意图（单位：mm）

3）同时，为了防止外部干扰对驱动器信号的影响，一般而言，电源输入电缆和动力电缆都必须是屏蔽电缆。而 SINAMICS V60 驱动器的套件包中也专门提供了两个电缆夹用于电缆屏蔽层和公共接地点之间的接地连接；此外，电缆夹也有助于将电缆（非屏蔽动力电缆和电源输入电缆）固定在适当的位置。

在图 2-13 中，给出了使用电缆夹固定上述两种电缆以及与电缆建立屏蔽连接方法的示例，为实际应用提供参考依据。

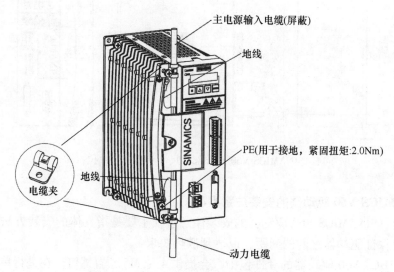

图 2-13　SINAMICS V60 电缆夹使用示例图

2.2.3　1FL5 伺服电动机的安装

在 SINUMERIK 808D 数控系统包中，1FL5 伺服电动机同样是重要的组成部分，同时也是与机械直接相连的重要传动环节。因此,在实际安装和应用中,准确地掌握1FL5伺服电动机的安装尺寸和基本的安装要求和安装规范是十分必要的。

1. 1FL5 伺服电动机安装尺寸

前面已经提到,1FL5伺服电动机依照额定扭矩的不同可以分为4Nm、6Nm、7.7Nm和10Nm 4种类型,而每一种类型分别对应着不同的部件尺寸。因此,在实际的安装过程中,必须要根据实际所使用的伺服电动机的类型,确定相应的部件尺寸。

对于1FL5伺服电动机而言,不同类型的伺服电动机部件在某些通用位置的设计尺寸是完全一致的,而在一些特殊的细节处理上,又会由于伺服电动机类型的不同而造成实际尺寸的不同。这些都在图2-14及表2-8中给出详细的示例和说明。

在下面的示例中,图2-14中标准尺寸适用于1FL5伺服电动机所有的四种类型;而表2-8中所给出的另外一部分尺寸信息,则需要区分不同类型的伺服电动机,给出互不相同的尺寸数据。图2-14与表2-8中的数据信息相互结合,共同组成了1FL5伺服电动机的基本安装尺寸的信息数据。在实际的机械安装中,一定要按照这些技术信息,确保安装工作的顺利进行。

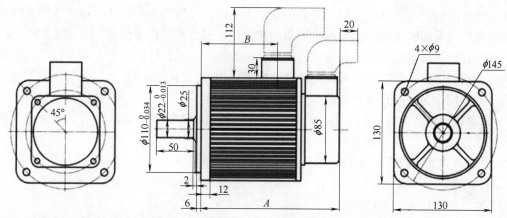

图2-14 1FL5伺服电动机安装尺寸示意图(单位:mm)

表2-8 1FL5伺服电动机安装尺寸说明表

电动机类型/Nm	A/mm	B/mm	电动机类型/Nm	A/mm	B/mm
4	163(205)	80	7.7	195(237)	112
6	181(223)	98	10	219(261)	136

注:括号内尺寸为带抱闸的电动机的长度尺寸。

2. 1FL5 伺服电动机安装方位及防护要求

在安装中,应根据实际的机械构造选择电动机的安装方位,1FL5伺服电动机支持垂直安装和水平安装两种安装方式。

需要强调的是,在电动机安装或运行期间,应该严格地杜绝任何液体(如水、油等)渗入电动机,因此当水平安装电动机时,应确保电缆出口面朝下,以防止油或水渗入电动机。

2.3 电气柜设计简述

一台数控机床，其可靠性和稳定性不仅仅取决于所采用的机械部件和电气部件的质量和品质，还要考虑到总体的设计、各部件的装配工艺以及系统的调试。

因此，在实际应用中，我们需要关注的不仅仅是数控机床的设计与功能调试，更应该包括元器件选型标准的制定，用以指导采购部门采购符合要求的元器件；为电气柜及其电气系统的电磁兼容性设计方案的制定提供参考依据，并用以指导电气生产和电气柜的制造工艺，以及数控机床验收项目的制定和实验加工程序的设计。可以说，合理、正确地进行电气柜的设计，会帮助我们大幅度地提高机床调试的效率，并减低机床在后期使用中的故障率。

本节将重点介绍和说明电气柜设计中的基本要点，从元器件的选型、电气柜制作及柜体设计、电气柜的抗干扰设计以及对地环路干扰的抑制等 4 个方面进行重点介绍和说明。

2.3.1 元器件的选型

数控机床的质量和稳定性很大程度上受到所使用的元器件的一致性与连贯性的影响，如果数控机床所采用的元器件型号和供货商经常变化，那么数控机床作为一个完整的产品，它的一致性和产品质量就无法得到充分的保证。在数控机床的设计调试中，技术部门关注元器件的性能指标，而采购部门则考虑元器件的市场可用性，出于平衡两者之间需求的考虑，可以将下列原则作为采购元器件的基本依据：

1）必须保证各元器件的技术指标可以充分满足预期功能上的全部需求，并且符合数控机床的工作条件。

2）必须在满足技术指标的基础上，再考虑技术成本。

3）在确定所选用的元器件之前，必须充分考察并验证元器件的质量和可靠性；同时，还需要对于生产厂商的生产资质进行细致的考证。

4）此外，还应该考虑准备各元器件替代品的型号，以确保在某种元器件发生供货短缺或质量问题时，可以使用替代品继续进行正常的生产工作。需要强调的是，无论是正式件，还是替代件，任何一个元器件都必须经过数控机床整机的运行考验后方可最终确定。

我们在数控机床的使用过程中，将会面对各种突发的情况，例如某个元器件存在问题，不能满足机床稳定性的需求；或者因某型号元器件厂商原因而不能继续供货等，这时就需要对元器件进行更换。

但是，无论基于何种原因，也不论使用何种类型的元器件作为替代件，都应该严格遵循一个最基本也是最重要的前提：必须针对替代的元器件进行整机测试，以保证数控机床的稳定性和可靠性，这是数控机床行业普遍认同的重要行业标准和原则。

在数控机床的实际应用与设计中，由于实际需要而涉及多种电气元器件，在本节的后续介绍中，将介绍其中最重要的，同时也是在 SINUMERIK 808D 数控系统在实际应用中使用率最高的五种电气元器件。

1. 断路器

断路器是指能够关合、承载和开断正常回路条件下的电流，并能关合在规定的时间内承载和开断异常的回路条件（包括短路条件）下的电流的开关装置。

断路器的用途很多,例如可以通过使用断路器来分配电能、进行不频繁的起动异步电动机或者对电源电路及电动机等进行实时保护等。当电路发生严重的过载或者短路及欠电压等故障时,断路器可以自动切断出现故障的电路,其功能相当于熔断器式开关与过欠热继电器等的组合;并且,在切断故障电流后通常是不需要变更零部件的。

一般来说,断路器的主要作用是过载保护、短路保护、欠电压保护;而断路器的主要作用又决定了它的选型需要满足以下几项基本要求:

1)断路器额定电压≥线路额定电压。

2)断路器额定电流≥线路计算负载电流。

3)断路器脱扣额定电流≥线路计算负载电流。

4)断路器极限通断能力≥线路中最大短路电流。

5)线路末端单相对地短路电流≥1.25倍断路器瞬时(或短延时)脱扣器整定电流。

6)断路器欠电压脱扣器的额定电压=线路额定电压。

2. 熔断器

熔断器动作的执行是靠熔体的熔断来实现的:当电流较大时,熔体熔断所需要的时间就较短;而当电流较小时,熔体熔断所需要的时间就较长,甚至不会熔断。因此,对熔体来说,其动作电流和动作时间有一定的特性,我们通常称之为熔断器的安秒特性。

图 2-15 给出了熔断器的安秒特性曲线示意图,从图中我们可以清楚地看出,熔断器的安秒特性是一种反时限特性。

每一个熔体都有其对应的最小熔化电流,在不同的温度条件下,每一个熔体的最小熔化电流也不相同。虽然熔体的最小熔化电流在一定程度上会受到外界环境的影响,但是在实际的应用中,外界环境的影响可以忽略不计。

为了更好地表示熔体的熔化电流与额定电流之间的关联,我们引入了熔体的最小熔化系数这一概念。所谓熔体的最小熔化系数,就是指熔体的最小熔断电流与熔体的额定电流之间的比值。

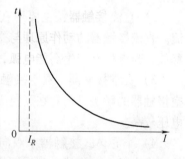

图 2-15 熔断器安秒特性曲线

一般来说,常用熔体的熔化系数都大于 1.25。也就是说,对于一个额定电流为 10A 的熔体而言,只要确保通过该熔体的电流不超过 12.5A,那么该熔体就不会熔断。

在表 2-9 中给出了熔断电流与熔断时间之间的关系。

表 2-9 熔断电流与熔断时间关系参考表

熔断电流/I_n	1.25 ~ 1.3	1.6	2	2.5	3	4
熔断时间/s	∞	1h	40	8	4.5	2.5

从这里可以看出,熔断器只能起到短路保护作用,不能很好地起到过载保护的作用。如果一定要在过载保护中使用,那么可以考虑在电路中使用额定电流相对较低的熔断器,例如将额定电流为 8A 的熔断器用于 10A 的电路中,使其同时执行短路保护及过载保护的作用。但是需要强调的是,对于这样的使用方法,熔断器的过载保护特性并不理想。

在选择熔断器类型时,最主要的参考依据是实际应用中的负载保护特性和短路电流的大小。对于容量较小的电动机和照明支线，通常需要使用熔断器实现过载保护和短路保护双重功用，因此一般会选用铅锡合金熔体等熔化系数较小的熔断器；而对于容量较大的电动机和照明干线，则应着重考虑所使用的熔断器的短路保护功能和分断能力，因此通常会考虑选用具有较高分断能力的熔断器；此外，如果电路有可能出现较大短路电流时，则应当优先考虑选用具有限流作用的熔断器。

3. 接触器

接触器主要用于工业控制，一般负载以电动机居多，同时还经常用于配合加热器、双电源切换等应用场合。

接触器本身并不具备短路保护和过载保护的能力，因此在实际应用中，必须将其与熔断器、热继电器相互配合使用。接触器主要的用途是用于接通和分断负载，保护运行中的电气设备；此外，在较为复杂或有特殊需要的电路中，还经常配备辅助触点作为其主要附件。

接触器的通断是通过控制线圈上的电压来实现的，从不同角度可以对接触器进行不同的分类：例如根据灭弧的不同结构可以分为真空接触器和普通接触器；而根据不同的控制电压则可以分为直流接触器和交流接触器等，下面将会进行较详细的介绍。

（1）接触器的种类

一般来说，我们经常会使用到的接触器主要有以下几种：

1）交流接触器：主要用在主回路中接通和分断交流负载，其控制线圈可以有交流或直流。

2）直流接触器：主要用在主回路中接通和分断直流负载，控制线圈可以有交流或直流。直流接触器的动作原理与交流接触器相似，但直流分断时感性负载存储的磁场能量瞬时释放，断点处会产生高能电弧，因此要求直流接触器具有较好的灭弧功能。

3）真空接触器：真空接触器的组成部分与一般的空气式接触器相似，不同之处在于真空接触器的触头是密封在真空灭弧室之中的。其特点是接通或分断时的电流较大，额定操作电压较高。

4）半导体式接触器：双向晶闸管是典型的半导体式接触器，其主要特点是无可动部分，寿命长，动作快，不受爆炸、粉尘及有害气体等影响，耐冲击震动性能良好。

5）电磁闭锁接触器：所谓电磁闭锁接触器，就是在模块安装与母线安装的电磁闭锁接触器上都安装特殊的电磁铁，以便于在线圈失电时，可以将其保持在接通位置。

6）电容接触器：电容接触器的主要用途是，在低压无功补偿设备中投入或者切除并联电容，以调整用电系统的功率因数。

7）可逆交流接触器：可逆交流接触器由两个规格相同的交流接触器与机械互锁（和电气互锁）构成，主要应用于双电源切换和电动机设备正反转控制。

8）星三角起动组合接触器：星三角起动组合接触器主要应用于星三角起动的设备，该接触器在结构上主要采用 3 个接触器、1 个热继电器和 1 个延时头及辅助触点块等。在实际应用中，可以选择独立元器件组装。

（2）接触器选型原则

接触器的选型需要考虑众多综合因素，一般来说，重点需要关注的方面主要包括接触器种类，负载类型，主回路参数，控制回路参数辅助触点，以及电气寿命，机械寿命等。

需要强调的是，在实际选型过程中，必须结合实际的设计和应用需求，充分考虑接触器自身特点以及其与其他元器件配合特性的需要，做好接触器的选型工作。

4. 继电器

电磁继电器是由电磁铁的线圈组件与电路触点组件所构成一种常用的电气元器件，它的基本原理是：在线圈两端加上额定电压时，会使得一定的电流通过线圈，进而通过电磁感应原理使线圈组件形成电磁铁，从而对触点组件的可动部分进行吸合或放松，致使电路发生通断作用。

从不同的角度和使用需求，可以将电磁继电器划分成多种不同的种类：从触点的动作上可分为静触点、动触点；从电路的作用上可分为常开触点、常闭触点等。

在描述电磁继电器的状态时，一般我们认为，当电磁继电器的线圈未通电时，如果其处于断开状态的静触点，则称之为常开触点；而如果其处于接通状态的静触点，则称之为常闭触点。

电磁继电器是重要的电气元器件，因此针对它的选型必须做好充分的准备工作，结合实际的应用情况，有针对性地对继电器各方面的参数和性能进行充分的了解之后，最终确定选型方案。一般来说，在实际选型过程中，主要应从两方面进行充分的考虑：

（1）了解相关的控制电路及负载情况

电磁继电器并不是孤立存在的，它的作用是为了配合相关电路中的实际需要，通过接收特定的信号，进而完成特定的动作或实现预期的通断过程而存在的。因此，必须在选型过程中，充分地了解和分析实际应用中控制电路的结构及负载情况。一般来说，可以从以下几方面进行分析：

1）实际应用中负载的电压及电流大小。

2）实际应用中负载的类型，针对于直流负载还是交流负载。

3）实际应用中负载的阻抗型式。

4）实际应用中负载所处的环境、温度及湿度条件。

5）实际应用中负载的控制方式及断通比。

6）实际应用中控制电路所提供的线圈电压及电流值。

7）实际应用中控制电路所要求的绝缘阻抗值。

8）实际应用中机器设备的使用年限和使用寿命。

（2）掌握电磁继电器的主要规格及应用原则

除了需要在实际应用中，对相关的控制电路及负载情况进行充分地分析和了解之外，还必须在选型过程中，仔细分析继电器自身的技术特性和技术参数，了解其主要规格和应用原则，以判断其是否符合实际的应用需求。一般来说，我们应从以下几个方面来分析判断所选用的电磁继电器是否符合实际的应用需要。

1）触点容量：电磁继电器的触点容量就是其对所在电路中电压和电流的导通能力的大小。在实际应用中需要注意，根据控制电路中的电压和电流的大小情况合理选择所需要的电磁继电器，确保相关的电压和电流值不超过所选用的继电器的触点容量。

2）线圈工作电压和工作电流：根据电磁继电器的工作原理，我们知道继电器工作的前提条件之一就是在其线圈上施加一定大小的电压和电流。一般而言，同一机种的继电器，在构造上是基本相同的；但是针对不同的应用电路，即使是同一机种的继电器也会有数种工作电压和电流可供选择。因此，必须注意所选用的继电器的线圈工作电压和工作电流值是否与实际电路相匹配。

3）吸合电压：所谓吸合电压，是指能够使电磁继电器产生吸合动作的最小线圈电压。在实际应用中，为使继电器能够可靠吸合，施加给线圈的电压应以线圈工作电压为准；同时还要注意电压值不可超过最大允许的线圈电压，否则很可能会导致线圈因过热而烧毁。

4）释放电压：继电器的释放电压，是指电磁继电器产生释放动作时的最大线圈电压。当继电器线圈处于吸合状态时，如果慢慢减小此时施加给线圈的电压，那么当电压减小到一定程度时，继电器触点将会断开，将恢复到线圈未通电时的状态。而此时的线圈电压，就是我们所说的线圈电压。

5）环境温度：环境温度也是影响电磁继电器工作性能的一个重要因素。在实际应用中，必须注意保证继电器在其所允许的环境温度范围内进行工作，以避免由于部件的温度异常而导致继电器性能劣化。

6）线圈温升：在电磁继电器进行工作时，其线圈本身就是发热的来源。在实际应用中，必须注意线圈的发热情况，将其控制在允许的最大温升内，以避免线圈组件由于温度过高而导致性能劣化。

7）外形尺寸：在实际应用中，应根据实际的需要和整体空间的允许，来选择外形尺寸与需求相符的电磁继电器。一般来说，外形尺寸较大的继电器具有更好的散热能力。

总之，在实际应用中，对于继电器机种型号的选用，首先要充分了解继电器所应用的相关控制电路及负载情况，其次要将厂商所提供的技术规格和技术参数作为参考依据，最后还要考虑负载的阻抗型式是否有浪涌电流，保留充分的余度。

5. 开关电源

在电气线路设计中，24V 直流电源占有极其重要的位置。在实际应用中，具体到 SINU-MERIK 808D 数控系统对于 24V 直流电源的使用上，则应尽可能地为 SINUMERIK 808D PPU 的系统电压和 SINAMICS V60 驱动器电源配备不同的 24 直流输出电源。换句话说，就是每台机床上最好配备使用两个 24V 直流电源，一个用于 SIMUNERIK 808D PPU 系统及其后侧的输入/输出点，另一个则用于 SINAMICS V60 驱动器及机床的外围元器件。

在实际应用中，对于开关电源的选择，需要根据实际的负载情况对电源的额定输出电流值的要求来确定，并且在此基础上，留取一定的余量以保证负载的稳定运转；同时，基于节能考虑，当需要使用一个电源带多个负载回路时，首先必须清楚负载回路的时序和工作过程，否则很可能造成部分负载无法正常工作的情况。

此外，电源的容量选择和安装位置也十分重要。原则上，电源容量的大小应高于联动负载的最高值；同时，电源的安装位置也应尽可能地远离一切可能的强干扰源。

以上述的参考依据为基础，在表 2-10 中给出 SINUMERIK 808D 数控系统 24V 直流电源的输入特性，方便使用者可以有针对性地为 SINUMERIK 808D 数控系统选择合适的 24V 直流电源。

表 2-10　SINUMERIK 808D 数控系统 24V 直流电源输入特性

额定输入电压/V	24	无输出降额时的最小输入电压/V	20.4
最大输入电压/V	28.8	额定输入电流/A	2.25

注：关于 SINUMERIK 808D 数控系统所使用的 24V 直流电源的进一步描述，可参见本书第 3.1.3 节中所述内容。

2.3.2 电气柜制作及柜体设计

在充分了解了上述几个主要的电气元器件的运行条件和参数特性之后，我们就要进一步地考虑将这些电气元器件依据实际的功能使用情况安装整合到电气柜中，以保证这些电气元器件可以在标定的运行条件范围内进行正常的工作。可以说，电气柜是数控机床不可或缺的一部分，它不仅是数控机床各种电气元器件的载体，同时也是这些元器件的保护层。

因此，电气柜的设计以及电气线路的设计是保障数控机床可靠性的最重要的前提，如果电气柜及相关线路的设计出现缺陷，那么对于这个机床的稳定性能、工作质量乃至安全性能都会造成极大地影响，所以我们必须从源头出发，结合实际的应用情况和需求，做好电气柜及其内部相关电气元器件的设计工作。

1. 电气柜的制造工艺

前面已经提及，电气柜不仅仅是数控机床各种电气元器件的载体，同时也是这些元器件的保护层。因此，电气柜的制造工艺必须严格依据相关的制作标准和工艺要求。

以下列出了基本的电气柜制作工艺中需要着重注意的一些要点和细节，为实际的电气柜的制作提供参考依据：

1）柜体表面、边缘及开孔应平整光滑、无毛刺及裂口。

2）柜体外表面、手柄和漆层应无损伤或变形。

3）应保证各零部件之间的配合准确有序；门、抽屉等活动部件应处于良好而灵活的工作状态；紧固件及连接件部分应牢固无松动。

4）活动门处应安装止动器。

5）如果需要在电气柜活动门或面板处安装元器件，那么必须在面板元器件的开孔间隙处使用足够数量的线槽安装筋，以方便面板线槽的准确固定及标准化走线。

6）电气柜柜内的每块底板背面都要做好明显的标记，以便后续安装工作的顺利进行。

7）安装的所有电气元器件的质量、型号、规格都必须符合设计要求，外观完好、附件齐全、排列整齐、固定牢固并具备良好的密封性。

8）为了提高电气柜接线的便捷性和工作效率，电气柜的门铰链要易于拆卸，并充分保证二次安装时的便捷性和日后使用的可靠性。

9）电气柜的备用钥匙要用扎带紧密牢固地捆绑于电气柜内安全可靠处，便于集中管理。

10）为了方便在电气柜底板的接线完毕之后对底板进行安装，应在底板最下方合适位置安装底板靠脚，以确保底板与电气柜之间留有一定的空隙。

11）电气柜中的保护及工作接地的接线柱的螺纹直径应不小于 6mm；专用接地接线柱或接地板的导电能力，应至少相当于专用接地导体的导电能力，并且具备足够的机械强度。

12）电气柜内的接地螺栓最好使用铜制材质。如采用钢质螺栓，那么必须在电箱外壳上漆前用包带将其紧密包扎，以防止油漆覆盖层影响接地效果。

需要特别强调的是，不论电气柜的柜门上是否安装电气元器件，都必须在电气柜门上安装接地螺栓，同时柜体上也应设有专用的接地螺栓，并做好接地标记。

一般情况下，接地螺栓选择与接地铜导体截面以及电气设备中所使用的电源线的截面有关（特指固定安装的电气设备），为了更好地表明三者之间的关系，通过表 2-11 中给出的数据加以说明，为实际应用提供参考依据。

表 2-11　接地螺栓的直径与接地铜导体截面、电气设备电源线截面之间的关系

电源线导体截面积 S/mm^2	接地铜导体件最小截面积 Q/mm^2	接地螺栓直径/mm
$S < 4$	$Q = S$,但 Q 不小于 1.5	M6
$4 < S < 120$	$Q = S/2$,但 Q 不小于 4	M8
$S > 120$	$Q = 70$	M10

2. 电气柜柜体的设计

在设计电气柜时，必须充分考虑电气柜运输和使用的环境条件；另外，还应考虑采取相应的措施，减少显示器屏幕的电磁干扰，并做好噪声的预防措施；同时还应尽可能地兼顾维修上的便捷性。

基于以上考虑，一般在进行电气柜设计工作的时候，主要应该从密封性能和升温控制两大方面着手：

（1）电气柜的密封设计

在设计电气柜时应重点考虑确保其密封性以满足运输和使用的环境要求，电气柜结构必须可以确保有效地防止灰尘、冷却液和有机溶液的进入，以避免其对设备造成损害。一般来说，电气柜的防护标准应达到 IP54 的防护等级。

所谓 IP54 防护等级，是通过使用 2 个数字标记，来衡量设备的防护标准情况。例如上文提及的 IP54 防护等级中，IP 是标记字母，5 是第 1 个标记数字，4 是第二个标记数字。

在表 2-12 中给出了具体防护等级的划分标准，供读者查询。

表 2-12　防护等级划分标准一览表

接触保护和外来保护等级:第一个标记数字			防水保护等级:第二个标记数字		
第一个标记数字	防护范围	说明	第二个标记数字	防护范围	说明
0	无防护	*	0	无防护	*
1	防护 50mm 直径和更大的外来物体	探测器球体直径为 50mm 不应完全进入	1	水滴防护	垂直落下的水滴不应引起损害
2	防护 12.5mm 直径和更大外来物体	探测器球体直径为 12.5mm 不应完全进入	2	箱体倾斜 15° 时防护水滴	箱体向任何一侧倾斜至 15°角时，垂直落下的水滴不应引起损害
3	防护 2.5mm 直径和更大外来物体	探测器球体直径为 2.5mm 不应完全进入	3	防护溅出的水	以 60°角从垂直线两侧溅出的水不应引起损害
4	防护 1.0mm 直径和更大外来物体	探测器球体直径为 1.0mm 不应完全进入	4	防护喷水	从每个方向对准箱体的喷水都不应该引起损害
5	防护灰尘	不可能完全阻止灰尘进入,但是灰尘的进入量不应超过这样的数量,即对装置或者安全造成损害	5	防护射水	从每个方向对准箱体的射水都不应引起损害

（续）

接触保护和外来保护等级:第一个标记数字			防水保护等级:第二个标记数字		
第一个标记数字	防护范围	说明	第二个标记数字	防护范围	说明
6	灰尘封闭	箱体内在 20mb 的低压时不应侵入灰尘	6	防护强射水	从每个方向对准箱体的强射水都不应引起损害
			7	防护短时间浸入水中	箱体在标准压力下短时间浸入水中时,不应有能引起有害作用的水量浸入
	—		8	防护长时间浸入水中	箱体必须在制造商和用户协商好的条件下长期浸入水中,不应有能引起有害作用的水量浸入。但这些条件必须比标记数字 7 规定的复杂

　　需要强调的是，在进行电气柜设计时，不仅需要考虑材质和连接处的密封性能，还需要结合实际应用的需要，充分考虑电气柜所有开孔密封性能及密封情况。一般来说，电气柜开孔的密封性处理可以从以下几方面进行考虑：

　　1）由于数控机床常常需要在恶劣的环境中运行，所以在考虑电气柜的换气风扇或空气入口处的开孔的密封处理时，通常都需要使用空气过滤器以及防护罩作为空气过滤防护装置，以起到控制气流、防止灰尘的进入的作用。

　　在图 2-16 中给出了常用的空气过滤防护装置实例图，为读者提供参考。

　　2）电气柜的电缆连接穿孔也是一个需要重点进行密封处理的部位。

　　一般情况下，电气柜到机床的电缆接口设计需要使用锁紧件，同时备用口需加孔堵以满足密封条件；此外，在有电缆穿孔的地方要使用电缆锁紧装置进行密封，在兼顾密封性的同时还可以起到固定电缆的作用。

图 2-16　空气过滤防护装置实例图

　　在图 2-17 中给出了常见的穿孔锁紧装置及孔堵实例图，为读者提供参考。

　　3）密封处理的另一个重点部位是电气柜门及操作站，在实际应用中，应根据需要使用密封胶条或其他密封措施对其进行密封处理。如果电气柜或操作站部位的密封不够充分，灰尘就会不断地穿过缝隙而附着在电气柜内部的电气单元上并不断地累积，而灰尘的累积将会进一步引起绝缘效果的降低和恶化。

　　在图 2-18 中给出了加密封胶条的电气柜的实例图，为读者提供参考。

　　（2）电气柜内部的温升设计

　　在电气柜的设计工作中，除了需要充分考虑电气柜的密封性能之外，其内部的升温设计和温度控制也十分重要。之所以需要考虑电气柜内部的升温设计，是由于安装在电气柜内部的元器件所产生的热量会使电气柜内部的温度升高，因此在设计中需要充分考虑有可能发生的情况，对电气柜内的温度变化进行合理的控制。

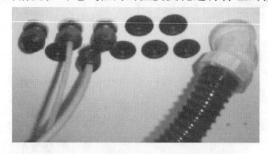

图 2-17　穿孔加锁紧装置或加孔堵实例图

图 2-18　电气柜加装密封胶条实例图

　　一般而言，对电气柜内部的温升设计，通常可以从电器柜内电气单元的散热标准、电气柜内部各部件的布置标准、风扇的合理安装与使用以及冷却单元的合理安装与使用这四方面进行重点的关注和考虑：

　　1）电气柜内部所安装的电气单元的散热标准。在电气柜内，内部产生的热量是通过电气柜自身表面进行散热的，直至电气柜的内部温度和电气柜外部温度在一定的热水平上达到平衡状态。因此，如果将元器件产生的热量近似地看作一个常量，那么电气柜的表面面积越大，电气柜内部的温升就越慢；反之，电气柜的表面面积越小，电气柜内部的温升就越快。当温升过快时，我们就要考虑采取一定的手段使温升下降。

　　对于操作箱等小型电气柜，在假定电气柜内的空气能够充分流通的前提下，电气柜的散热能力可通过表 2-13 中所给出的示例数据及相关数值进行计算。

表 2-13　电气柜散热计算示例数据值

示 例 数 据	示 例 数 值
喷漆的金属柜壳散热能力	$8W/m^2 \cdot ℃$
塑料柜壳（操作面板、MDI 部分等）的散热能力	$3.7W/m^2 \cdot ℃$
温度升高时所允许的电气柜内部高于电气柜外部的温度差值	$13℃$
操作站尺寸（假定值，供后续计算使用）	$560(W) \times 470(H) \times 150(D)$ mm
金属柜壳的表面积（根据操作站尺寸计算而得）	$0.5722mm^2$
塑料柜壳的表面积（根据操作站尺寸计算而得）	$0.2632mm^2$

　　注：以上给出的示例数值仅作为参考示例，在实际应用中应根据实际所使用的电气柜材质和尺寸进行计算。

　　基于以上数据，可以得到电气柜允许的总散热量：$8 \times 0.5722 \times 13 + 3.7 \times 0.2632 \times 13W$ $=72W$ 因此，该电气柜中所安装的各电气单元的散热总量不可以超过 72W。

　　2）电气柜内部各部件的布置标准。在实际的电气柜的温度设计中，除了需要充分考虑电气柜内部温升的变化情况之外，还需要充分地了解电气柜内部所安装的主要工作部件的工作性能的基本情况，结合其正常工作所需要达到的使用条件及使用标准进行电气柜的设计工作。

　　针对于 SINUMERIK 808D 数控系统以及 SINAMICS V60 驱动器而言，应确保这些部件在指定的温度条件下工作，如果温度过高则会使部件产生降容，从而影响系统维持正常而稳定的工作状态。因此，在安装部件时，我们应当参考 SINUMERIK 808D 数控系统以及 SI-NAMICS V60 驱动器的性能指标和参考布置方案，结合实际的电气柜设计情况和其他温控措施的需要，对电气柜内重要元器件的布置方案进行合理的设计和优化，以尽可能地满足 SI-NUMERIK 808D 数控系统以及 SINAMICS V60 驱动器对于工作环境的要求，确保部件可以正常而稳定的运行。

一般来说，在实际设计中，我们主要需要注意部件之间的空气流通空间以及电缆线的布置。关于这两方面的具体说明，在表 2-14 和表 2-15 中给出详细的描述和说明。

其中，表 2-14 及表 2-14 中的图主要说明了不同部件的空气流通空间对元器件的寿命及故障率的影响情况；而表 2-15 及表 2-15 中的图则主要说明了不同的电缆布线方式对元器件的寿命及故障率的影响情况。

需要说明的是，在表 2-14 和表 2-15 中所给出的关于安装空间及电缆布线方式对于电气柜内电气元器件寿命及故障率影响情况的介绍和说明，并不仅仅是个别案例，而是电气柜内各重要元器件在使用和装配过程中普遍出现的情况。这些判断标准对 SINUMERIK 808D 数控系统以及 SINAMICS V60 驱动器而言，也是同样适用的。

表 2-14　不同部件的安装空间对温度的影响

ΔT 对于部件的影响	$\Delta T = +10K$ 时，元器件寿命减少 50%，并且故障率翻倍
	$\Delta T = +16K$ 时，元器件寿命减少 65%，并且三倍故障率
不同部件的安装的空间对温度的影响示例图	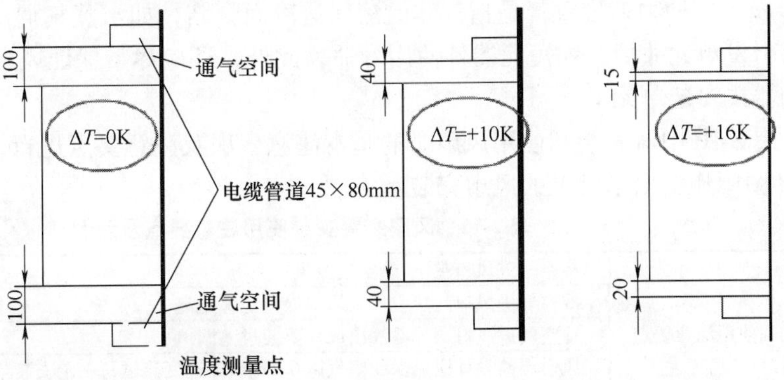

表 2-15　不同电缆布线方式对温度的影响

ΔT 对于部件的影响	$\Delta T = +10K$ 时，元器件寿命减少 50%，并且故障率翻倍
	$\Delta T = +20K$ 时，元器件寿命减少 75%，并且四倍故障率
不同电缆的布线方式对温度的影响示例图	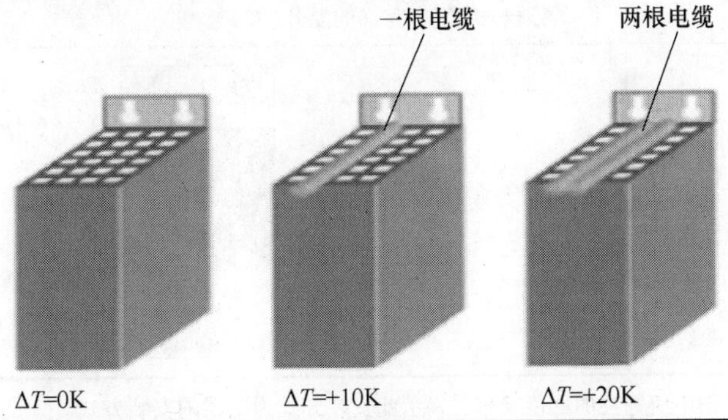

通过表 2-14 和表 2-15 中所介绍的内容，我们可以看到部件位置以及电缆布线的安装不当都会造成电气柜内温度的上升，而温度的上升又会进一步对元器件产生严重的危害；同时，温度的升高极易导致部件产生一些零星的故障，进而影响部件的使用寿命；除此之外，温度的升高还会导致部件运行功率的下降，影响加工的质量和效率。

因此，我们在设计电气柜时必须结合部件及相关元器件的实际情况，进行合理的布局设计，以确保其正常而稳定的工作运行。

除了考虑部件单元的散热标准及合理布线之外，我们还应该考虑采取一些合理而有效的措施对电气柜内的温度进行有效的控制。一般来说，设计电气柜时，需要保证随着电气柜内的温度上升时柜内和柜外的温度差不超过 10℃，否则故障率会翻倍。

同时，在实际应用中，通常还会采用在封闭的电气柜内安装风扇或空调等换气冷却装置的方法，以保证内部空气的循环，从而起到降低柜体内部温升的作用。需要注意的是，对于风扇及冷却单元的安装及使用，必须严格依照相关的规范进行，才能够起到预期的作用。

3）风扇的合理安装与使用。在电气柜的设计过程中，通过安装风扇来降低电气柜内部的温升，是目前性价比较高的一种方法，也是应用较为广泛的一种做法。

在使用风扇时，应该通过合理的设计以保证风扇产生的空气以 0.5m/s 的速度流过每一个安装单元的表面。需要注意的是，在这个过程中，要避免空气直吹。如果空气由风扇直接吹向单元，灰尘将很容易地附着在单元表面并且会不断的积累，进而很有可能会产生冷凝现象（冷凝是一种物理现象，是指气体或液体遇冷而凝结，如水蒸气遇冷变成水），而冷凝现象极易引发单元故障，缩短元器件使用寿命；此外，还应尽量保证风扇的排风能够直接作用到驱动器或安装单元上。

在表 2-16 中对安装和使用风扇时的基本注意事项及注意要点进行了简要的介绍；同时，表 2-16 图中还给出了常见的风扇安装示例图。

表 2-16 风扇装置安装使用注意要点及示例

风扇安装使用注意要点	冷空气进风口在下，热空气出风口在上
	冷空气进风口与热空气出风口保持足够距离
	冷空气进风口与热空气出风口要装过滤网
	风扇调整设计应以保证空气以 0.5m/s 的速度流过每一个安装单元表面为目的，但冷空气进风口不要直接向驱动器吹气，可使用导流板
正确计算风扇排风量	$$V = \frac{3.1 \times P_{\text{lose}}}{T_{\text{rise}}}$$ 式中 V——电气柜允许温升所需排风量（m^3/h）； P_{lose}——电气柜总发热量（W）； T_{rise}——电气柜允许的温升（℃）。
常见的风扇安装示意图	

注：在表 2-16 图中所标注的红色叉号，表示此安装方式为错误的安装方式。

4）冷却单元的合理安装与使用。在实际应用中，除了使用风扇对电气柜内部进行温度调节控制之外，使用冷却单元也是常用的手段之一。而对于冷却单元安装使用的具体方法，必须结合实际情况，选择适当的方式进行安装，才可以达到所预期的温度调节控制的目的和效果。

一般来说，冷却单元有两种安装方式，顶装与侧装。顶装的优势在于充分利用热空气向上运动的特性，将通风口设在电气柜底部，以形成自下而上的空气流动，这样在电气元器件表面不易形成热点和局部的热导效应。

在实际应用中，我们可以选择冷风机作为冷却单元。冷风机主要以排风为主，即向电气柜外部进行排风。如果风机无法达到电气柜内的降温需求，则可进一步选装机柜空调进行搭配使用。

需要特别强调的是，在选装电气柜柜内空调时，应重点注意对于其功率的选择。如果所选择的柜内空调的功率过大，则会导致机柜内的温度低于或等于28℃，这样就极易导致冷凝现象的形成，并很可能进一步地引发电气元器件短路等问题，造成部分元器件损坏而影响正常工作；此外，过大功率的电气柜空调的制冷时间较短，从而导致其在工作状态与非工作状态之间进行切换的频率较高，这也会对电气柜空调本身的使用寿命造成极大的影响。

基于以上的介绍可知，正确的安装和使用冷却单元是十分必要的。在表2-17中，对冷却单元在安装使用时所需要考虑的注意事项及注意要点进行了简要的介绍；同时，在对应的表2-17图中给出了常见的冷却单元顶装及侧装两种安装方式的示例图。

表 2-17　冷却单元装置安装使用注意要点及示例

冷却单元安装使用注意要点	冷空气进风口在下,热空气出风口在上
	冷空气进风口与热空气出风口保持足够距离
	空调与驱动设备保持至少200mm距离
	空调不可以直接向驱动吹冷气,需要使用导流板
	需结合实际应用情况,正确选择空调制冷量及功率
	确保空调维持在合适的工作温度:35℃
冷却单元顶装示意图	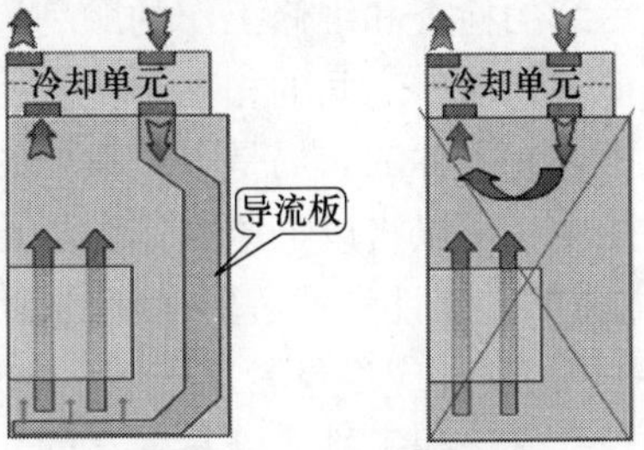
冷却单元侧装示意图	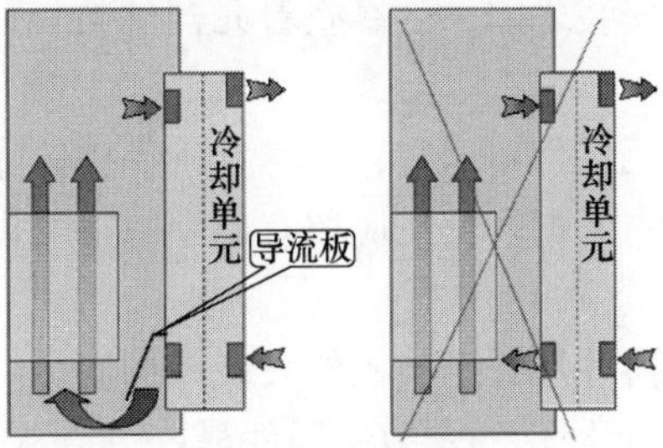

注：在表2-17图中所标注的红色叉号，表示此安装方式为错误的冷却单元安装方式。

2.3.3　电气柜的抗干扰设计

除了基本的电气柜柜体设计之外，在电气柜设计中还必须考虑电路之间干扰的存在，做好电气柜的抗干扰设计。在电气柜设计及实际应用中，我们要尽量降低干扰，并且防止电路干扰向 CNC 单元传送，因此在电气柜设计中，必须根据实际情况及相关的电气元器件特性，充分考虑各元器件的合理布局，以尽量减少乃至避免各元器件之间相互干扰的情况发生。

在抗干扰设计中，最基本的原则是对于电气柜柜内各部件的安装和排列进行合理的规划，根据电气元器件各自的特点对元器件进行交直流区分，从而在走线时尽量做到交直流分离；此外，合理的安装和排列还可以有效的简化检修工作。

如果还需要在电气柜内安装电磁辐射类的元器件（例如变压器，风扇风机，电磁接触器，线圈和继电器等），则需要认真考虑该类元器件的安装位置以及其与显示器之间的距离，避免因距离过近而导致对于显示器的显示造成干扰；同时，如果因为特定的需求而导致电磁元件必须固定在距离显示器 300mm 以内的位置时，还可以通过调整电磁元器件的方向来降低对屏幕显示的影响。

此外，在实际应用中，要加强电气柜的抗干扰能力，还必须认真考虑电气柜柜体设计中的接地策略，预先设计好接地点；如果对于稳定性要求很高，还需要进一步考虑增加特殊元器件来抑制各电路在联系过程中所产生的地环路干扰系统。

因此，综上所述，在进行电气柜的抗干扰设计时，主要应从合理调整电气柜内部电气元器件的分布以及通过地线的合理使用、增加抗地环路元器件等方式来加强电气柜自身的抗干扰能力这两方面入手。

1. 元器件的分布原则

前文已经提及，电气柜设计中一个重要的原则就是根据电气柜内部的电气元器件的用途和性能，进行合理地区分并针对其分布位置做好合理的布置。这样的做法可以帮助元器件充分散热，并方便后续的检查和维修工作的顺利进行；更重要的是，电气元器件的合理布局还可以有效地减少电气元器件之间的相互干扰，提高电气柜的抗干扰能力。

因此，电气柜内元器件的布局是十分重要的，必须严格按照相关的布置标准进行。一般来说，在实际应用中，可以将以下原则作为指导电气柜内部元器件布局的基本准则。

1）通过强电流的元器件和通过弱电流的元器件彼此之间应尽量分开。

2）同一类别的元器件应尽量紧靠安装，如断路器和断路器应安装在一起，继电器和继电器应安装在一起，接线端子排尽量布置在同一排等。

3）在实际安装之前，认真查看元器件的规格说明书，核查其是否有空间和环境的特殊要求。

4）在进行元器件布局时，应尽量确保整体布线的简洁方便、节省成本且便于维修。

5）电气柜内的电气设备应留有足够的电气间隙及爬电距离，以保证设备安全可靠的工作。

6）电气元器件及其组装板的安装结构应尽可能地简单便捷，有助于正面拆装工作的进行。如有可能，元器件的安装紧固件最好可以从正面进行紧固及松脱。

7）电气柜内各电气元器件应确保可以进行单独的拆装及更换，而不影响其他电气元器件及导线束的固定；尤其是对于熔断器、易损坏的元器件、偶尔需要调整及复位的元器件等，应确保在不需要拆卸其他部件的前提下便可以接近，以便于更换及调整。

8）电气柜内部的发热元器件应安装在散热良好的位置，两个发热元器件之间的连线应采用耐热导线或裸铜线套瓷管；此外，电阻器等电热元器件一般应安装在箱子的上方，安装的方向及位置应利于散热，并尽量减少对其他元器件的热影响。

9）电气柜内的 PLC 等电子元器件的布置要尽量远离主回路、开关电源及变压器，不得直接放置或靠近柜内其他发热元器件的对流方向。

10）主令操纵电气元器件及整定电气元器件的布置应避免由于偶然触及其手柄、按钮而导致误动作或动作值变动的可能性。

11）不同的工作电压电路中的熔断器应分开布置。

12）在电气柜内，元器件的排版应考虑到元器件的布置对线路走向及合理性的影响。此外，对大截面导线转弯半径的考虑、对强弱电元器件之间的距离放置、对发热元器件的方向布置、为实现最大限度的防干扰目的，对 PLC 和其他仪器仪表相对于主回路和易产生干扰源元器件之间的布置等，这些都是在进行排版布置时必须进行综合考量的重点问题。

2. 抗电磁干扰策略

对于电气柜抗干扰的设计，除了通过合理地布线尽可能减少干扰的产生之外，还需要使用一些特定的方式或者特殊的元器件来进一步降低甚至消除电气柜内的干扰因素，通常我们把这样的做法统称为电气柜的抗电磁干扰策略。

所谓电磁干扰，可以分为传导干扰和辐射干扰两种。传导干扰是指通过导电介质把一个电网络上的信号耦合（干扰）到另一个电网络上；而辐射干扰则是指干扰源通过空间把其信号耦合（干扰）到另一个电网络中。一般来说，在高速 PCB 及系统设计中，高频信号线、集成电路的引脚、各类接插件等都可能成为具有天线特性的辐射干扰源，进而通过发射电磁波对其他系统或本系统内的其他子系统的正常工作状态产生不良影响。

此外，对于 CNC 部件而言，还会受到内外部噪声的影响。现阶段而言，尽管表面安装和大规模集成电路的应用，使得 CNC 的体积稳步减小，进而在设计上可以更加有效地防止外部噪声对 CNC 的损坏；但是，噪声水平的测定很难定量测定，并且由于噪声问题的多样性和不确定性，很难保证实现完全杜绝的状态。因此，在兼顾抗电磁干扰的同时，采取有效地手段防止内部噪声的产生以及防止外部噪声传入 CNC，对于提高 CNC 的工作稳定性也非常重要。

需要注意的是，在实际的安装和应用中，CNC 的功能部件经常和电气柜中能产生噪声的电磁元器件装在一起。因此，与之相关的电容耦合、电磁感应和对地的循环都有可能成为 CNC 的噪声源。

基于这样的情况，在实际设计和应用中，我们应该确保采取适当而有效的措施，在针对于抗电磁干扰的前提下，尽可能地降低噪声所带来的负面影响。一般来说，在实际应用中，我们可以通过使用信号线分离以及接地来实现。这两种方法是目前实际应用中较为广泛的方法，实施简单、效果明显、能够很好地提高抗干扰能力。

（1）信号线的分离

在实际应用中，数控机床需要使用多条电缆线，而不同信号的电缆线之间的互相影响也常常是造成干扰的重要原因之一。针对这一点，我们可以对各电缆的信号线进行分离，已达到抗干扰的目的。在表2-18中对机床中常用的电缆分类及抗干扰处理措施进行了简要的介绍。

表2-18 信号线的抗干扰处理方法一览表

组别	信 号 线	抗干扰处理办法
A	一次侧交流电源线	将A组电缆与B组和C组电缆分开捆绑(分组捆绑时两组电缆间距离至少10cm),或将A组电缆进行屏蔽(使用接地板在两组间进行屏蔽)
	二次侧交流电源线	
	交流/直流电源线(包括伺服和主轴电动机的电源线)	
	交流/直流线圈	在线圈或者继电器上安装灭弧装置或者二极管
	交流/直流继电器	
B	直流线圈(DC24V)	将直流线圈和继电器与二极管连接起来
	直流继电器(DC24V)	将B组电缆与A组电缆分开捆绑,或将B组电缆进行屏蔽
	CNC和机床之间的DI/DO电缆	B组电缆与C组电缆尽量远离
	连接控制单元及它外围设备的24V直流输入电源电缆	建议将B组电缆进行屏蔽处理
C	用于位置和速度反馈的电缆	将C组与A组电缆分开捆绑,或将C组电缆进行屏蔽
	CNC与主轴驱动之间的电缆	C组电缆与B组电缆尽量远离
	位置编码器的电缆	
	手摇脉冲发生器的电缆	
	RS-232-C与RS-422用的电缆	
	其他屏蔽用的电缆	

（2）接地

在实际应用中,合理的接地措施是实现抗干扰目的的重要手段。所谓接地,本质上就是为与之相连的部件提供一个等电位点或等电位面。接地对象可以是真正的大地,也可以不是。如飞机上电子电气设备接飞机壳体就是接地;如果接的是大地,则地线电位为大地电位,是零电位。

接地的目的有两个:一是为了保护人身和设备的安全,免遭雷击、漏电、静电等危害,这类地线应与真正的大地相连接,称为保护地线。对于电气柜而言,其壳体就需要通过保护地线与大地相接,从而使其始终与大地电位保持一致,以确保人体接触柜体时不会发生危险。如果不接保护地线,当电气柜发生故障时,柜体电位可能会达到很高的一个水平,如果此时人体触及柜体,故障电流就会全部经由人体向大地流通,从而产生触电的危险;二则是为了保证设备的正常工作,这类地线在用于设备屏蔽时,也常常需要与大地相结合,才能起到相应的效果,通常称之为工作地线。例如直流电源常需要有一极接地,作为参考零电位,其他极与之比较;或者在信号传输中将一根线接地,作为基准电位,传输信号的大小与该基准电位相比较等。

需要强调的是,在电子设备中一定要注意地线,尤其是工作地线的正确接法,否则会产生共地线阻抗干扰、地环路干扰或共模电流辐射等问题。一般来说,常见的接地方式主要分为单点串联接地、单点并联接地以及多点接地三类。

1）单点串联接地。电路中只有一个物理点被定义为接地参考点，所有接地点用工作地线串联起来，然后接于此参考点，即是单点串联接地。这种接地方式使用起来比较简单，电路布线也比较容易，在频率较低、地线阻抗不大、组内各电路的电平又相差不大的情况下应用较为广泛。但是，在大功率和小功率电路混合应用的系统中，一定不可以使用这种方式，因为大功率电路中的地线电流会对小功率电路的正常工作造成不良影响。

2）单点并联接地。使用单点并联接地方式的各电路的地电位只与本电路的地电流及电线阻抗有关，不受其他电路的影响。基于这个特性，在实际电路布置中，常常会根据实际的需要和电路的复杂情况，将单点串联接地和单点并联接地方式结合起来使用。

需要注意的是，不论是串联还是并联，单点接地的方式只适用于低频电路。因此，对于较长的地线应采取相应的措施，尽量减少阻抗，特别是减小电感。例如增加地线宽度、采用矩形截面导体代替圆导体作地线带等。

在图 2-19 中以 SINUMERIK 808D 数控系统与 SINAMICS V60 驱动器的连接为例，给出了常用的单点接地示例图，可作为实际应用的参考。

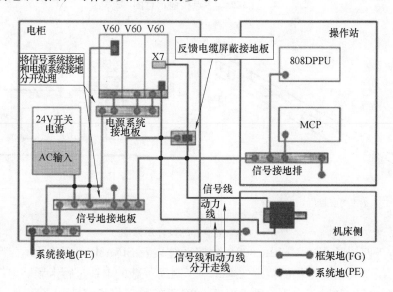

图 2-19　单点接地示意图

3）多点接地。多点接地的思路是把需要接地的点就近接到接地平面上，从而尽可能地缩短各电路接地点到接地平面的引线。接地金属面需要具备导电好、面积大的特点，这样的做法的主要优势是电路中的阻抗很小，不易产生共阻抗干扰，并可以有效地改善地线的高频特性。

在图 2-20 中以 SINUMERIK 808D 数控系统与 SINAMICS V60 驱动器的连接为例，给出了常用的多点接地示例图，可作为实际应用的参考。

此外，在实际接地过程中，为了便于连接和布线，常常会使用到接地板。一般来说，地线板可以使用 2mm 左右的镍表面金属板。接地板的制作和安装需要结合实际情况，遵循一定的标准要求，在图 2-21 中给出了常用的接地板设计示例图。

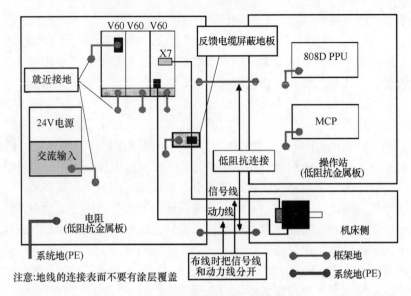

图 2-20　多点接地示意图

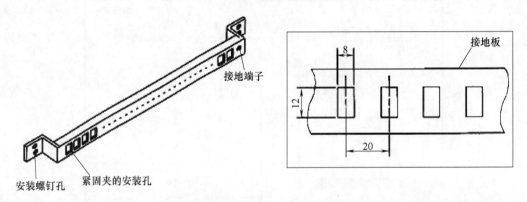

图 2-21　接地板的设计示意图

同时，对于西门子 SINUMERIK 808D 数控系统以及 SINAMICS V60 驱动器的安装而言，还需要使用西门子公司所提供的特定的电缆卡子对所屏蔽的电缆进行卡紧。电缆卡子的应用目的是为了支撑电缆和屏蔽电缆，进而保证 CNC 系统的工作稳定性。

在实际使用时，需要先将电缆外层剥掉一部分，使其露出屏蔽层，然后用电缆卡子夹紧裸露出屏蔽层的部分，并将其卡在地线板上。在图 2-22 中给出了使用电缆卡子进行屏蔽电缆安装和固定的安装示例图。

需要强调的是，在进行电缆的屏蔽安装时，要确保将动力线和信号线分开进行安装，即动力线与信号线的电缆卡子不要卡在同一块接地板上，而应使用不同的接地板。

2.3.4　地环路干扰的抑制

前文已经介绍，在实际的电气柜接线中，很多电路是采用多点接地以确保电气柜具备较为良好的抗电磁干扰的性能。但是同时，当电路进行多点接地并且电路之间有信号联系时，极易在电气柜内部形成地环路，而地环路则会进一步地对电气柜内的电气元器件的正常使用产生不良影响，甚至会造成部分电气元器件无法正常工作。

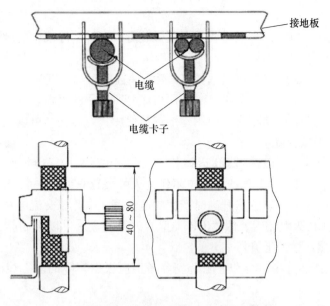

接地板

电缆

电缆卡子

$40 \sim 80$

图 2-22　屏蔽电缆的安装方法

因此，在使用西门子 SINUMERIK 808D 系统时，必须采取相应的措施，尽可能大地增强对地环路所引起的干扰的抑制，以确保系统可以维持在稳定的工作状态。

通常抑制地环路干扰的最好方法就是切断地环路。因此，在实际应用中，常常会使用一些具有特定性能的电气元器件来实现切断地环路的目的，常用的措施和相关的电气元器件主要有以下几种。

1. 隔离变压器

隔离变压器的一次侧、二次侧之间有一层金属屏蔽层，这个屏蔽层可以在电路一次与二次电场之间产生屏蔽作用，进而达到抑制地环路干扰的作用。

但需要强调的是，基于隔离变压器自身特点及应用性能，不能使用它来传输直流信号和频率很低的信号。

2. 磁环

根据磁环自身性能的特点，可以将磁环套在导线上作为抗干扰的一种手段。套有磁环的导线可以允许直流和频率很低的差模信号通过，但对于高频共模噪声则会呈现出很大的阻抗，从而起到抑制地环路干扰的作用。

3. 光耦合器

光耦合器是以光作为媒介，来传输电信号的一种"电-光-电"转换元器件。从性能上来说，光耦合器只能传输差模信号，不能传输共模信号，从而能够对于输入、输出的电信号起到良好的隔离作用。

因此，光耦合器可以完全切断两个电路之间的地环路，从而实现抑制地环路干扰的作用。

4. 灭弧装置的使用

在实际的应用中，强电电气柜中会使用到大量的线圈和继电器。当这些设备接通或断开时，线圈会由于自感效应而在线路中产生很高的脉冲电压，而线路中脉冲电压则会进一步地对电子线路的信号传送产生干扰。

因此，在强电电气柜中，一般需要采用灭弧装置，来抑制导线中的脉冲电压，进而实现对于其所引发的线路干扰的抑制。

一般来说，对于交流电路，可以选择 CR 灭弧装置；而对于直流电路，则通常使用二极管作为灭弧装置。针对于不同的电路，必须严格区分所选用的灭弧装置；同时，在灭弧装置的使用中，也必须严格地按照相应的使用标准进行使用，以确保其可以发挥预期的功用。

（1）交流电路灭弧装置

对于交流电路而言，一般选择 CR 灭弧装置，在使用过程中，应重点注意以下三点。

1）对于交流电路而言，单独地使用电阻作为灭弧装置只能在限制脉冲电压的峰值时发挥作用，但不能限制脉冲电压突然升高时产生的电流值。因此，交流电路通常选择由电阻和电容所共同组成的 CR 灭弧装置，因为 CR 类型的灭弧装置既可以限制脉冲电压的峰值，又能限制脉冲电压突然产生的上升沿。

2）对于 CR 灭弧装置中电容和电阻选型参考值应根据实际的静态线圈直流阻值和电流来决定。

①电阻 R 的选择：线圈的等效直流电阻

②电容 C 的选择：一般选择范围为 $I^2/10$ 至 $I^2/20$（μF）（其中 I 为线圈的静态电流）

3）在交流电路中，CR 灭弧装置必须依照相关的安装标准进行安装使用。在图 2-23 中给出了常见的交流电路 CR 灭弧装置安装示例图，为读者提供参考依据。

（2）直流电路灭弧装置

对于直流电路，通常使用二极管作为灭弧装置来抑制电路中的脉冲电压。

二极管又称晶体二极管，简称二极管。晶体二极管在结构上由一个内部的 PN 结及两个引线端子构成，这种结构可以确保二极管根据实际的外加电压方向，而具备单向电流导通性。

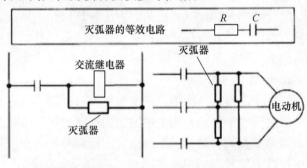

图 2-23　交流电路 CR 灭弧装置安装示例图

电流单向导通性是二极管最大的特性，实质上就是指电流只可以从二极管的一个方向通过，反之则电流无法导通。

基于这个特性，二极管可用于整流电路、检波电路、稳压电路以及各种调制电路。同样的，电流单向导通性也为检测二极管是否处于正常工作状态提供了很大的便利，只需要用万用表的电阻档对二极管进行测量：如果二极管的正向电阻很小，反向电阻很大就说明这个二极管是正常的；反之，若正反向都很小或者都很大，则这个二极管出现了故障。

在直流电路中，需要根据二极管的单向导通特性和实际情况进行应用。图 2-24 中给出了常见的直流电路二极管使用示例图，为读者提供参考依据。

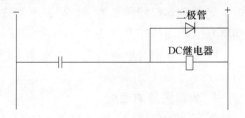

图 2-24　直流电路中二极管的使用示例图

需要强调的是，在实际应用中，二极管的选用也十分重要，选用不当则很容易造成二极管的烧断。一般来说，我们应选用耐压值约为外加电压的 2 倍，耐电流约为外加电流 2 倍的二极管。

5. 浪涌吸收器

除了前文提及的脉冲电压之外，电弧还会在电气柜内部产生浪涌电压，浪涌电压也会给设备安全稳定的运行带来不利的影响。因此，为了保护设备，消除电弧所产生的浪涌电压，通常需要在输入电源的线间和各线与地之间安装浪涌吸收器。

浪涌吸收器的安装和使用有其固定的标准和要求。一般来说，在输入电源单元的位置必须安装浪涌吸收器以消除由于打弧而产生的浪涌电压。同时，如果电路中没有安装隔离变压器，那么必须进一步加装浪涌吸收器 2；反之，如果电路中安装了隔离变压器，则浪涌吸收器 2 可以不安装。但是需要注意的是，这样并不能够完全地消除由于打弧而产生的浪涌电压。

在图 2-25 中以装有 SINAMICS V60 的电气柜内部分结构为例，给出了常见的浪涌吸收器的安装示例图，图中的浪涌吸收器 2 仅当隔离变压器未安装时使用。

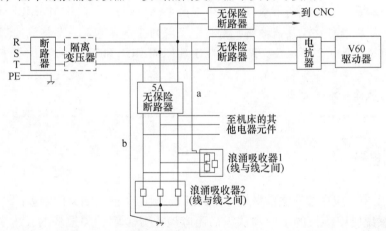

图 2-25　浪涌吸收器的安装示例图

此外，为了确保浪涌吸收器的良好运行，以达到最佳的效果，在图 2-25 的安装连接中，还需要格外注意以下 4 点：

1）使用的导线应尽可能地短，且尽可能满足以下标准，以达到更好地吸收浪涌电压的效果。

①导线规格：线径$\geqslant 2mm^2$。

②导线长度：连接浪涌吸收器 1 和浪涌吸收器 2 的导线总长 a 及 b 均不可大于 2m。

2）如果需要在电源线上进行过电压（AC1000V 和 AC1500V）绝缘强度测试，则必须先将浪涌吸收器 2 去掉。否则，过电压会损坏该浪涌吸收器。

3）当浪涌电压超过浪涌吸收器容量或浪涌吸收器短路时，图 2-25 中所安装的无保险断路器（5A）可以给电网提供保护作用。因此，在实际的安装应用中，必须安装断路器。

4）当电路正常工作时，没有电流通过浪涌吸收器 1 和 2，所以断路器（5A）可以与机床上其他电气元器件共用，如用于伺服单元中电源模块的电源控制或主轴风扇电动机的电源控制。

第3章 系统接线

本章导读：

对于任何数控系统而言，正确而规范地进行电气线路的连接，是确保整个系统乃至整个机床可以稳定而有序地进行工作的重要前提保证，而这些需要建立在对数控系统各部件的接口信号及接线标准充分了解的基础之上。

同样的，这些条件和影响因素也同样适用于 SINUMERIK 808D 数控系统，并且会给实际的应用带来重要影响。基于此点，本章将简要地介绍和说明 SINUMERIK 808D 数控系统的各个接口信号及相关的技术要求和接线标准。

总之，本章主要分为两部分，第 3.1 节主要介绍和说明了 SINUMERIK 808D 系统的各组成部件在进行电气接线之前，所需要了解的基本信息及实际接线过程中应当注意的重点问题；第 3.2 节主要介绍和说明了 SINUMERIK 808D 数控系统各组成部件及相关选件中，与电气连接相关的各线路接口的基本信息、进行电气连接时的注意事项以及基本的操作标准和要求。

3.1 接线准备

在实际应用中，应在接线之前做好充足的准备工作。这些工作不仅包括对于 SINUMERIK 808D 数控系统所用接口的了解和认识，还应该充分了解相关模块的技术要求和使用条件，并充分结合本书第 2 章中所介绍的电气柜内部相关的布线、接线的标准要求等，这些都将确保 SINUMERIK 808D 数控系统可以稳定而良好地运行提供重要的帮助。

本节将结合实际应用的经验和 SINUMERIK 808D 数控系统的基本特性，对电气连接之前所需要进行的准备事项进行简要地总结。

3.1.1 SINUMERIK 808D PPU 接口概览

对于 SINUMERIK 808D PPU 而言，它的全部电气电路接口都在其后侧，并使用不同的编号及名称进行标注和区分。

SINUMERIK 808D PPU 后侧接口的说明见表 3-1，并在表 3-1 图中针对其相应的接口位置进行了标注，方便读者查询和使用，为实际应用提供参考。

此外，在实际应用中，不但需要充分了解 SINUMERIK 808D PPU 的相关接口及其作用，还需要结合实际的接线操作要求、部件的技术指标以及使用规范来进行接线工作。一般来说，对于 SINUMERIK 808D PPU 的接线而言，还需要注意以下几点要求：

1）所有的数字输出端口（X200/X201）的额定输出电流均为 250mA。

2）西门子公司为 SINUMERIK 808D PPU 的每一个接线端子都进行了防插错设计，以确保端子和相关接口之间一一对应的关系。如果在使用端子的过程中发现无法插入接口，请不要盲目地通过外力强行插入，而应该首先确认所使用的端子是否与相应的端口号相吻合以及端口或接口是否受损。

3）选择24V 直流电源时，必须确保充分的电气安全隔离和可靠的接地连接一般来说，建议选用西门子公司的24V 直流电源。

4）所有的接线工作必须在断电情况下进行，以避免出现危害人员安全或部件受损的情况发生！

表 3-1 SINUMERIK 808D PPU 接口示例一览表

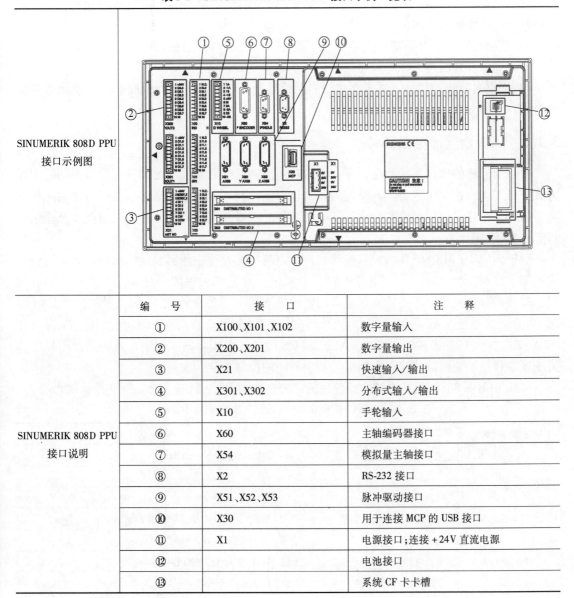

编 号	接 口	注 释
①	X100、X101、X102	数字量输入
②	X200、X201	数字量输出
③	X21	快速输入/输出
④	X301、X302	分布式输入/输出
⑤	X10	手轮输入
⑥	X60	主轴编码器接口
⑦	X54	模拟量主轴接口
⑧	X2	RS-232 接口
⑨	X51、X52、X53	脉冲驱动接口
⑩	X30	用于连接 MCP 的 USB 接口
⑪	X1	电源接口；连接 +24V 直流电源
⑫		电池接口
⑬		系统 CF 卡卡槽

3.1.2 电气柜内接线要求

在 SINUMERIK 808D PPU 的接线准备中，充分了解和遵循电气柜内部的接线要求是确保系统及机床稳定、可靠运行的重要前提，必须引起足够的重视。

在本书的第 2 章第 2.3 节中关于电气柜设计的简述中，已经对电气柜的基本设计标准、注意事项及接线原则进行了较为全面的介绍，在此不做赘述。

需要特别强调的是，对于 SINUMERIK 808D PPU 的接线工作而言，在确保正确而规范的遵循第 2 章 2.3 节中所提出的接线要求之外，以下几点必须格外重视：

1）在安装 SINAMICS V60 驱动器时，应严格遵循第 2 章图 2-16 中关于驱动器间隔距离的设计标准。

2）电源电缆、电动机电缆以及变频器到主轴电动机的电缆应与信号电缆分开走线；并且做好相关电缆屏蔽及接地工作。

3）严格按照第 2 章第 2.3.3 节中所介绍的抗干扰策略，通过隔离、滤波、接地和设备的合理布局等有效措施，做好线路的电磁干扰抑制及安全防护工作。

4）严格进行保护接地，并且在接触静电敏感设备之前，做好静电放电操作及相关的保护措施。

3.1.3 正确地选择电源部件

对一个完整的数控系统而言，不同的接口可能需要接收不同信号，并且通过不同的工作方式进行工作，这就决定着不同类型的接口很可能需要不同的供电电源以维持正常的工作状态，因此，在接线过程中必须注意对于电源部件的选择，要符合实际的接线情况以及相关接口工作参数的需求。

对于 SINUMERIK 808D 数控系统而言，可以将接线过程中所需要使用到的电源主要分为主电源电路和控制电路，在主电源电路中主要包括有电源的进线、总开关以及与冷却、润滑、排屑、散热风扇等辅助功能相关联的电动机连接。需要格外注意的是，作为 SINUMER-IK 808D 数控系统中的重要组成部件，SINAMICS V60 驱动器所使用的动力电电源为三相 220V 交流电而不是由主电源直接引入的 380V。因此，在实际的应用中，还需要使用具备动力变压器和控制变压器的变压电路等，实现不同的控制功能。

SINUMERIK 808D 数控系统中所使用的主要电源部件见表 3-2，为实际应用提供参考。

表 3-2 SINUMERIK 808D 数控系统电源部件说明

电 源 类 型	用 途	基 本 特 点
主电源	电源参数	三相 380V ± 10% ,50Hz ± 1Hz
	主电源线	10mm²
	接地电线	>10mm²,黄绿双色线
变压电路电源	使用变压器改变主电源	三相 220V,用于 SINAMICS V60 驱动器的供电
控制回路电源	稳压电源	直流 24V,一般作为 NC、V60 及 PLC 的输入、输出公共电源
	整流电源	直流 24V,一般用于三色灯和电磁阀电源
	手摇脉冲发生器电源	直流 5V,主要用于手轮

需要注意的是，在 SINUMERIK 808D PPU 和 SINAMICS V60 驱动器组件上都会使用到直流 24V 电源。一般来说，为了确保这两个部件的稳定运行，所选择的直流 24V 电源需要满

足表 3-3 中的给出的基本要求。

表 3-3　SINUMERIK 808D 数控系统直流 24V 电源部件的选择

电 源 参 数	基 本 要 求	
直流 24V 电源输出电源有效范围	20.4～28.8V（即为 −15%～20% 之间）	
部件所消耗的 24V 电流	SINUMEIRK 808D PPU	瞬时启动消耗的电流:5A
		正常运行消耗的电流:1.5A
	SINAMICS V60 驱动器	配置不带抱闸的电动机:0.8A/轴
		配置带有抱闸的电动机:1.4A/轴
数字量输出点最大带载能力	0.25A/输出点	

此外，在条件允许的情况下，还应将控制电路中的机床急停电路与 SINAMICS V60 驱动器上的伺服输入使能信号串联在一起（如有必要，还可将 X/Y/Z 等轴的正、负向超程限位开关以及急停开关的常闭触点串联在一起，使得当任意一个常闭触点断开时，都会造成急停线圈进入失电状态）。这样的电路连接使得系统在进行急停动作时，可以同时断开 SINAMICS V60 驱动器上的伺服输入使能，从而确保机床完全的停止，以保证使用者及系统的安全。

3.1.4　正确地选择接地策略

在本书前文的介绍中，已经对接地的重要性和主要用途进行了详细的说明，在此不多加赘述。在本节中重点强调的是，在使用 SINUMERIK 808D PPU 和 SINAMICS V60 驱动器电源时，同样需要做好详细有序的接地保护。

一般来说，对于 SINUMERIK 808D 数控系统连接中电源的接地保护策略而言，既可以使用共地连接，也可以使用浮地连接。两种接地方式之间的区别主要体现在电源的"0V"与保护地的"PE"之间是否连通。

1）共地：电源的"0V"与保护地"PE"连通。

2）浮地：电源的"0V"与保护地"PE"断开。

在实际应用中，本书推荐采用共地连接方式，以充分确保系统稳定而可靠地运行。需要注意的是，使用共地连接的前提条件是必须确保有足够良好的"地"来与接地线路相连接。

此外，在使用共地方式进行电源的接地连接时，也必须严格遵循基本的接线操作要求以及使用共地方式时所必须满足的前提条件和连接标准。

在图 3-1 中给出了常用的电气柜内部电源共地连接的正确接法示例图，帮助读者对共地连接方式有更直观地理解，并为实际应用提供参考依据。

在图 3-1 所给出的电源共地连接示例图中，对经常出现误解和错误的位置进行了简单的标注，并将对应位置应遵循的正确的接线标准和规格要求列在下面：

1）此处所使用的为 380V 三相电源线的 L1，L2，L3 三相中，未被其他设备使用到的两相。

2）必须在确保 PE 接地良好前提下，才能在此处进行连接；如果无法确定 PE 是否处于良好的工作状态，则严禁连接此处。

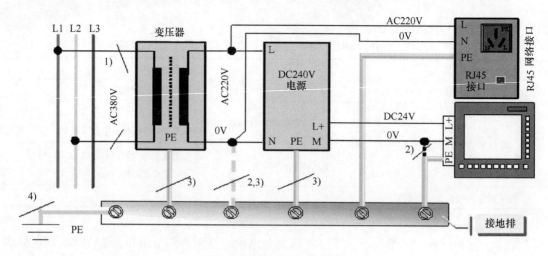

图 3-1　电源共地连接示例图

3）此处标注的接地线的截面积必须≥6mm²，以确保接地效果。

4）此处标注的接地线的截面积必须≥10mm²，以确保接地效果。

3.2　SINUMERIK 808D 数控系统接口及接线要求

在 SINUMERIK 808D 数控系统中，根据不同的功能和使用需求，设置了多个数字输入/输出接口。在实际的接线中，必须首先对 SINUMERIK 808D 数控系统所使用的数字输入/输出接口的接线原理有清晰的认识，并且仔细地了解不同接口的用途以及相应的接线条件和规格要求，以避免信号丢失、接线错误等问题的出现。

需要特别强调的是，在本节中所列举的所有数字量输入/输出端子的 PLC 信号连接，均基于西门子 SINUMERIK 808D 数控系统中所提供的标准 PLC 程序，如果使用者有特殊的需求或变动，请根据标准示例自行修正。

3.2.1　数字量输入/输出接口工作电路

对 SINUMERIK 808D PPU 而言，该系统内部集成了 S7-200 PLC 电路。同时，除了在 SINUMERIK 808D PPU 后侧提供 24 个数字输入接口和 16 个数字输出接口之外，还提供 3 个快速数字输入接口和 1 个快速数字输出接口；此外，SINUMERIK 808D PPU 还可以通过 50 针分布式数字输入/输出接口 X301 和 X302，扩展出格外的 48 个数字输入接口和 32 个数字输出接口，使得整个 SINUMERIK 808D PPU 的数字量工作接口共达到 72 个数字输入接口和 48 个数字输出接口。

对于这些数字量输入/输出接口来说，尽管它们所需要实现的命令控制对象和功能不尽相同，但是作为数字量接口的工作电路而言，具有相同的工作原理和工作电路结构。

在图 3-2 中给出了数字量输入接口的接线工作电路示例图，图 3-3 中给出了数字量输出接口的接线工作电路示例图。在实际的接线中，需要严格遵循相应的工作电路接线图进行连接，以确保信号的正确传输和系统的稳定运行。

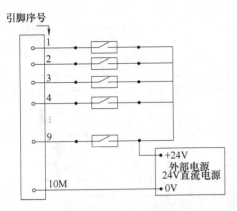

图 3-2　数字量输入接口连接电路示例图

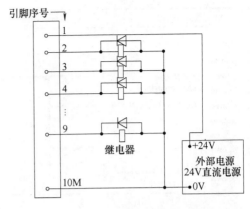

图 3-3　数字量输出接口连接电路示例图

3.2.2　SINUMERIK 808D PPU 数字量接口

1. 数字量输入接口-X100、X101、X102

在西门子 SINUMERIK 808D PPU 上，提供了 3 个使用端子排的数字量输入接口：X100、X101 和 X102。接口的基本工作电路在本书前文的第 3.2.1 节中已经进行了较为详细的图例介绍。

SINUMERIK 808D PPU 后侧的数字量输入接口的基本技术信息见表 3-4，数字量输入接口的每个针脚信号的说明见表 3-5。

表 3-4　SINUMERIK 808D PPU 数字量输入接口基本技术信息

数字量输入接口的类型	Combicon 10 针脚数字量输入接口
所使用电缆的最大长度	10m
所使用电缆的最大横截面积	使用单根导线进行连接:最大横截面积≥0.5mm^2
输入电平的范围(考虑波纹电压)	高电平: +18 ~ +30V 之间 低电平: -3 ~ +5V 之间

表 3-5　SINUMERIK 808D PPU 数字量输入接口针脚信号说明

X100 接口图示	针 脚 编 号	输 入 信 号	针 脚 注 释
1 N.C 2 I0.0 3 I0.1 4 I0.2 5 I0.3 6 I0.4 7 I0.5 8 I0.6 9 I0.7 10 M X100　DIN0	1	N.C	未分配
	2	I0.0	数字量输入
	3	I0.1	数字量输入
	4	I0.2	数字量输入
	5	I0.3	数字量输入
	6	I0.4	数字量输入
	7	I0.5	数字量输入
	8	I0.6	数字量输入
	9	I0.7	数字量输入
	10	M	外部接地

（续）

X100 接口图示	针 脚 编 号	输 入 信 号	针 脚 注 释

X100 车床
- 2 急停按钮
- 3 X轴"正"向限位开关
- 4 X轴"负"向限位开关
- 7 Z轴"正"向限位开关
- 8 Z轴"负"向限位开关
- 9 X轴参考点开关
- 10 M
- +24V

X100 铣床
- 2 急停按钮
- 3 X轴"正"向限位开关
- 4 X轴"负"向限位开关
- 5 Y轴"正"向限位开关
- 6 Y轴"负"向限位开关
- 7 Z轴"正"向限位开关
- 8 Z轴"负"向限位开关
- 9 X轴参考点开关
- 10 M
- +24V

X101 接口图示	针 脚 编 号	输 入 信 号	针 脚 注 释
1 N.C 1 I1.0 3 I1.1 4 I1.2 5 I1.3 6 I1.4 7 I1.5 8 I1.6 9 I1.7 10 M	1	N. C	未分配
	2	I1. 0	数字量输入
	3	I1. 1	数字量输入
	4	I1. 2	数字量输入
	5	I1. 3	数字量输入
	6	I1. 4	数字量输入
	7	I1. 5	数字量输入
	8	I1. 6	数字量输入
	9	I1. 7	数字量输入
X101 DIN1	10	M	外部接地

X101 车床
- 3 Z轴参考点开关
- 4 刀位检测信号T1
- 5 刀位检测信号T2
- 6 刀位检测信号T3
- 7 刀位检测信号T4
- 8 刀位检测信号T5
- 9 刀位检测信号T6
- 10 M
- +24V

X101 铣床
- 2 Y轴参考点开关
- 3 Z轴参考点开关
- 4 盘式刀库:刀库计数
- 5 盘式刀库:刀库在主轴位
- 6 盘式刀库:刀库在原位
- 7 盘式刀库:刀具在放松位置
- 8 盘式刀库:刀具在锁紧位置
- 10 M
- +24V

X102 接口图示	针 脚 编 号	输 入 信 号	针 脚 注 释
1 N.C 2 I2.0 3 I2.1 4 I2.2 5 I2.3 6 I2.4 7 I2.5 8 I2.6 9 I2.7 10 M	1	N. C	未分配
	2	I2. 0	数字量输入
	3	I2. 1	数字量输入
	4	I2. 2	数字量输入
	5	I2. 3	数字量输入
	6	I2. 4	数字量输入
	7	I2. 5	数字量输入
	8	I2. 6	数字量输入
	9	I2. 7	数字量输入
X102 DIN2	10	M	外部接地

（续）

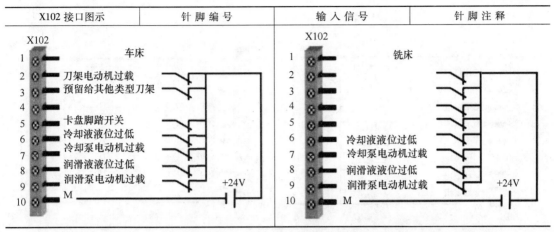

X102 接口图示	针脚编号	输入信号	针脚注释

注：表 3-5 图中所提及的各个数字量接口的信号含义均基于西门子公司所提供的 SINUMEIRK 808D 的标准 PLC 程序；
此外，在表 3-5 图中 X100/X101 所提及的参考点脉冲来自于接近开关（PNP 型），有效电平为直流 24V。

2. 数字量输出接口-X200、X201

在西门子 SINUMERIK 808D PPU 上，还提供了两个带有端子排的数字量输出接口：X200 和 X201。接口的基本工作电路和工作原理也已在本书前文的第 3.2.1 节中进行了较为详细的图例介绍。

SINUMERIK 808D PPU 后侧的数字量输出接口的基本技术信息见表 3-6，数字量输出接口的每个针脚信号的说明见表 3-7。

表 3-6　SINUMERIK 808D PPU 数字量输出接口基本技术信息

数字量输出接口的类型	Combicon 10 针脚数字量输出接口
所使用电缆的最大长度	10m
所使用电缆的最大横截面积	使用单根导线进行连接:最大横截面积≥0.5mm²
输出端额定数字输出电流值	250mA

表 3-7　SINUMERIK 808D PPU 数字量输出接口针脚信号说明

X200 接口图示	针脚编号	输出信号	针脚注释
1 +24V 2 Q0.0 3 Q0.1 4 Q0.2 5 Q0.3 6 Q0.4 7 Q0.5 8 Q0.6 9 Q0.7 10 M X200 DOUT0	1	+24V	+24V 输入,必须连接 可变范围在 +20.4～+28.8V 之间
	2	Q0.0	数字量输出
	3	Q0.1	数字量输出
	4	Q0.2	数字量输出
	5	Q0.3	数字量输出
	6	Q0.4	数字量输出
	7	Q0.5	数字量输出
	8	Q0.6	数字量输出
	9	Q0.7	数字量输出
	10	M	外部接地,必须连接

（续）

X200 接口图示	针脚编号	输出信号	针脚注释
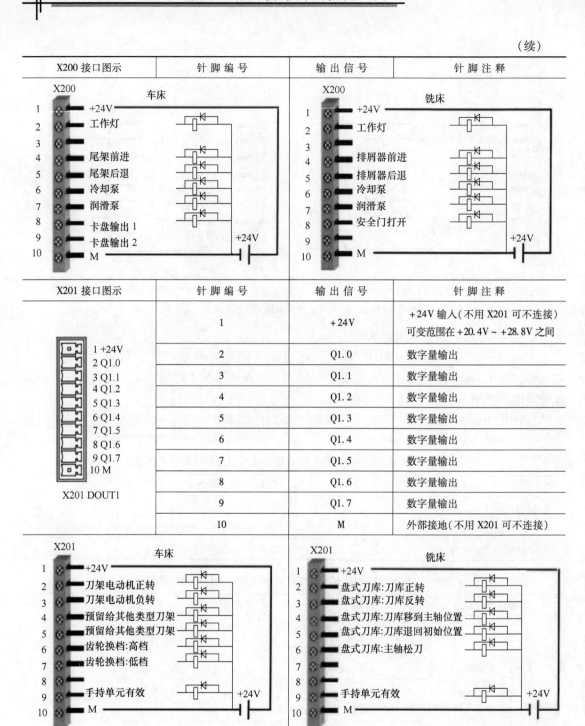			

X201 接口图示	针脚编号	输出信号	针脚注释
	1	+24V	+24V 输入（不用 X201 可不连接） 可变范围在 +20.4V ~ +28.8V 之间
	2	Q1.0	数字量输出
	3	Q1.1	数字量输出
	4	Q1.2	数字量输出
	5	Q1.3	数字量输出
	6	Q1.4	数字量输出
	7	Q1.5	数字量输出
	8	Q1.6	数字量输出
	9	Q1.7	数字量输出
	10	M	外部接地（不用 X201 可不连接）

注：即使未使用 X200 接口，也必须连接 +24V 和 M 信号点；否则 SINUMERIK 808D PPU 和 SINAMICS V60 驱动器之间的通信和信号传输将无法正常工作。

3. 数字量快速输入／输出接口-X21

前文已经提及，在西门子 SINUMERIK 808D PPU 上除了基本的 3 个数字量输入接口和 2 个数字量输出接口之外，还提供了 1 个数字量快速输入／输出接口 X21。

SINUMERIK 808D PPU 后侧的数字量快速输入/输出接口的基本技术信息见表 3-8,数字量快速输入/输出接口的每个针脚信号的说明见表 3-9。

表 3-8 SINUMERIK 808D PPU 数字量快速输入/输出接口基本技术信息

数字量快速输入/输出接口的类型	Combicon 10 针脚数字量快速输入/输出接口
所使用电缆的类型或特点	屏蔽电缆,必须接地且符合 IEC/CISPR 要求
所使用电缆的最大长度	10m
所使用电缆的最大横截面积	使用单根导线进行连接:最大横截面积≥0.5mm²
输入电平的范围(考虑波纹电压)	高电平: + 18 ~ + 30V 之间 低电平: − 3 ~ + 5V 之间
端口 X21 的适用条件	当使用单极性接法连接主轴变频器或伺服驱动器时,使用 X21 的 8、9 号引脚与继电器共同控制主轴旋转方向

表 3-9 SINUMERIK 808D PPU 数字量快速输入/输出接口针脚信号说明

X21 接口图示	针 脚 编 号	输 出 信 号	针 脚 注 释
1 +24V 2 NCRDY_K1 3 NCRDY_K2 4 DI1 5 DI2 6 DI3 7 DO1 8 CW 9 CCW 10 M X21 FASTI/O	1	+24V	+24V 输入(20.4 ~ 28.8V)
	2	NCRDY_1	NCRDY 触点 1
	3	NCRDY_2	NCRDY 触点 2
	4	DI1	数字量快速输入
	5	DI2	数字量快速输入
	6	BERO_SPINDLE 或 DI3	主轴 Bero 或者数字量输入
	7	DO1	数字量快速输出
	8	CW	主轴顺时针旋转
	9	CCW	主轴逆时针旋转
	10	M	外部接地

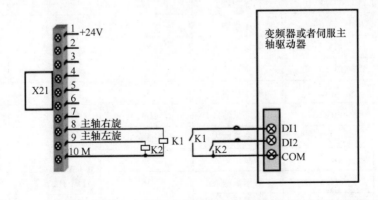

注:表 3-9 图中的连接方式仅适用于主轴变频器或伺服主轴驱动器的单极性连接。

4. 数字量分布式输入/输出接口-X301、X302

为了满足机床制造商和使用者的特殊需要,除了基本的 3 个数字量输入接口和 2 个数字量输出接口之外，西门子 SINUMERIK 808D PPU 上还配备了 2 个 50 针的数字量分布式输入/输出接口：X301 和 X302。接口的基本工作电路也已在本书前文的第 3.2.1 节中进行了较为详细的图例介绍。

SINUMERIK 808D PPU 后侧的数字量分布式输入/输出接口的基本技术信息见表 3-10，该接口的每个针脚信号的说明见表 3-11。

表 3-10 **SINUMERIK 808D PPU 数字量分布式输入/输出接口基本技术信息**

数字量分布式输入/输出接口的类型	50 针插座式数字量分布式输入/输出接口
输入电平的范围(考虑波纹电压)	高电平：+18 ~ +30V 之间 低电平：−3 ~ +5V 之间
输出端额定数字输出电流值	250mA

表 3-11 **SINUMERIK 808D PPU 数字量分布式输入/输出接口针脚信号说明**

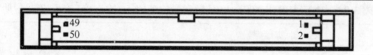

X301　　　DISTRIBUTED I/O 1

针脚编号	输出信号	针脚注释	针脚编号	输出信号	针脚注释
1	MEXT	外部接地	21	I5.2	数字量输入
2	+24V	+24V 输出	22	I5.3	数字量输入
3	I3.0	数字量输入	23	I5.4	数字量输入
4	I3.1	数字量输入	24	I5.5	数字量输入
5	I3.2	数字量输入	25	I5.6	数字量输入
6	I3.3	数字量输入	26	I5.7	数字量输入
7	I3.4	数字量输入	27	—	未分配
8	I3.5	数字量输入	28	—	未分配
9	I3.6	数字量输入	29	—	未分配
10	I3.7	数字量输入	30	—	未分配
11	I4.0	数字量输入	31	Q2.0	数字量输出
12	I4.1	数字量输入	32	Q2.1	数字量输出
13	I4.2	数字量输入	33	Q2.2	数字量输出
14	I4.3	数字量输入	34	Q2.3	数字量输出
15	I4.4	数字量输入	35	Q2.4	数字量输出
16	I4.5	数字量输入	36	Q2.5	数字量输出
17	I4.6	数字量输入	37	Q2.6	数字量输出
18	I4.7	数字量输入	38	Q2.7	数字量输出
19	I5.0	数字量输入	39	Q3.0	数字量输出
20	I5.1	数字量输入	40	Q3.1	数字量输出

（续）

针脚编号	输出信号	针脚注释	针脚编号	输出信号	针脚注释
41	Q3.2	数字量输出	46	Q3.7	数字量输出
42	Q3.3	数字量输出	47	+24V	+24V 输入
43	Q3.4	数字量输出	48	+24V	+24V 输入
44	Q3.5	数字量输出	49	+24V	+24V 输入
45	Q3.6	数字量输出	50	+24V	+24V 输入

X302　　DISTRIBUTED I/O 2

针脚编号	输出信号	针脚注释	针脚编号	输出信号	针脚注释
1	MEXT	外部接地	26	I8.7	数字量输入
2	+24V	+24V 输出	27	—	未分配
3	I6.0	数字量输入	28	—	未分配
4	I6.1	数字量输入	29	—	未分配
5	I6.2	数字量输入	30	—	未分配
6	I6.3	数字量输入	31	Q4.0	数字量输出
7	I6.4	数字量输入	32	Q4.1	数字量输出
8	I6.5	数字量输入	33	Q4.2	数字量输出
9	I6.6	数字量输入	34	Q4.3	数字量输出
10	I6.7	数字量输入	35	Q4.4	数字量输出
11	I7.0	数字量输入	36	Q4.5	数字量输出
12	I7.1	数字量输入	37	Q4.6	数字量输出
13	I7.2	数字量输入	38	Q4.7	数字量输出
14	I7.3	数字量输入	39	Q5.0	数字量输出
15	I7.4	数字量输入	40	Q5.1	数字量输出
16	I7.5	数字量输入	41	Q5.2	数字量输出
17	I7.6	数字量输入	42	Q5.3	数字量输出
18	I7.7	数字量输入	43	Q5.4	数字量输出
19	I8.0	数字量输入	44	Q5.5	数字量输出
20	I5.1	数字量输入	45	Q5.6	数字量输出
21	I8.2	数字量输入	46	Q5.7	数字量输出
22	I8.3	数字量输入	47	+24V	+24V 输入
23	I8.4	数字量输入	48	+24V	+24V 输入
24	I8.5	数字量输入	49	+24V	+24V 输入
25	I8.6	数字量输入	50	+24V	+24V 输入

在使用 50 针数字量分布式输入/输出接口的时候，需要注意以下几点，以确保接线的正确性和系统运行的稳定性。

1）在完成 I/O 点的线路连接之后，应使用万用表来检查手持单元、PLC 输入点以及电源的接线是否正确。在实际操作中，应先根据电气图查找各项功能所对应的输入点，然后再利用 PLC 的 I/O 状态或梯形图查看 PLC 是否有信号传输，或利用万用表检测开关或传感器是否有信号传输。

2）如果要对 X301/X302 上的数字量输出进行供电，则必须使用一个直流 24V 电源，将电源上的 +24V 输出点和参考接地点连接到相应针脚处：

①+24V 输出点与 X301/X302 上的针脚 47、48、49、50 中的至少一个相连，并且要确保通过这 4 个针脚上的电流量不可以超过 1A。

②参考接地点应与 X301/X302 上的针脚 1（MEXT）相连。

3）对于 X301/X302 上的针脚 2 而言：

①流过针脚 2 的电流值不可以超过最大电流限定值 $I_{out} = 0.25A$，否则会造成接口损坏。

②针脚 2 上的 +24V 输出来自针脚 47~50，因此必须连接针脚 47~50 中的至少一个针脚，才能够保证针脚 2 有 +24V 输出。

5. 手轮输入-X10

西门子 SINUMERIK 808D PPU 为手轮配备了专用的连接接口 X10，最多可以同时连接并使用两个电子手轮。

手轮输入接口的基本信息以及 SINUMERIK 808D PPU 的电子手轮的基本技术信息见表 3-12，手轮输入接口的每个针脚信号说明见表 3-13。

同时，在表 3-13 图中，还对具体的手轮输入连接方式和双手轮连接列举了详细的连接示例图，为实际应用提供参考依据。

需要注意的是，在选择电子手轮时，必须依据表 3-12 中的适用手轮的基本技术数据信息，选择适用于 SINUMERIK 808D PPU 的电子手轮，并进行正确的接线操作，以确保所选用的手轮可以正常的进行工作。

表 3-12　SINUMERIK 808D PPU 手轮输入接口及适用手轮基本技术信息

手轮输入接口的类型	Combicon 10 针脚数字量快速输入/输出接口
所使用电缆的最大长度	3m
最多可连接电子手轮数量	2 个
电子手轮传输方法	+5V 方波信号（TTL 电平或 RS422）
电子手轮传输信号格式	A 相信号作为差分信号（Ua1 Ua1） B 相信号作为差分信号（Ua2 Ua2）
电子手轮的最大输入频率	500kHz
电子手轮 A 相信号和 B 相信号之间的相位差	90° ±30°
电子手轮电源及电流限制值	电源：直流 +5V 最大电流值：250mA

表 3-13 SINUMERIK 808D PPU 手轮输入接口针脚信号说明

X10 接口图示	针 脚 编 号	输 出 信 号	针 脚 注 释
	1	1A	手轮 1:A1 相脉冲
	2	−1A	手轮 1:A1 相负脉冲
	3	1B	手轮 1:B1 相脉冲
	4	−1B	手轮 1:B1 相负脉冲
	5	+5V	+5V 电源输出
	6	M	接地
	7	2A	手轮 2:A2 相脉冲
	8	−2A	手轮 2:A2 相负脉冲
	9	2B	手轮 2:B2 相脉冲
	10	−2B	手轮 2:B2 相负脉冲

6. 脉冲驱动接口 X51、X52、X53

在西门子 SINUMERIK 808D PPU 上配备有 3 个脉冲驱动接口 X51、X52、X53 用于 SINUMERIK 808D PPU 与 SINAMICS V60 驱动器之间的数据交换。需要注意的是，对于 SINUMERIK 808D 数控系统的车床版本而言，只用到了其中的 X51、X53 两个接口。

SINUMERIK 808D PPU 后侧的脉冲驱动接口的基本技术信息见表 3-14，脉冲驱动接口的每个针脚信号说明见表 3-15。在实际应用中，应根据表 3-14 及表 3-15 中所给出的技术数据和针脚信号说明使用。

需要注意的是，由于 X51、X52、X53 3 个脉冲驱动接口具有完全相同的内部结构设计和使用原理，彼此间的区别仅在于不同的脉冲驱动接口需要与不同的进给轴驱动器相连接，因此在表 3-14、表 3-15 中，仅以 X51 作为示例，对该接口相关的数据信息进行简要的介绍，其他两个接口（X52 和 X53）与 X51 相同。

表 3-14 SINUMERIK 808D PPU 脉冲驱动接口基本技术信息

脉冲驱动接口的类型	Sub-D15 针脚公头接口
连接电缆类型	驱动电缆
所使用电缆的最大长度	10m
X51、X52、X53 3 个接口之间的关联	除了针对于不同的进给轴之外，3 个脉冲驱动接口在结构和功能上完全一致

表 3-15　SINUMERIK 808D PPU 脉冲驱动接口针脚信号说明

X51 接口图示	针 脚 编 号	输 出 信 号	针 脚 注 释
	1	PULSE +	到驱动端的正脉冲信号
	2	DIR +	到驱动端的正方向信号
	3	ENA +	到驱动端的正使能信号
	4	BERO	来自驱动端的零脉冲信号
	5	+24V	+24V 输出，由 X200 的针脚 1 供电
	6	RST	到驱动端的报警清除信号
	7	M24	接地
	8	+24V	+24V 输出，由 X200 的针脚 1 供电
	9	PULSE –	到驱动端的负脉冲信号
	10	DIR –	到驱动端的负方向信号
	11	ENA –	到驱动端的负使能信号
	12	+24V	+24V 输出，由 X200 的针脚 1 供电
	13	M24	接地
X51 XAXIS	14	RDY	来自驱动端的驱动就绪信号
	15	ALM	来自驱动端的驱动报警信号

需要注意的是，在使用脉冲驱动接口 X51、X52、X53 时，必须严格注意以下事项，以保证系统的正常工作和机床整体的稳定运行。

1）必须连接数字量输出信号接口 X200 上的 +24V 和 M 信号针脚，才能确保脉冲驱动接口中的 +24V 信号和 M24 信号的正常使用，否则脉冲驱动接口中的 +24V 和 M24 信号会失效。

2）严禁将脉冲驱动接口 X51、X52、X53 中的针脚 5、针脚 8 及针脚 12 接地，否则会造成数控系统或电源的损坏。

3）严禁对脉冲驱动接口 X51、X52、X53 进行热插拔。

4）X51、X52、X53 分别对应数控系统的 X、Y、Z 3 个进给轴的控制。除此之外，3 个脉冲驱动接口在功能和结构上是完全一致的。

5）在脉冲驱动接口中，PULSE +、PULSE – 为指令脉冲信号，DIR +、DIR – 为指令方向信号，这两组信号均为差分输出。

7. 模拟量主轴接口 X54

在西门子 SINUMERIK 808D PPU 上有一个模拟量主轴接口 X54，用于将 SINUMERIK 808D PPU 与主轴变频器或者伺服主轴驱动器进行连接。X54 模拟量主轴接口的主要工作原理是将 SINUMERIK 808D PPU 处理过的控制信号通过 0 ~ ±10V 模拟量信号输出至所连接的主轴变频器或者伺服主轴驱动器的相应接口上，从而实现对于主轴变频器或者伺服主轴驱动器的指令控制。

SINUMERIK 808D PPU 后侧的模拟量主轴接口的基本技术信息见表 3-16。模拟量主轴接口的每个针脚信号说明见表 3-17。

表 3-16　SINUMERIK 808D PPU 模拟量主轴接口基本技术信息

模拟量主轴接口的类型	Sub-D 9 针脚母头接口
所使用电缆的最大长度	10m
模拟量主轴接口的主要用途	将数控系统与主轴变频器或伺服主轴驱动器相连

表 3-17　SINUMERIK 808D PPU 模拟量主轴接口针脚信号说明

X54 接口图示	针脚编号	输出信号	针脚注释
	1	AO	模拟量电压
	2	—	未分配
	3	—	未分配
	4	—	未分配
	5	SE1	模拟量驱动使能(触点:无电动势常开触点)
	6	SE2	模拟量驱动使能(触点:无电动势常开触点)
	7	—	未分配
X54 SPINDLE	8	—	未分配
	9	AGND	接地

8. 主轴编码器接口 X60

与模拟量主轴接口 X54 相配合,在西门子 SINUMERIK 808D PPU 上还留有一个主轴编码器接口 X60,用于将数控系统与主轴增量编码器进行连接。

SINUMERIK 808D PPU 后侧的主轴编码器接口的基本技术信息见表 3-18,SINUMERIK 808D PPU 主轴编码器接口的每个针脚信号说明见表 3-19。

表 3-18　SINUMERIK 808D PPU 主轴编码器接口基本技术信息

主轴编码器接口的类型	Sub-D 15 针脚母头接口
所使用电缆的最大长度	10m
主轴编码器接口的主要用途	连接数控系统与主轴编码器
与 SINUMERIK 808D PPU 相连的主轴编码器的要求	传输方式:5V 方波信号差分传输

表 3-19　SINUMERIK 808D PPU 主轴编码器接口针脚信号说明

X60 接口图示	针脚编号	输出信号	针脚注释
	1	—	未分配
	2	—	未分配
	3	—	未分配
	4	+5V	+5V 电源
	5	—	未分配
	6	+5V	+5V 电源
	7	M	接地
	8	—	未分配
	9	M	接地
	10	Z	零脉冲信号
	11	Z_N	负零脉冲信号
	12	B_N	负跟踪 B
X60	13	B	跟踪 B
SP ENCODER	14	A_N	负跟踪 A
	15	A	跟踪 A

需要注意的是,SINUMERIK 808D PPU 主轴编码器接口 X60 所需要的连接线不属于西门子公司标准交付部件,如果需要该接口与主轴编码器连接,应根据表 3-19 中给出的 X60 针脚信号说明,自行焊接。

此外,还需要注意在 SINUMERIK 808D PPU 与主轴变频器或伺服主轴驱动器的连接过程中，应根据实际的需要灵活地选择两者之间的连接方式。

在本书前文已经针对于 SINUMERIK 808D PPU 的模拟量主轴接口进行了介绍，该接口给出的是 ±10V 的模拟量信号。因此，基于实际应用中 SINUMERIK 808D PPU 与主轴变频器或伺服主轴驱动器的连接情况，可以根据对于所给定的 ±10V 输出信号的处理方式的不同，可以将连接方式分为单极性连接和双极性连接两种。

一般来说，在 SINUMERIK 808D PPU 上与主轴控制相关的接口主要有 X60、X54 及 X21，在表 3-20 中根据所选择的连接方式的不同，针对于 3 个接口具体的连接与输出信号情况进行了比较。

表 3-20　SINUMERIK 808D PPU 主轴连接方式比较

主轴相关接口	单极性连接方式	双极性连接方式	两种连接方式比较
主轴编码器接口 X60	正常连接	正常连接	X60 接口连接方式相同
模拟量主轴接口 X54	AO：+10V 模拟量电压 AGND：0V 信号	AO：±10V 模拟量电压 AGND：0V 信号	A0 模拟量电压值不同
数字量快速输入输出接口 X21	需要连接	不需连接	仅用于单极性连接方式

在图 3-4 中，给出了 SINUMERIK 808D PPU 通过单极性方式与主轴进行连接的示例图；图 3-5 中给出了 SINUMERIK 808D PPU 通过双极性方式与主轴进行连接的示例图，帮助读者进一步理解两种控制方式在连接上的区别，并为实际的连接与应用提供参考依据。

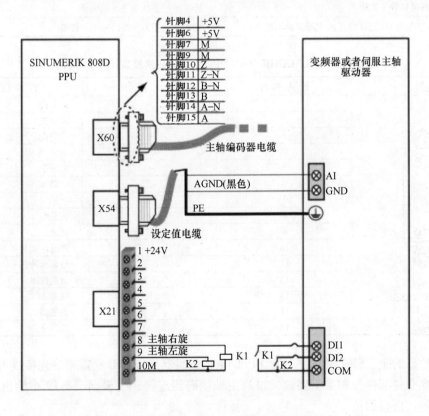

图 3-4　SINUMERIK 808D PPU 与单极性主轴连接方式示例图

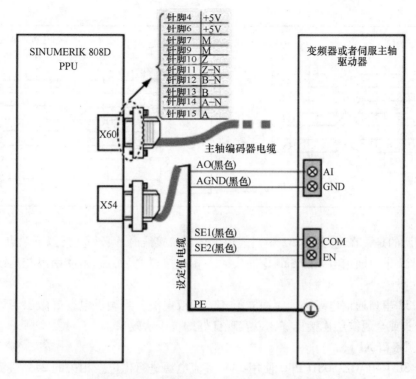

图 3-5　SINUMERIK 808D PPU 与双极性主轴连接方式示例图

9. RS232 串口通信电缆接口 X2

在 SINUMERIK 808D PPU 上，可支持使用 RS232 串口通信电缆完成与外部的 PC/PG 之间的数据交换或 PLC 传输等通信需求，需使用 SINUMERIK 808D PPU 后侧的 RS232 串口通信电缆接口 X2。

SINUMERIK 808D PPU 后侧的 RS232 串口通信电缆接口的基本技术信息见表 3-21，通信电缆接口的每个针脚信号和线路连接进行说明见表 3-22。

表 3-21　SINUMERIK 808D PPU RS232 串口通信电缆接口基本技术信息

RS232 串口通信电缆接口的类型	Sub-D 9 针脚公头接口
所使用电缆的最大长度及类型	10m/RS232 串口通信电缆
RS232 串口通信电缆接口接口的主要用途	实现系统与 PC/PG 之间通过 RS232 线进行数据通信

表 3-22　SINUMERIK 808D PPU RS232 串口通信电缆接口针脚信号说明及连接示例

X2 接口图示	针 脚 编 号	信 号 名 称	信 号 类 型	针 脚 注 释
X2 RS232	1	—	—	未分配
	2	RXD	I	接收数据
	3	TXD	O	传输数据
	4	DTR	O	数据终端就绪
	5	M	VO	接地
	6	DSR	I	请求设置就绪
	7	RTS	O	请求发送
	8	CTS	I	允许发送
	9	—	—	未分配

（续）

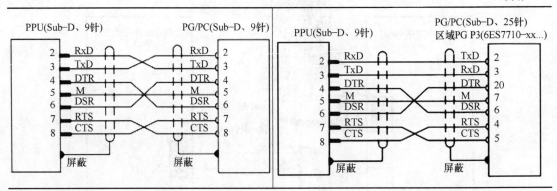

需要强调的是，在进行 RS232 串口通信电缆接口接线时，必须注意以下两点：

1）RS232 串口通信电缆的 Sub-D 插头插入相应接口之后，必须使用滚花高纹螺钉锁定插头。

2）RS232 串口通信电缆必须使用屏蔽式的双绞电缆，且确保电缆屏蔽层与数控系统侧的金属端子头或金属镶层连接良好，以实现良好的抗干扰效果。

10. 电源接口 X1

西门子 SINUMERIK 808D PPU 使用 24V 直流电源进行供电，相关的 24V 直流电源的选择和使用要求在本书的第 3.1.3 节中已经进行了简要的介绍，接口 X1 作为 SINUMERIK 808D PPU 直流 24V 电源的供电接口。

SINUMERIK 808D PPU 后侧电源接口的基本技术信息见表 3-23，该电源接口的每个针脚信号和线路连接说明和示例见表 3-24。

表 3-23　SINUMERIK 808D PPU 电源接口基本技术信息

电源接口的类型	MiNi Combicon 4 针脚电源接口
所使用电缆的最大长度	10m

表 3-24　SINUMERIK 808D PPU 电源接口针脚信号说明及连接示例

X1 接口图示	针脚编号	信号名称	信号类型	针脚注释
	1	24V	P24	+24V
	2	0V	M24	0V
	3	24V	P24	+24V
	4	0V	M24	0V

注：SINUMERIK 808D PPU 的直流 24V 电源接线端子的 0V 针脚与 24V 针脚均在内部并联，因此可以任意选择 0 ~ 24V 组合来连接 24V 电源。

11. SINUMERIK 808D PPU 与 MCP 通信连接接口 X30/X10

西门子 SINUMERIK 808D PPU 与 MCP 之间通过一根 USB1.1 通信电缆进行通信连接，在 SINUMERIK 808D PPU 上的 USB 接口为 X30；而在 SINUMERIK 808D MCP 上的 USB 接口为 X10。

SINUMERIK 808D PPU 与 MCP 的 USB 通信连接接口的基本技术信息见表 3-25，表 3-26 中对该 USB 通信接口的每个针脚信号说明见表 3-26。

表 3-25 SINUMERIK 808D PPU 与 MCP USB 通信接口基本技术信息

SINUMERIK 808D PPU 与 MCP 间 USB 通信接口的类型	PPU 端：A 类型 Combicon 7 针脚 USB 接口
	MCP 端：B 类型 Combicon 4 针脚 USB 接口
所使用电缆的最大长度	0.3m
所使用电缆的类型	USB1.1 电缆

表 3-26 SINUMERIK 808D PPU 与 MCP USB 通信接口针脚信号说明

PPU 端 X30 接口图示	针脚编号	信号名称	信号类型	针脚注释
X30 MCP	1	P5_USB0	VO	5V 电源
	2	DM_USB0	输入/输出	USB 数据 −
	3	DP_USB0	输入/输出	USB 数据 +
	4	M	VO	接地
MCP 端 X10 接口图示	针脚编号	信号名称	信号类型	针脚注释
X10 NC	1	P5_USB0	VO	5V 电源
	2	DM_USB0	输入/输出	USB 数据 −
	3	DP_USB0	输入/输出	USB 数据 +
	4	M	VO	接地

12. SINUMERIK 808D PPU 上的其他接口

除了本节上述所介绍的接口之外，西门子 SINUMERIK 808D PPU 上还有下列几个主要接口：USB 通信接口、电池及系统 CF 卡卡槽接口。

（1）USB 通信接口

SINUMERIK 808D PPU 支持使用系统正面的 USB1.1 通信接口进行数据的通信传输。

（2）电池及系统 CF 卡卡槽接口

在 SINUMERIK 808D PPU 后侧留有一个电池及系统 CF 卡卡槽接口，在使用和维护过程中，需要严格遵循以下使用要求：

1）在购买系统后的首次使用时，使用者需要自行将电池插上。

2）在插电池时，要确保插头上的隆起部位面对电池，否则会造成数控系统上出现"NCK 电池报警"的报警提示；如果没有按照相关标准正确地插入电池，那么系统的内部数据会在非正常断电时丢失。

3）在任何时候，都严禁自行插拔电池和系统 CF 卡，如果需要进行数据维护或电池更换，必须由西门子公司相关的工作人员进行操作，以防止由于误操作而导致数据丢失。

在图 3-6 中介绍了电池的插入位置及插入操作的过程，以及系统 CF 卡具体的位置。

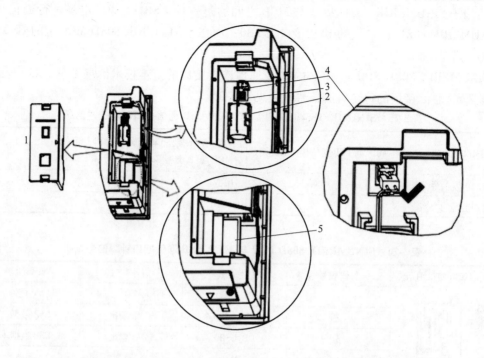

图 3-6　SINUMERIK 808D PPU 电池与系统 CF 卡接口位置及插拔过程示例图

1—维修盖板　2—电池　3—电池接口　4—电池插头　5—系统 CF 卡

3.2.3　SINAMICS V60 驱动器接口

SINAMICS V60 伺服驱动系统是西门子公司独立开发的一种新型驱动系统，与西门子公司的 SINUMERIK 808D 数控系统配套使用，控制数控车床或者数控铣床。

关于 SINAMICS V60 驱动器的相关技术参数和性能指标，在本书前文的第 1.4.2 节表 1-5 中已经进行了较为全面的介绍。而在实际的应用中，除了对于 SINAMICS V60 驱动器的技术参数和性能指标有足够的了解之外，正确地进行 SINAMICS V60 驱动器信号线连接的工作也十分重要，良好而正确的接线可以确保驱动器正确接收和反馈指令信号，以保证机床运行的稳定性和准确性。

对于 SINAMICS V60 驱动器而言，相关的连接接口主要有主电源接口、电动机动力输出接口、电动机抱闸接口、24V 直流电源接口、NC 脉冲输入接口、数字量输入/输出接口以及编码器接口，下面就针对于每一个接口的功能进行简单的介绍。

1. SINAMICS V60 驱动器主电源接口 L1、L2、L3

西门子 SINAMICS V60 驱动器所使用的主供电电源为三相 220V 交流电源供电，通过驱动器上的主电源接口 L1、L2、L3 接入。

需要强调的是，在实际接线中必须注意对于供电电源的选择。实际应用中常见的错误主要为选择了单相 220V 电源或者三相 380V 电源，这些都是极其危险而错误的接线，必须在接线过程中反复核查并避免。

SINAMICS V60 驱动器主电源接口的连接标准和要求见表 3-27。

表 3-27　SINAMICS V60 驱动器主电源接口说明

主电源接口图示	针 脚 编 号	信 号 名 称	针 脚 注 释
输入 3AC 220V　L1 L2 L3	1	L1	电源相位 L1
	2	L2	电源相位 L2
	3	L3	电源相位 L3
	最大导线截面积:2.5mm^2 螺钉类型:M3.5(端子块) 紧固扭矩:1Nm		

2. SINAMICS V60 驱动器电机动力输出接口-U、V、W

对于主电源供电输入，除了需要满足 SINAMICS V60 驱动器自身的使用之外，还需要通过驱动器上的电动机动力输出接口与 1FL5 电动机的动力电缆连接，为电动机提供电能输入。

SINAMICS V60 驱动器电动机动力输出接口说明见表 3-28。

表 3-28　SINAMICS V60 驱动器电动机动力输出接口说明

电动机动力输出接口图示	针 脚 编 号	信 号 名 称	针 脚 注 释
输出 到电动机端　U V W	1	U	电动机相位 U
	2	V	电动机相位 V
	3	W	电动机相位 W
	最大导线截面积:2.5mm^2 螺钉类型:M3.5(端子块) 紧固扭矩:1Nm		

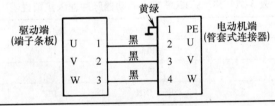

3. SINAMICS V60 驱动器电动机抱闸接口 X3

在实际应用中，机床可能会使用到具有抱闸功能的电动机，西门子 SINAMICS V60 驱动器可以通过电动机抱闸接口 X3 输出抱闸信号，对电动机进行抱闸功能控制。

SINAMICS V60 驱动器的电动机抱闸接口的说明见表 3-29。

表 3-29　SINAMICS V60 驱动器主电动机抱闸接口说明

电动机抱闸接口图示	针 脚 编 号	信 号 名 称	针 脚 注 释
X3 B+ B−	1	B +	接白色线，+24V 正极电压
	2	B −	接黑色线，0V 负极电压
	最大导线截面积:1.5mm^2 黑白线不可接反，否则抱闸无法打开		

4. SINAMICS V60 驱动器 24V 直流电源接口 X4

除了需要三相交流 220V 主电源供电之外，SINAMICS V60 驱动器同样需要使用 24V 直流电源进行供电，以满足数字量接口的信号传输需要。在 SINAMICS V60 驱动器上，接口 X4 为 24V 直流电源接口，相关的 24V 直流电源的选择要求和注意实现在本书第 3.1.3 节中已进行简单的介绍，在此不再赘述。

SINAMICS V60 驱动器的电动机抱闸接口的说明见表 3-30。

表 3-30　SINAMICS V60 驱动器直流 24V 电源接口说明

24V 直流电源接口图示	针脚编号	信号名称	针脚注释
X4 24V 0V PE	1	24V	直流 24V
	2	0V	0V
	3	PE	保护地
	电源有效范围:20.4~28.8V(即为 -15%~20% 之间) 电流消耗: -不带抱闸电动机为 0.8A/轴 　　　　　 -带有抱闸电动机为 1.4A/轴 最大导线截面积:1.5mm²		

5. SINAMICS V60 驱动器脉冲输入接口 X5

SINAMICS V60 驱动器的脉冲输入接口为 X5，用于与 SINUMERIK 808D PPU 进行连接时，接收脉冲、方向及使能信号。

SINAMICS V60 驱动器的脉冲输入接口说明见表 3-31。

表 3-31　SINAMICS V60 驱动器脉冲输入接口说明

脉冲输入接口图示	针脚编号	信号名称	输入/输出类型	针脚注释
X5 +PULS -PULS +DIR -DIR +ENA -ENA	1	+PLUS	I	脉冲输入设定值 +
	2	-PLUS	I	脉冲输入设定值 -
	3	+DIR	I	电机设定值的方向 +
	4	-DIR	I	电机设定值的方向 -
	5	+ENA	I	脉冲使能 +
	6	-ENA	I	脉冲使能 -
	设备起动之前，必须确保 X5 所有的接线端子完全紧固 PLUS 与 DIR 之间的信号时间延迟不得少于 16μs 最大导线截面积:0.5mm² 该端子输入信号为 5V 差分信号,若输入电压过高则会导致元器件损坏 为了正确传输脉冲量数据,建议采用表 3-31 中图所示的差分驱动连接方式				

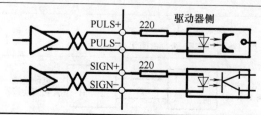

6. SINAMICS V60 驱动器数字量输入/输出接口 X6

SINAMICS V60 驱动器的数字量输入/输出接口为 X6，用于与 SINUMERIK 808D PPU 连接时，输出零点脉冲及报警相关的信号。

SINAMICS V60 驱动器的数字量输入/输出接口的说明见表 3-32。

表 3-32　SINAMICS V60 驱动器数字量输入/输出接口说明

数字量输入/输出接口图示	针脚编号	信号名称	输入/输出类型	针脚注释
X6　65 RST M24 ALM1 ALM2 RDY1 RDY2 +24V Z–M M24	1	65	I	伺服使能：+24V 为驱动使能 0V 为驱动禁止
	2	RST	I	报警清除，+24V 高电平有效
	3	M24	I	伺服使能和报警清除参考接地,0V
	4	ALM1	—	内部报警继电器触点 1 端子/2 端子
	5	ALM2	—	在报警产生时继电器闭合
	6	RDY1	—	内部伺服就绪继电器触点 1 端子/2 端子
	7	RDY2	—	在伺服驱动就绪时继电器闭合
	8	+24	I	零点标志
	9	Z-M	O	编码器零脉冲输出 脉冲宽度：2～3ms 高电平：+24V，低电平：0V
	10	M24	I	零点标志参考接地 0V
最大导线截面积：0.5mm² 建议将 1 引脚的 65 使能信号与 NC 的急停开关相连，以提升机床运行安全性				

7. SINAMICS V60 驱动器编码器接口 X7

SINAMICS V60 驱动器的编码器接口为 X7，用于与 1FL5 伺服电动机编码器连接时，接收各相反馈信号。

SINAMICS V60 驱动器编码器接口及连接的说明见表 3-33。

表 3-33　SINAMICS V60 驱动器编码器接口说明

编码器接口图示	针脚编号	信号名称	针脚注释
X7　1 14 25　13	24/12	A+/A−	TTL 编码器 A 相信号
	23/11	B+/B−	TTL 编码器 B 相信号
	22/10	Z+/Z−	TTL 编码器 Z 相信号
	21/9	U+/U−	TTL 编码器 U 相信号
	20/8	V+/V−	TTL 编码器 V 相信号
	19/7	W+/W−	TTL 编码器 W 相信号
	13/25	N. C.	未连接
	10	M24	零点标志参考接地 0V
	5/6/17/18	EP5	编码器电源 +5V
	1/2/3/4	EM	编码器电源 GND
螺钉类型：UNC4-40(插入式端子块) 紧固扭矩：0.5～0.6N·m			

（续）

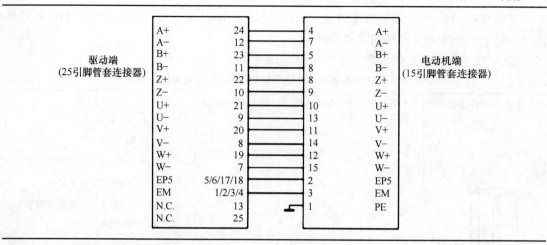

8. SINAMICS V60 驱动器接口连接示例

SINAMICS V60 驱动器的正确连接对于机床稳定的运行十分重要，尤其是 SIMUMERIK 808D PPU 的 X51 端口与 SIMANICS V60 驱动器的 X5/X6 端口之间的连接。因此，本文在图 3-7 中给出了 SINUMERIK 808D PPU 与 SINAMICS V60 驱动器连接示例图，为实际应用提供参考。

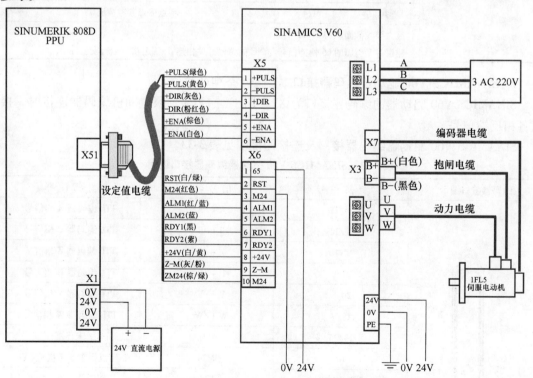

图 3-7　SINUMERIK 808D PPU 与 SINAMICS V60 驱动器连接示例图

在图 3-7 中，SINUMERIK 808D PPU 端仅给出了 X51 的连接示例图，在前文已经说明，实际的连接中，除了对应不同的进给轴之外，接口 X51/X52/X53 之间是完全一致的，因此

图 3-7 也同样适用于其他轴接口（X52/X53）的连接。

对于图 3-7 中所连接的信号点，在对 SINAMICS V60 驱动器进行供电时，其内部信号点是按照一定的逻辑时序进行的。为了确保在实际应用中可以尽可能地满足 SINAMICS V60 驱动器的使用特性及使用要求，同时也为了帮助使用者更好地理解 SINAMICS V60 驱动器的工作过程，在图 3-8 和图 3-9 中，分别介绍了 SINAMICS V60 驱动器的上电时序及下电时序。

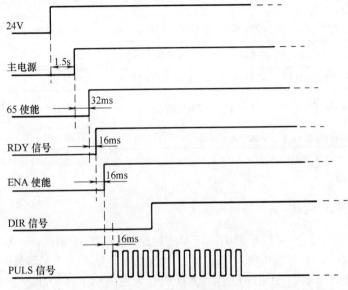

图 3-8　SINAMICS V60 驱动器上电时序示例图

在图 3-8 和图 3-9 中，给出了 SINAMICS V60 驱动器的上、下电时序示例图，在实际应用中，应尽可能地通过合理的接线选择和操作方式，满足该时序要求。

此外，需要说明的是，对于 SINAMICS V60 驱动器一侧的散线连接端 X5 和 X6 而言，西门子公司标准电缆上提供了相对应的颜色及编号标识，以避免连接过程中出现问题，具体的颜色区别及编号标识在表 3-34 中进行了详细的说明。

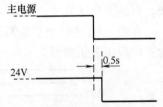

图 3-9　SINAMICS V60 驱动器下电时序示例图

表 3-34　SINAMICS V60 驱动器 X5/X6 接口接线标识表

X51-X53 端	信号（颜色）	信 号 说 明	V60 驱动端	补充说明
1	PULSE +（绿色）	正脉冲信号（NC 输出信号）	X5/引脚 1	5V 信号
9	PULSE −（黄色）	负脉冲信号（NC 输出信号）	X5/引脚 2	5V 信号
2	DIR +（灰色）	速度设定值方向 +（NC 输出信号）	X5/引脚 3	5V 信号
10	DIR −（粉色）	速度设定值方向 −（NC 输出信号）	X5/引脚 4	5V 信号
3	ENA +（棕色）	脉冲使能 +（NC 输出信号）	X5/引脚 5	5V 信号
11	ENA −（白色）	脉冲使能 −（NC 输出信号）	X5/引脚 6	5V 信号
	65	伺服使能（NC 输出信号）	X6/引脚 1	+24V 使能/0V 禁止
6	RST（白色/绿色）	报警清除信号（NC 输出信号）	X6/引脚 2	+24V 高电平有效
7	M24（红色）	伺服使能和报警清除参考接地,0V	X6/引脚 3	

(续)

X51-X53 端	信号(颜色)	信号说明	V60 驱动端	补充说明
5	ALM1(红色/蓝色)	+24V 输出,由 X200 的引脚 1 供电	X6/引脚 4	ALM1,ALM2 发生报警时闭合
15	ALM2(蓝色)	驱动报警信号(NC 系统输入信号)	X6/引脚 5	
8	RDY1(黑色)	+24V 输出,由 X200 的引脚 1 供电	X6/引脚 6	当伺服驱动就绪时闭合
14	RDY2(紫色)	驱动就绪信号(NC 系统输入信号)	X6/引脚 7	
12	+24V(白色/黄色)	+24V 输出,由 X200 的引脚 1 供电	X6/引脚 8	
4	Z-M(灰色/粉色)	零脉冲信号(NC 系统输入信号)	X6/引脚 9	高电平为 +24V 低电平为 0V
13	M24(褐色/绿色)	零脉冲参考接地	X6/引脚 10	

注:必须连接 SINUMERIK 808D PPU 接口 X200 上的 +24V 信号和 M 信号,脉冲驱动 V60 接口上的 +24V 信号和 M24 信号才可以输出。

3.2.4　其他组件的选用

在实际的应用中,还有可能根据实际需要为电路添加相应的组件,一般来说,经常使用的添加组件主要包括 24V 直流电源、断路器、电源滤波器及隔离变压器等四类。

其中,24V 直流电源是 SINUMERIK 808D PPU 和 SINAMICS V60 驱动器的重要供电电源,而断路器、电源滤波器及隔离变压器则主要用于 SINAMICS V60 驱动器的强电线路连接,以达到电源转换、线路保护、干扰屏蔽等作用。

在图 3-10 中给出了断路器、电源滤波器及隔离变压器这三种选配组件的连接示例图,为实际应用提供参考。

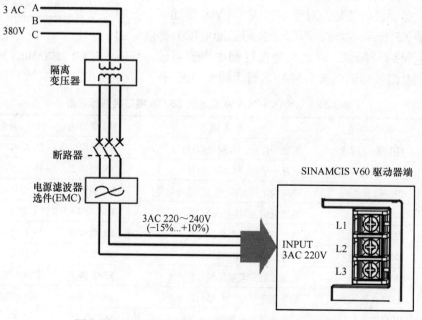

图 3-10　SINAMICS V60 驱动器选配组件连接示例图

1. 24V 直流电源

24V 直流电源是 SINUMEIRK 808D PPU 和 SINAMICS V60 驱动器上必须使用的重要供电组件，相关的技术标准和选用要求在本书第 3.1.3 节中已经做了详细的说明，在此不再赘述。

2. 断路器

断路器作为重要的保护组件，主要用于 SINAMICS V60 驱动器主电源的线路保护，对于不同型号的 SINAMICS V60 驱动器，需要选择不同型号的断路器。可以根据表 3-35 中的数据进行针对性地选择。

表 3-35　SINAMICS V60 断路器选配参数信息

SINAMICS V60 驱动器额定电流	选用的断路器的额定电流	选用的断路器的额定电压
4A/6A 驱动器	10A 的断路器	交流 250V
7A/10A 驱动器	15A 的断路器	

3. 电源滤波器

电源滤波器非必选组件，当系统需要进行 CE 测试时，可以选配该组件。一般来说，应选用额定电流为 16A，IP 防护等级为 20 的电源滤波器。

4. 隔离变压器

由于 SINAMICS V60 驱动器使用的是三相 220V 交流供电，因此在实际应用中必须使用隔离变压器将通用的三相 380V 交流电源转换为三相 220V 交流电源，对 SINAMICS V60 驱动器进行供电。

在表 3-36 中给出了满足要求的隔离变压器的基本技术数据，表 3-37 中则根据实际应用的 1FL5 伺服电动机的搭配给出了推荐的变压器功率选择标准，为实际应用提供参考。

表 3-36　隔离变压器基本技术数据

推荐变压器类型	380V/220V SG 系列三相交流隔离变压器
电源电源	三相交流 380V/220V　50Hz/60Hz
连接组别	Y/Y-12
阻抗电压（$Uk\%$）	4
无负载电流（%）	当变压器≤1.0kVA 时，无负载电流 <18% 当变压器 >1.0kVA 时，无负载电流 <14%

表 3-37　隔离变压器推荐功率选择示例

常用的电动机组合 （仅以标准车/铣为例）	基于电动机组合而选择的 变压器功率（视在功率）/kV·A	常用的电动机组合 （仅以标准车/铣为例）	基于电动机组合而选择的 变压器功率（视在功率）/kV·A
4N·m	1.0	4N·m + 6N·m	1.5
6N·m	1.5	4N·m + 7.7N·m	1.5
7.7N·m	2.0	4N·m + 10N·m	2.0
10N·m	2.0	6N·m + 6N·m	1.5
4N·m + 4N·m	1.5	6N·m + 7.7N·m	2.0

（续）

常用的电动机组合 （仅以标准车/铣为例）	基于电动机组合而选择的 变压器功率（视在功率）/kV·A	常用的电动机组合 （仅以标准车/铣为例）	基于电动机组合而选择的 变压器功率（视在功率）/kV·A
6N·m+10N·m	2.0	4N·m+7.7N·m+10N·m	2.5
7.7N·m+7.7N·m	2.0	4N·m+10N·m+10N·m	2.5
7.7N·m+10N·m	2.5	6N·m+6N·m+6N·m	2.0
10N·m+10N·m	3.0	6N·m+6N·m+7.7N·m	2.0
4N·m+4N·m+4N·m	1.5	6N·m+6N·m+10N·m	2.5
4N·m+4N·m+6N·m	1.5	6N·m+7.7N·m+7.7N·m	2.5
4N·m+4N·m+7.7N·m	2.0	6N·m+7.7N·m+10N·m	2.5
4N·m+4N·m+10N·m	2.0	6N·m+10N·m+10N·m	3.0
4N·m+6N·m+6N·m	2.0	7.7N·m+7.7N·m+7.7N·m	2.5
4N·m+6N·m+7.7N·m	2.0	7.7N·m+7.7N·m+10N·m	3.0
4N·m+6N·m+10N·m	2.0	7.7N·m+10N·m+10N·m	3.0
4N·m+7.7N·m+7.7N·m	2.0	10N·m+10N·m+10N·m	3.5

注：以上搭配仅为推荐值，应根据现场实际应用情况自行调整，选择合适的隔离变压器。

第4章 PLC 简述

本章导读:

　　在本书中所提及的 PLC,全称为可编程序逻辑控制器（Programmable logic Controller),是当前数控系统中重要的指令控制部分。在 SINUMERIK 808D 数控系统中,内部嵌入了西门子 S7-200 的 PLC 编程器,并根据实际的控制需求给出了一个默认的标准 PLC 程序控制样例,用于控制数控系统接收与传输相应的指令值,进而实现相关的指令和动作控制。

　　可以说,全面而深入地掌握 PLC 的相关知识,是数控系统应用的前提条件,也是帮助我们不断地挖掘和探索数控系统应用功能的重要的基础性工具。本章将以 SINUMERIK 808D 数控系统标准程序样例为基础,对于 PLC 的相关知识及基于 PLC 编程的 SINUMERIK 808D 数控系统的相关应用进行简要的介绍。

　　本章主要分为三部分,其中第4.1~4.2节主要介绍了 SINUMERIK 808D 数控系统中的 PLC 编辑工具 PLC Programming Tool 的安装和基本使用;第4.3节介绍了 PLC 程序中的常用的语句指令基本的说明;第4.4~4.5节主要介绍了 SINUMERIK 808D 数控系统的实际应用,并结合系统中预置的标准 PLC 程序样例,对一些常用的功能的原理、相关数据进行了介绍并给出了具体应用的指导。

4.1　PLC Programming Tool 的使用

　　PLC Programming Tool 是西门子公司所提供的用于处理其数控产品中 PLC 程序的标准 PLC 编程工具。在实际使用其处理 PLC 程序之前,需要先完成以下两点准备工作。

4.1.1　PLC Programming Tool 软件的安装

　　使用 PLC Programming Tool 软件可以对 SINUMERIK 808D 数控系统中相关的 PLC 程序进行读入及修改处理。相关的安装软件可通过订购并使用 SINUMERIK 808D ToolBox 安装光盘进行安装与使用,一般建议在 Windows XP 及以上的操作系统中进行安装和使用。

　　在表4-1中,给出了具体的安装步骤,读者根据所介绍的相关步骤按顺序进行操作即可。

　　需要说明的是,在 PLC Programing Tool 软件的安装过程中,相应步骤的指导说明为英文解说方式,但是不影响相关的操作。

表 4-1　SINUMERIK 808D PLC ToolBox 安装步骤示例

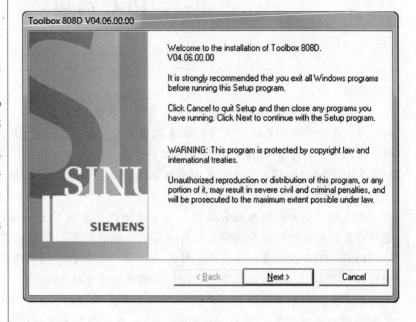

第一步：进入安装向导界面

在打开 SINUMERIK 808D ToolBox 安装光盘之后，找到相应的 ToolBox 文件夹，并找到相应的后缀名为"Setup. exe"的图标，双击该图标，进入 PLC Programming Tool 的安装向导界面

如右图所示，即为打开的安装向导界面

第二步：进入安装认证许可界面

在安装向导界面中点击"Next"，直至进入右图所示的安装认证许可界面

在该页面下选择"I accept the conditions of this license agreement"，以激活下一步的安装步骤

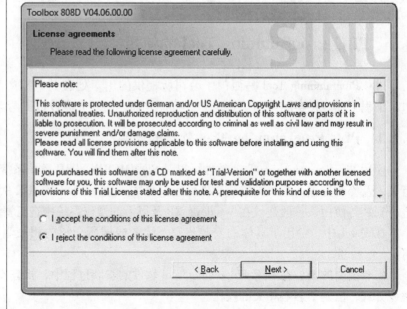

（续）

第三步：进入语言方式选择界面

在激活认证之后，点击"Next"，直至进入右图所示的语言方式选择界面

在该页面下勾选软件运行时的语言显示方式。一般来说，勾选"English"和"Chinese"两种语言方式即可（即表示软件将会支持英文语言和中文语言两种运行方式）

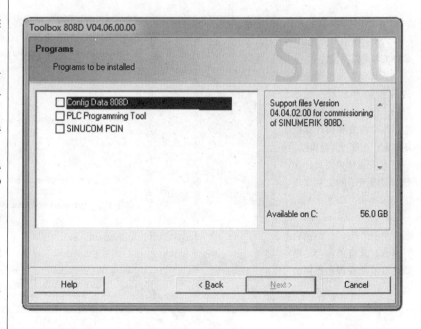

第四步：进入工具安装选择界面

在语言选择完毕之后，点击"Next"，直至进入右图所示的工具安装选择界面

在 ToolBox 安装包中，共有 3 个工具：

1）Config Data 808D：包含西门子 SINUMERIK 808D 的样例程序及手册文档

2）PLC Programming Tool：PLC 编辑调试软件

3）SINUCOM PCIN：加工程序的传输软件

一般全部勾选即可，也可根据需要自行选择

（续）

第五步：修改安装路径

如右图所示，在选择好需要安装的工具包之后，可以使用鼠标选中待安装的 PLC Programming Tool 选项，点击右侧的"Browse"项来修改软件的安装路径和安装位置

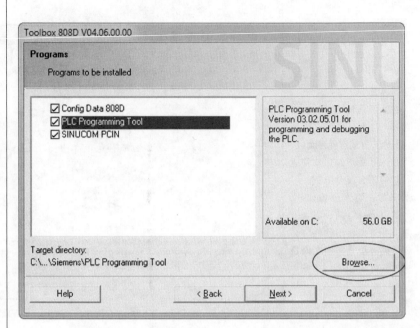

第六步：重启计算机后，软件安装完成并生效

在工具安装选择界面下的操作结束之后，点击"Next"进入自动安装状态，此时需要确保计算机不断电，不进行其他操作

自动安装结束之后，会显示右图所示的安装成功的提示界面，勾选"Yes, restart the computer now"后，单击"Finish"以重启计算机，重启之后会发现软件已成功安装在计算机上了

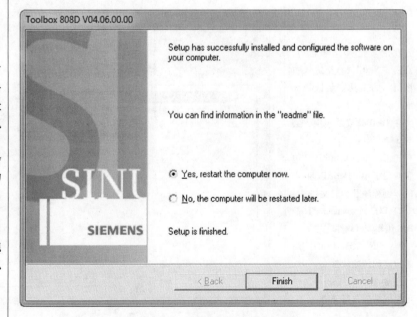

4.1.2　PLC 通信电缆的准备

除了正确地安装 PLC 编辑工具软件之外，还需要准备好相应的连接电缆，以确保计算机和数控单元之间的通信和数据交换等功能可以正常实现。

对于 SINUMERIK 808D 数控系统的通信而言，计算机与数控单元的 PLC 在进行 PLC 程序下载、上载、监控等通信操作及数据交换时，需要首先确保以使用 RS232 串口通信电缆实现计算机与数控单元的可靠连接。在图 4-1 中给出了使用 RS232 串口通信电缆进行连接的线路示意图，为实际应用提供参考。

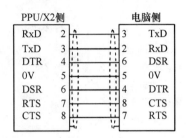

图 4-1　RS232 串口通信
电缆连接线路示意图

此外，在选择和使用 RS232 串口通信电缆时，应严格遵循以下几点要求：

1）RS232 串口通信电缆应使用多芯屏蔽电缆，每芯截面为 0.1mm^2。

2）在 PPU/X2 接口侧，应确保 RS232 串口通信电缆使用孔式 9 芯 D 型插头。

3）在计算机侧，应根据实际情况为 RS232 串口通信电缆选择针式或孔式 9 芯 D 型插头。

4）应确保 RS232 串口通信电缆两端插头的金属壳体通过屏蔽网相互连通。

5）数控单元和计算机之间通信电缆的连接或断开操作，必须在断电状态下进行。

4.2　PLC Programming Tool 的使用

在计算机上正确安装 PLC Programming Tool 软件并准备好相关的 RS232 串口通信电缆之后，就可以进行具体的软件使用了。本节将通过三个方面对该软件进行基本的介绍，帮助读者可以快速地掌握该软件的使用方法。

4.2.1　PLC Programming Tool 的语言设置

在 PLC Programming Tool 首次安装完毕之后，默认为英文操作语言。考虑到国内读者的操作习惯，我们可通过表 4-2 中所介绍的操作步骤及操作方法，将软件设置为中文操作语言。

需要特别强调的是，必须在表 4-1 所介绍的安装步骤中的第三步进行语言选择时，选择了安装中文语言包（Chinese），软件才支持切换到中文语言的操作界面。

另外，如果有其他的操作语言的需要，可以在表 4-1 安装步骤的第三步"进入语言方式选择界面"时，勾选所需要使用到的操作语言，后续的设置方法与表 4-2 中所介绍的步骤一致。

表4-2　**SINUMERIK 808D PLC Programming Tool 操作语言设置步骤示例**

第一步：进入语言设置界面

启动 PLC Programming Tool 软件后，在出现的界面上端选中并单击"Tool"菜单，然后在弹出的菜单中选择"Options"，会出现右图所示对话框

选择对话框右下角的"Chinese（simplified）"选项即可

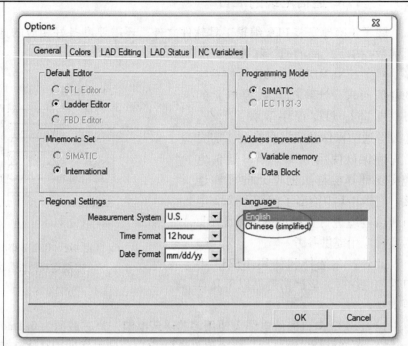

第二步：设置成功

在选中所需语言项目之后，点击"OK"键确认选择，并按提示继续点击"OK"键进行软件重启

当软件自动关闭后，再次启动软件时，可以发现所选择的操作语言设置已经生效

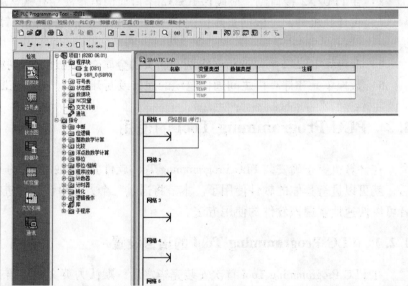

4. 2. 2　PLC Programming Tool 的通信设置

在语言设置结束之后，就可以使用 PLC Programming Tool 进行数控系统与计算机之间的 PLC 程序的数据通信及数据交换工作了（包括 PLC 程序上传、下载、监控等）。

要使用 PLC Programming Tool 实现数控系统与计算机之间的 PLC 程序的数据交换，首先必须确保通信连接工作的正确性。一般来说，通信连接工作主要包括以下两个方面：

1）使用 RS232 串口通信电缆，正确地进行数控系统与计算机之间的通信串口连接。

2）在数控系统端和计算机上的 PLC Programming Tool 软件端,正确地进行了通信参数设置。

其中，关于 RS232 电缆的连接和相关介绍，在本书第 4.1.2 节的 PLC 通信电缆准备中已经进行了详细的介绍，在此不再赘述。

在本节中，将以 SINUMERIK 808D 数控系统为例，对于如何正确地在数控系统端及计算机上的 PLC Programming Tool 软件端进行通信参数设置做一详细的介绍和说明。

1. SINUMERIK 808D PPU 端通信参数的设置

在首次进行 RS232 通信串口连接时，需要首先对 SINUMERIK 808D PPU 端进行相关的通信参数设置，使系统进入通信等待状态，以确保通信连接的有效性。

在表 4-3 中，对 SINUMERIK 808D PPU 端通信参数的设置及相关步骤进行了详细的示例说明，为实际应用提供参考和操作依据。

表 4-3　SINUMERIK 808D PPU 端通信参数设置步骤示例

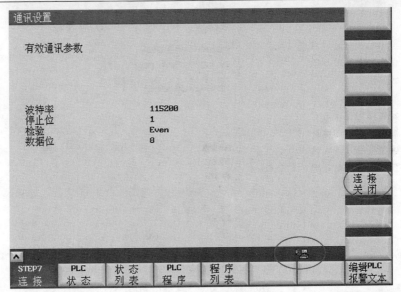

第一步：进入通信参数设置界面 在 SINUMERIK 808D PPU 中显示的机床配置主页面中选择 "PLC" 项，然后选择 "STEP7 连接" 项，进入通信参数设置界面 在通信设置界面下，只有波特率为可变选项，使用 SINUMERIK 808D PPU 上的操作按键 "选择" 键进行选择 如右图所示，即为通信参数设置界面	
第二步：通信设置及激活 波特率可选值为 9.6bit/s，19.2kbit/s，38.4kbit/s，57.6kbit/s，115.2kbit/s 五种，实际应用中一般推荐选择 115.2kbit/s 以获得较快的传输速度 波特率设置完毕之后，选择 "激活连接"，会发现屏幕右下角出现连接标志，说明系统端设置完毕并成功	

2. 计算机端 PLC Programming Tool 软件通信参数的设置

在完成 SINUMERIK 808D PPU 端的相关通信参数设定之后，还需要进一步地在计算机端的 PLC Programming Tool 软件中进行相匹配的通信参数设置，以确保通信连接的正确性。

在表 4-4 中，对计算机端 PLC Programming Tool 软件通信参数的设置及相关步骤进行了详细的示例说明，为实际应用提供参考和操作依据。

表 4-4　计算机端 **PLC Programming Tool** 软件通信参数的设置步骤示例

第一步：进入通信连接设定界面 打开 PLC Programming Tool 软件后，点击左下角的"通信"选项，进入软件的通信连接设定界面	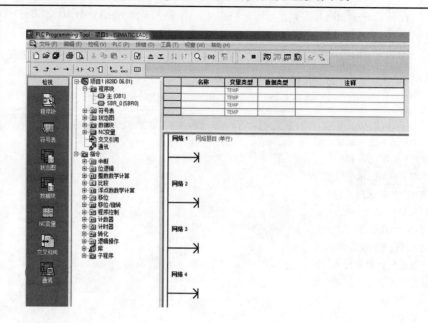
第二步：进入通信路径及通信参数设定界面 在打开的通信设定界面中，双击右图标注位置的地址通信图标，进入通信方式及通信参数设定界面	

（续）

第三步：通信路径及通信参数设定

在打开的对话框中，选择 PLC802（PPI）作为通信连接的路径

选中 PLC802（PPI）之后，点击"属性"选项，进入通信参数设定界面，根据实际情况进行设定。（此处的设定必须确保与 SINUMERIK 808D PPU 上的通信参数设定完全一致。否则无法实现通信）

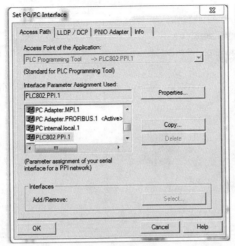
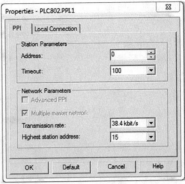

第四步：通信成功

完成上述设置后，点击确认，直到重新回到通信设定界面

在通信界面下，双击右图所标注的位置，使地址刷新并进行连接。连接成功后，会出现右图所示界面和提示

（续）

注：常见故障 如果在进行第四步时，出现右图所示情况，则说明此时系统与计算机没有实现通信连接，可以根据实际情况进行如下排查：1）系统端与计算机端的通信参数设置是否一致 2）RS-232 串口通信电缆是否存在问题 3）系统端及计算机端通信端口是否损坏	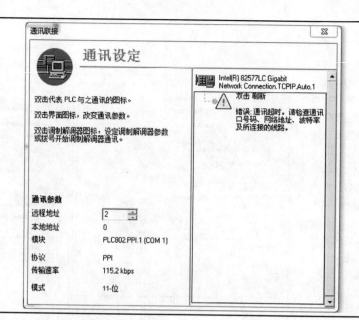

4.2.3　PLC Programming Tool 的操作

PLC Programming Tool 软件具有强大的 PLC 通信及编译功能，详细的功能和拓展有待读者自己进行深入的研究，本节主要对该软件的基本操作及常用功能进行简要的介绍。

在图 4-2 中给出了 PLC Programming Tool 软件的操作界面，总的来说，操作主界面主要分为菜单栏、工具栏、检视栏、指令树和编辑区等几个部分。

图 4-2　PLC Programming Tool 软件操作界面

1. 菜单栏

菜单栏位于 PLC Programming Tool 软件上端第一行，主要包括的功能有文件菜单、编辑菜单、检视菜单、PLC 菜单、排错菜单、工具菜单、视窗菜单及帮助菜单。

一般来说，在实际的应用中，文件菜单和检视菜单使用的较为频繁。

（1）文件菜单

在实际应用中，被频繁使用到的文件菜单中的常用选项功能主要有以下几种：

1）保存：保存当前的 PLC 程序，存储格式后缀为 PTP 格式。

2）另存为：将当前 PLC 程序保存到另外一个路径或程序名下。

3）引入：将外部 PTE 格式的 PLC 程序文件打开。

4）引出：将当前的 PLC 程序保存为 PTE 格式的程序文件。

（2）检视菜单

在实际应用中，被频繁使用的检视菜单中的常用选项功能主要有以下几种：

1）符号寻址：若勾选此选项，则表示程序中的变量名称将显示为符号表中所定义的名称；若未勾选此选项，则变量的名称将直接显示为该变量的地址。此外，若变量未在符号表中定义名称，则仍然显示为该变量的地址。

2）符合信息表：若勾选此选项，则在 PLC 程序中的每个网络下方，显示本段程序所用变量在符号表中所定义的地址、符号和其详细信息；若未勾选此选项，则什么都不显示。

3）DB 地址显示：同一个接口信号的不同显示方式（如 DB3800.DBX1.5 与 V38000001.5 代表同一条指令符号，通过使用该功能，可以依照使用者的使用习惯给出不同的显示方式）。

4）浏览栏、指令树和输出视窗：若选择对应功能，则在软件界面中显示相应的工具窗口。

5）属性：可用于编辑子程序中的注释内容及设定子程序密码保护。

2. 工具栏

工具栏位于菜单栏的下方，通过使用各种符号来显示每个按键的作用。在实际应用中，经常会使用到的有以下工具：

1）编译：对所编写的 PLC 程序进行编译，如果有错误则会有所提示。

2）载入：将 PLC 程序从 SINUMERIK 808D PPU 中上传到计算机中。

3）下载：将 PLC 程序从计算机中下传到 SINEMERIK 808D PPU 中。

4）运行：使 SINUMERIK 808D PPU 中的 PLC 程序进入运行工作的状态。

5）停止：使 SINUMERIK 808D PPU 中的 PLC 程序进入停止工作的状态。

6）程序状态：监控 SINUMERIK 808D PPU 中所运行的 PLC 程序的通断状态。

7）梯形图绘线：写 PLC 程序时所用到的连接线。

8）插入接点及线圈：写 PLC 程序时所用到的通断接点及线圈。

9）插入程序块：写 PLC 程序时所用到的相关子程序段。

同时，在图 4-3 中给出了以上所列的常见功能在软件界面中所对应的具体的功能标识符，帮助读者更加形象地理解相对应的功能及指示标识，为实际使用提供参考。

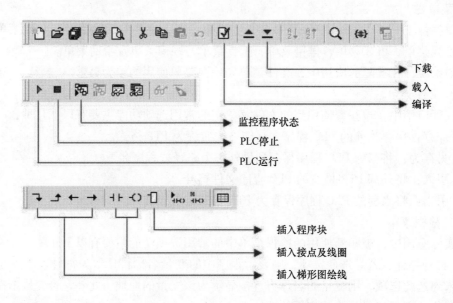

图 4-3   PLC Programming Tool 软件工具栏常用功能标识符说明 1

3. 其他

除了上述所提及的操作界面部分之外，在 PLC Programming Tool 软件的主页面中，经常使用的操作功能区还包含有检视栏、指令树、输出窗口及主编辑区。在图 4-4 中，对每个操作功能区所对应的实际位置也进行了相应的标注。

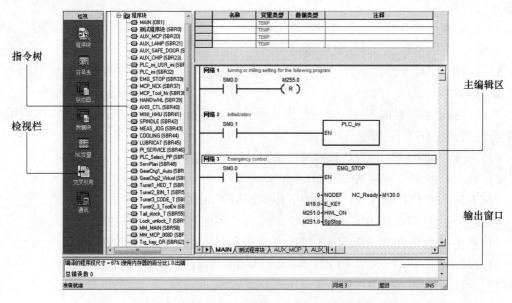

图 4-4   PLC Programming Tool 软件工具栏常用功能标识符说明 2

1）检视栏：浏览栏主要包含有程序块、符号表、状态图、数据块、交叉引用和通信指令。

2）指令树：指令树除了包含浏览栏中的所有内容外，还包含 PLC 程序指令表。在"程序块"位置可以单击其左侧的"＋"号展开，展开后可以看到 PLC 程序中所包含的全部子程序；符号表、状态图和数据块也可以使用同样的方法展开。此外，指令树中的"指令"项，包含所选 PLC 类型所支持的全部指令，为实际的 PLC 编写提供参考依据。

3）主编辑区：主编辑区用于进行 PLC 程序的编写操作。

4）输出视窗：在对 PLC 程序进行编译之后，在输出视窗中会显示相应的程序信息：如果程序语法没有错误，则会显示总错误数为 0；如果程序语法有错误，则会显示总错误的个数，并且可以显示某个子程序的某个网络的某行某列存在错误，移动输出视窗的滚动条到相应的错误指示位置，双击鼠标左键，主编辑界面会自动跳转到程序中的错误位置，便于进行错误的查询。

4.3　PLC 程序语句指令

在掌握了基本的 PLC Programming Tool 的操作方式之后，就可以进行 PLC 程序的编辑了。作为一种常用的逻辑编程方式，PLC 程序有许多特定的编程方式和逻辑含义，要想正确地编写 PLC 程序，就必须先掌握这些特定的编程方式和逻辑含义。

本节对 PLC 程序中常用的编程方式及逻辑含义进行了简要的介绍和示例说明，帮助读者对西门子的 PLC 程序编程方式建立一个基本的逻辑认识。

4.3.1　位逻辑指令

位逻辑指令使用二进制逻辑 1 和 0 进行运算。

在 PLC 程序的逻辑语言里，1 表示输入或输出激活，0 表示输入或输出未激活。位逻辑指令根据信号状态 1 和 0，进行布尔运算，运算结果依然为 1 或 0。

常用的位逻辑指令主要包括有常开触点、常闭触点、取反、上升沿触发、下降沿触发、线圈输出、置位、复位等。

1. 常开触点

对于常开触点而言，当指定地址的位为"1"时，常开触点闭合，PLC 使能流可以通过触点；而当指定地址的位为"0"时，常开触点断开，PLC 使能流不能通过触点。在表 4-5 中对常开触点的基本内容进行了介绍。

表 4-5　常开触点指令简介

参　数	数据类型	存储区	描　述
＜地址＞	BOOL	I、Q、M、L、DB、T、C	选中的位

基于常开触点这样的逻辑特点，在实际的逻辑编程中，通常会将常开触点的使用同逻辑"与"和逻辑"或"相结合，进行逻辑运算。

以图 4-5 中所示情况为例，当输入点 I0.0 为 1 且输入点 I0.1 为 1 时，输出点 Q0.0 为 1；或者输入点 I0.2 为 1 时，输出点 Q0.0 也为 1。

为了更清晰地描述图 4-5 中所表示的常开触点的逻辑过程，在图 4-6 中对这个 PLC 逻辑过程给出了相应的逻辑时序图，以帮助读者进一步的理解。

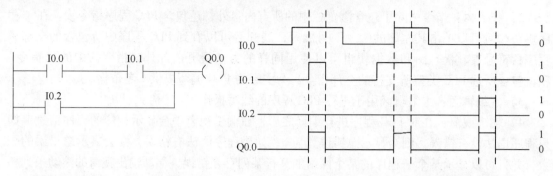

图 4-5 常开触点 PLC 程序示例   图 4-6 常开触点 PLC 程序示例逻辑时序图

2. 常闭触点

与常开触点相反，对于常闭触点而言，当指定地址的位为"0"时，常闭触点闭合，PLC 使能流可以通过触点；而当指定地址的位为"1"时，常闭触点断开，PLC 使能流不能通过触点。在表 4-6 中对常开触点的基本内容进行了介绍。

表 4-6 常闭触点指令简介

参　数	数据类型	存储区	描　述
＜地址＞	BOOL	I、Q、M、L、DB、T、C	选中的位

基于常开触点这样的逻辑特点，在实际的逻辑编程中，通常会将常开触点的使用同逻辑"与"和逻辑"或"相结合，进行逻辑运算。

以图 4-7 中所示情况为例，当输入点 I0.0 为 0 且输入点 I0.1 为 0 时，输出点 Q0.0 为 1；或者输入点 I0.2 为 0 时，输出点 Q0.0 也为 1。

为了更清晰地描述图 4-7 中所表示的常开触点的逻辑过程，在图 4-8 中对这个 PLC 逻辑过程给出了相应的逻辑时序图，以帮助读者进一步的理解。

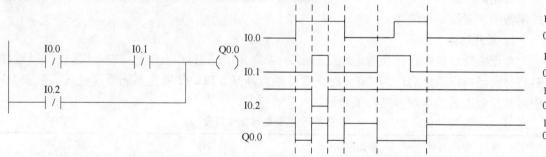

图 4-7 常闭触点 PLC 程序示例   图 4-8 常闭触点 PLC 程序示例逻辑时序图

3. 上升沿触发

对于上升沿触发的逻辑情况而言，可以理解为当指定的 PLC 输入使能流由"0"变为"1"时，PLC 使能流在本次扫描周期内能够通过。

以图 4-9 中所示情况为例，当输入点 I0.0 由 0 跳变为 1，或者输入点 I0.1 由 1 跳变为 0 时，输出点 Q0.0 在本次扫描周期内输出为 1。

为了更清晰地描述图 4-9 中所表示的上升沿触发的逻辑过程，在图 4-10 中对 PLC 逻辑过程给出了相应的逻辑时序图，以帮助读者进一步的理解。

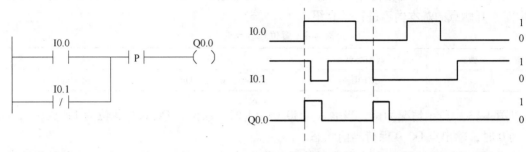

图 4-9　上升沿 PLC 程序示例　　　　图 4-10　上升沿触发 PLC 程序示例逻辑时序图

4. 下降沿触发

对于下降沿触发的逻辑情况而言，可以理解为当指定的 PLC 输入使能流由 "1" 变为 "0" 时，PLC 使能流在本次扫描周期内能够通过。

以图 4-11 中所示情况为例，当输入点 I0.0 由 1 跳变为 0，或者输入点 I0.1 由 0 跳变为 1 时，输出点 Q0.0 在本次扫描周期内输出为 1。

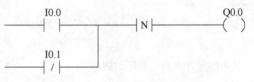

图 4-11　下降沿 PLC 程序示例

为了更清晰地描述图 4-11 中所表示的下降沿触发的逻辑过程，在图 4-12 中对这个 PLC 逻辑过程给出了相应的逻辑时序图，以帮助读者进一步的理解。

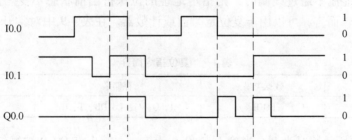

图 4-12　下降沿触发 PLC 程序示例逻辑时序图

5. 线圈输出

输出线圈的工作方式与继电器线圈的工作方式类似：当 PLC 程序中有使能流通过线圈时，指定地址的位变为 "1"，否则为 "0"。此外，在编写 PLC 程序时，必须注意的是输出线圈只能置于程序的最右端。在表 4-7 中对线圈输出的基本内容进行了介绍。

表 4-7　线圈输出指令简介

参　　数	数据类型	存储区	描　　述
<地址>	BOOL	I、Q、M、L、DB	选中的位

6. 置位

置位逻辑与线圈输出略有不同：当 PLC 程序中有使能流通过线圈时，指定地址的位变为 "1"；当 PLC 程序中的使能流不通过线圈时，则指定地址的位保持当前状态不变。在表 4-8 中对常开触点的基本内容进行了介绍。

表 4-8　置位指令简介

参　　数	数据类型	存储区	描　　述
<地址>	BOOL	I、Q、M、L、DB	选中的位

以图 4-13 中所示情况为例，当输入点 I0.0 为 1 时，输出点 Q0.0 被置位为 1；当输入点 I0.0 为 0 时，输出点 Q0.0 保持当前状态。

为了更清晰地描述图 4-13 中所表示的置位指令的逻辑过程，在图 4-14 中对这个 PLC 逻辑过程给出了相应的逻辑时序图，以帮助读者进一步的理解。

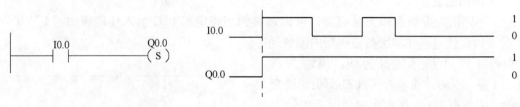

图 4-13　置位 PLC 程序示例　　　　　图 4-14　置位 PLC 程序示例逻辑时序图

7. 复位

与置位逻辑不同：当 PLC 程序中有使能流通过线圈时，指定地址的位变为 "0"；当 PLC 程序中的使能流不通过线圈时，则指定地址的位保持当前状态不变。需要特别说明的是，对于复位逻辑而言，可以用于复位定时器或计数器。在表 4-9 中对常开触点的基本内容进行了介绍。

表 4-9　复位指令简介

参　　数	数据类型	存储区	描　　述
<地址>	BOOL	I、Q、M、L、DB、T、C	选中的位

以图 4-15 中所示情况为例，当输入点 I0.0 为 1 时，输出点 Q0.0 被复位为 0；当输入点 I0.0 为 0 时，输出点 Q0.0 保持当前状态。

为了更清晰地描述图 4-15 中所表示的复位指令的逻辑过程，在图 4-16 中对 PLC 逻辑过程给出了相应的逻辑时序图，以帮助读者进一步的理解。

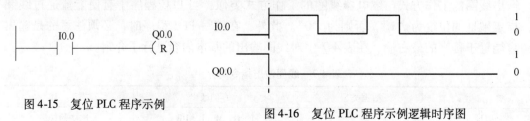

图 4-15　复位 PLC 程序示例　　　　图 4-16　复位 PLC 程序示例逻辑时序图

4.3.2　自保持逻辑

自保持逻辑是 PLC 程序控制逻辑中常用的控制程序之一，应用非常的广泛。

关于自保持逻辑的描述，以图 4-17 中所示情况为例：当输入点 I0.0 为 1（仅需保持一个扫描周期），且输入点 I0.1 无输入时，输出点 Q0.0 输出为 1。在完成这一过程之后，即便此后输入点 I0.0 不再为 1，输出点 Q0.0 也一直保持为 1，直到输入点 I0.1 有输入为止。

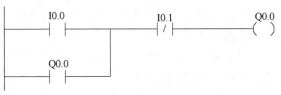

图 4-17　自保持逻辑 PLC 程序示例

为了更清晰地描述图 4-17 中所表示的自保持逻辑的逻辑过程，在图 4-18 中对 PLC 逻辑过程给出了相应的逻辑时序图，以帮助读者进一步的理解。

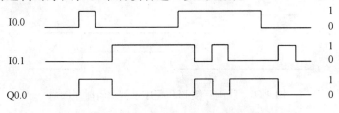

图 4-18　自保持逻辑 PLC 程序示例逻辑时序图

以图 4-17 所给出的 PLC 程序段为例，可以看出对于自保持逻辑而言，程序中的 I0.0 起激发作用，Q0.0 所控制的常开触点起保持作用，而 I0.1 则起到切断保持的作用。

另外，图 4-17 只作为一个说明示例，程序中的 I0.0、I0.1 和 Q0.0 可以依据实际情况换成其他的输入/输出点或位变量。

4.3.3　互锁逻辑

除了自保持逻辑之外，互锁逻辑也是 PLC 程序逻辑控制中一个应用极其广泛的控制逻辑。

所谓互锁逻辑，实质上是通过两行自保持程序所组成的一种控制逻辑。同时，根据互锁的实现方式不同，互锁逻辑又可以具体划分为线圈互锁和触点互锁两种逻辑控制方式。

1. 线圈互锁

以图 4-19 中所示情况为例：Q0.0 和 Q0.1 不能同时为 1，则称 Q0.0 和 Q0.1 为互锁。同时，I0.0 可激发 Q0.0，I0.1 可激发 Q0.1，而 I0.2 则可以同时切断 Q0.0 和

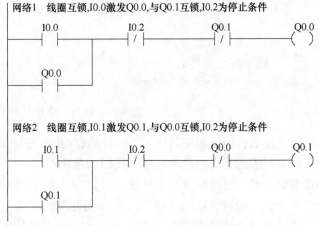

图 4-19　线圈互锁 PLC 程序示例

Q0.1。

需要注意：通过图 4-19 中的示例可以看出，线圈互锁的控制是通过将线圈对应的常闭触点串在对方线圈的前端而实现的。一旦某个输出线圈发生动作，则另一个线圈将无法再进行动作，直到 I0.2 有输入信号停止该线圈的输出之后，才能动作另一个线圈，即线圈互锁具有"先输入优先"的特点。

为了更清晰地描述图 4-19 中所表示的线圈互锁的逻辑过程，在图 4-20 中对 PLC 逻辑过程给出了相应的逻辑时序图，以帮助读者进一步的理解。

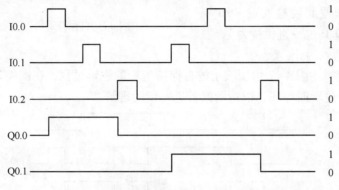

图 4-20　线圈互锁 PLC 程序示例逻辑时序图

2. 触点互锁

触点互锁的程序结构与线圈互锁相类似，以图 4-21 中所示情况为例：Q0.0 和 Q0.1 同样不能同时为 1，Q0.0 和 Q0.1 称为互锁程序。同时，I0.0 可激发 Q0.0 并同时切断 Q0.0；而 I0.1 则可激发 Q0.1 并同时切断 Q0.0。

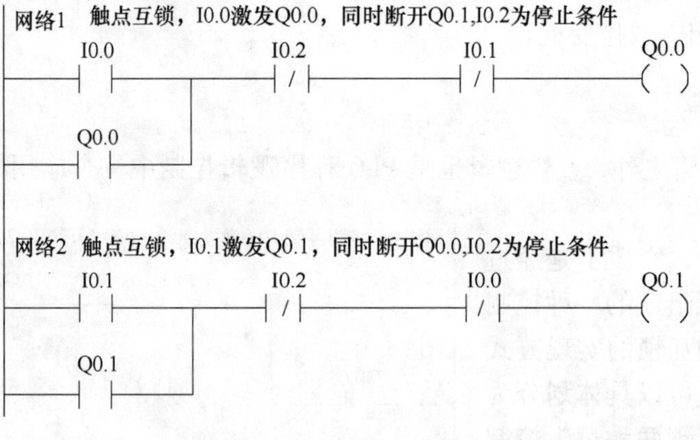

网络1　触点互锁，I0.0激发Q0.0，同时断开Q0.1,I0.2为停止条件

```
      I0.0          I0.2          I0.1          Q0.0
    ──┤ ├──────────┤/├──────────┤/├──────────(   )
      Q0.0
    ──┤ ├──
```

网络2　触点互锁，I0.1激发Q0.1，同时断开Q0.0,I0.2为停止条件

```
      I0.1          I0.2          I0.0          Q0.1
    ──┤ ├──────────┤/├──────────┤/├──────────(   )
      Q0.1
    ──┤ ├──
```

图 4-21　触点互锁 PLC 程序示例

需要注意：通过图 4-21 可以看出，触点互锁的控制是通过将一个网络中起激发作用的输入触点对应的常闭触点串在对方线圈的前端而实现的。当该输入触点对应的继电器发生动作或有输入时，则断开另一个线圈，并激发本网络中对应的输出线圈，直到 I0.2 有输入停止信号为止，即触点互锁具有"后输入优先"的特点。

为了更清晰地描述图 4-21 中所表示的触点互锁的逻辑过程，在图 4-22 中对 PLC 逻辑过程给出了相应的逻辑时序图，以帮助读者进一步的理解。

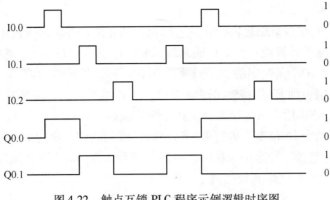

图 4-22　触点互锁 PLC 程序示例逻辑时序图

需要说明：在触点互锁分析中，I0.0 和 I0.1 的输入为按钮输入，会持续若干个 PLC 扫描周期。在这个过程中，完全可以做到断开对方线圈，同时再激发自己对应的线圈。

此外，互锁有时还需要将线圈互锁和触点互锁结合起来应用。

4.3.4　整数数学计算

在 PLC 程序编辑中，可以通过调用 PLC Programming Tool 内置的逻辑计算块，便捷地进行整数的数学计算。所谓整数的数学计算，是指在所允许的范围之内，对两个整数执行整数加减（16 位），整数乘除（16 位），长整数加减（32 位），字节、字和双字加减 1 等相关运算，并输出相应结果的运算过程。

1. 整数加减

在表 4-10 中，对整数加减逻辑计算块进行简要的介绍，并给出所调用的程序块示例。

对所调用的加减法计算块：当启用输入端 EN 通过逻辑"1"时，整数的加减法计算激活，自动地将 IN1 和 IN2 所给定的值进行加减运算，其结果通过 OUT 来查看。若该结果未超出整数（16 位）的允许范围，则 EMO 将输出逻辑"1"；若该结果超出了整数（16 位）的允许范围，则 ENO 将输出逻辑"0"，ENO 后面所连接的其他指令将不执行。

表 4-10　整数加减指令简介

参　数	数据类型	存储区	描　述
EN	BOOL	I、Q、M、L、DB、T、C	启用输入
ENO	BOOL	I、Q、M、L、DB	启用输出
IN1	INT	I、Q、M、L、DB、常数	被加数/被减数
IN2	INT	I、Q、M、L、DB、常数	加数/减数
OUT	INT	Q、M、L、DB	加法/减法结果

```
        ADD_DI                          SUB_DI
  EN              ENO             EN              ENO
  IN1             OUT             IN1             OUT
  IN2                             IN2
     整数相加(16位)                   整数相减(16位)
```

2. 整数乘除

在表 4-11 中，对整数乘除逻辑计算块进行简要的介绍，并给出所调用的程序块示例。

对所调用的乘除法计算块：当启用输入端 EN 通过逻辑"1"时，整数的乘除法运算激活，自动地将 IN1 和 IN2 所给定的值进行乘除运算，其结果通过 OUT 来查看。若该结果未超出整数的允许范围，则 EMO 将输出逻辑"1"；若该结果超出了整数的允许范围，则 ENO 将输出逻辑"0"，ENO 后面所连接的其他指令将不执行。

需要说明：当两个 16 位整数进行乘法运算时，得到的结果应为 1 个 32 位的双整数；同样的，当两个 16 位整数进行除法运算时，同样会得到 1 个 32 位结果，其中包括 1 个 16 位余数（高位）和 1 个 16 位商（低位）。

表 4-11　整数乘除指令简介

参　数	数据类型	存储区	描　述
EN	BOOL	I、Q、M、L、DB、T、C	启用输入
ENO	BOOL	I、Q、M、L、DB	启用输出
IN1	INT	I、Q、M、L、DB、常数	被乘数/被除数
IN2	INT	I、Q、M、L、DB、常数	乘数/除数
OUT	INT	Q、M、L、DB	乘法/除法结果

```
        MUL                          DIV
 — EN        ENO —          — EN         ENO —

 — IN1       OUT —          — IN1        OUT —
   IN2                        IN2

   整数相乘(16位)              整数相除(16位)
```

3. 长整数加减

在表 4-12 中，对长整数加减逻辑计算块进行简要介绍，并给出所调用的程序块示例。

对所调用的乘除法计算块：当启用输入端 EN 通过逻辑"1"时，长整数的加减法运算激活，自动地将 IN1 和 IN2 所给定的值进行加减运算，其结果通过 OUT 来查看。若该结果未超出长整数（32 位）的允许范围，则 EMO 将输出逻辑"1"；若该结果超出了长整数（32 位）的允许范围，则 ENO 将输出逻辑"0"，ENO 后面所连接的其他指令将不执行。

表 4-12　长整数加减指令简介

参　数	数据类型	存储区	描　述
EN	BOOL	I、Q、M、L、DB、T、C	启用输入
ENO	BOOL	I、Q、M、L、DB	启用输出
IN1	DINT	I、Q、M、L、DB、常数	被加数/被减数
IN2	DINT	I、Q、M、L、DB、常数	加数/减数
OUT	DINT	Q、M、L、DB	加法/减法结果

（续）

参　数	数据类型	存储区	描　述

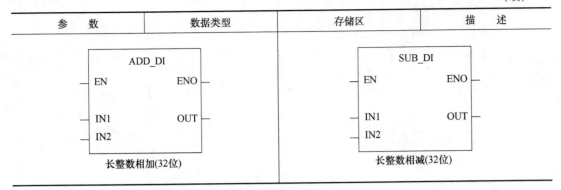

长整数相加(32位)　　　　　　　　　长整数相减(32位)

4. 字节、字、双字加减 1

在表 4-13 中，对字节、字、双字加减 1 的逻辑计算块进行简要介绍，并给出所调用的程序块示例。

对所调用的字节、字、双字加减 1 计算块：当启用输入端 EN 通过逻辑"1"时，字节、字、双字的加减 1 运算激活，IN 自动进行加减 1 的运算，其结果通过 OUT 来查看。若该结果未超出字节、字和双字（8 位、16 位、32 位）的允许范围，则 EMO 将输出逻辑"1"；若该结果超出了字节、字和双字（8 位、16 位、32 位）的允许范围，则 ENO 将输出逻辑"0"，ENO 后面所连接的其他指令将不执行。

表 4-13　字节、字、双字加减 1 指令简介

参　数	数据类型	存储区	描　述
EN	BOOL	I、Q、M、L、DB、T、C	启用输入
ENO	BOOL	I、Q、M、L、DB	启用输出
IN	BYTE/INT/DINT	I、Q、M、L、DB	操作数
OUT	BYTE/INT/DINT	Q、M、L、DB	结果

字节加1　　　　　　　　　　　　　字节减1

字加1　　　　　　　　　　　　　　字减1

（续）

参　数	数据类型	存储区	描　述
 INC_DW EN ENO IN OUT 双字加1		 DEC_DW EN ENO IN OUT 双字减1	

4.3.5　浮点数的数学计算

在 PLC 程序编辑中，还可以通过调用 PLC Programming Tool 内置的逻辑计算块，便捷地进行浮点数的数学计算。所谓浮点的数学计算，是指在所允许的范围之内，对两个浮点数执行浮点数加减，浮点数乘除以及浮点数平方根等相关运算，并输出相应结果的运算过程。

1. 浮点数的加减乘除法

在表 4-14 中，对浮点数的加减乘除逻辑计算块进行简要的介绍，并给出所调用的程序块示例。

对所调用的加减乘除法计算块：当启用输入端 EN 通过逻辑"1"时，浮点数的加减乘除法计算激活，自动将 IN1 和 IN2 所给定的值进行加减乘除运算，其结果通过 OUT 来查看。若该结果未超出浮点数（32 位）的允许范围，则 EMO 将输出逻辑"1"；若该结果超出了浮点数（32 位）的允许范围，则 ENO 将输出逻辑"0"，ENO 后面所连接的其他指令将不执行。

表 4-14　浮点数的加减乘除法指令简介

参　数	数据类型	存储区	描　述
EN	BOOL	I、Q、M、L、DB、T、C	启用输入
ENO	BOOL	I、Q、M、L、DB	启用输出
IN1	REAL	I、Q、M、L、DB、常数	被加数/被减数/被乘数/被除数
IN2	REAL	I、Q、M、L、DB、常数	加数/减数/乘数/除数
OUT	REAL	Q、M、L、DB	加法/减法/乘法/除法结果

ADD_R EN ENO IN1 OUT IN2 浮点数相加(32位)	SUB_R EN ENO IN1 OUT IN2 浮点数相减(32位)

(续)

参　数	数据类型	存储区	描　述

```
        MUL_R                          DIV_R
  EN           ENO            EN           ENO

  IN1          OUT            IN1          OUT
  IN2                         IN2
```

浮点数相乘(32位)　　　　　　　浮点数相除(32位)

2. 平方根

在表 4-15 中，对浮点数的平方根逻辑计算块进行简要的介绍，并给出所调用的程序块示例。

对所调用的平方根计算块：当启用输入端 EN 通过逻辑"1"时，浮点数的平方根计算激活，自动地将 IN 所给定的值进行平方根运算，其结果通过 OUT 来查看。若该结果未超出浮点数（32 位）的允许范围，则 EMO 将输出逻辑"1"；若该结果超出了浮点数（32 位）的允许范围，则 ENO 将输出逻辑"0"，ENO 后面所连接的其他指令将不执行。

此外，需要特别说明的是，在计算浮点数的平方根时，需要确保被开方数大于等于 0。同时，使用平方根运算所得到的结果必然为非负数。其中，当被开方数为 0 时，结果为 0。

表 4-15　浮点数平方根指令简介

SQRT	参数	数据类型	存储区	描　述
EN　　ENO	EN	BOOL	I、Q、M、L、DB、T、C	启用输入
	ENO	BOOL	I、Q、M、L、DB	启用输出
IN　　OUT	IN	REAL	I、Q、M、L、DB、常数	被开方数
浮点数求平方根	OUT	REAL	Q、M、L、DB	开方运算结果

4.3.6　比较

在 PLC 逻辑程序中，比较指令主要包括字节比较、整数比较、长整数比较和实数比较，且有等于、不等于、大于等于、小于等于、大于、小于等比较措施。在编程中，要根据 IN1 和 IN2 实际输入类型选择比较块的类型。若比较结果为 TRUE，则此比较指令输出 1；反之，则输出为 0。

此外，在使用时必须注意确保两个比较数据具有相同的数据类型，即字节只能与字节进行比较，整数只能与整数进行比较，长整数只能与长整数进行比较，实数只能与实数进行比较。若所比较的数据的数据类型不一致，则必须先进行数据类型变换，然后才能进行比较。

4.3.7　转化

在 PLC 程序编辑中，还可以通过调用 PLC Programming Tool 内置的逻辑指令块，便捷地进行数据类型的转化。

在 PLC 程序中，数据类型的转化指令主要包括长整数转化为浮点数，BCD 码转化为整数，整数转化为 BCD 码以及浮点数转化为长整数。

1. BCD 码转换为整数

在表 4-16 中，对于 BCD 码转换为整数的逻辑转换块进行简要的介绍，并给出所调用的程序块示例。

对所调用 BCD 码转换为整数的逻辑转换块：会自动地将参数 IN 中的内容以三位 BCD 码数字（-999 至 999）的方式进行读取，并将其转换为整数（16 位），整数的结果通过 OUT 输出。ENO 始终与 EN 的信号状态相同。

表 4-16　BCD 码转换为整数指令简介

参数	数据类型	存储区	描　述
EN	BOOL	I、Q、M、L、DB、T、C	启用输入
ENO	BOOL	I、Q、M、L、DB	启用输出
IN	WORD	I、Q、M、L、DB、常数	BCD 码数字
OUT	INT	Q、M、L、DB	BCD 码对应的整数

BCD码转换为整数

2. 整数转换为 BCD 码

在表 4-17 中，对 BCD 码转换为整数的逻辑转换块进行简要的介绍，并给出所调用的程序块示例。

对所调用的 BCD 码转换为整数的逻辑转换块：会自动地将参数 IN 中的内容以整数（16 位）的方式进行读取，并将其转换为三位 BCD 码数字（-999 至 999）的表达形式，同时将该结果通过 OUT 输出。在转换过程中，如果产生溢出，则 ENO 的状态为"0"。

表 4-17　整数转换为 BCD 码指令简介

参数	数据类型	存储区	描　述
EN	BOOL	I、Q、M、L、DB、T、C	启用输入
ENO	BOOL	I、Q、M、L、DB	启用输出
IN	INT	I、Q、M、L、DB、常数	整数
OUT	WORD	Q、M、L、DB	整数对应的 BCD 码

整数转换为BCD码

3. 长整数（32 位）转换为浮点数

在表 4-18 中，对长整数（32 位）转换为浮点数的逻辑转换块进行简要的介绍，并给出所调用的程序块示例。

对所调用长整数（32 位）转换为浮点数的逻辑转换块：会自动地将参数 IN 中的内容以长整数（32 位）的方式进行读取，并将其转换为浮点数（32 位）的表达形式，同时将该结果通过 OUT 输出。ENO 始终与 EN 的信号状态相同。

表 4-18　长整数（32 位）转换为浮点数指令简介

	参数	数据类型	存储区	描　　述
DI_R（长整数(32位)转换为浮点数）EN ENO IN OUT	EN	BOOL	I、Q、M、L、DB、T、C	启用输入
	ENO	BOOL	I、Q、M、L、DB	启用输出
	IN	DINT	I、Q、M、L、DB、常数	长整数
	OUT	REAL	Q、M、L、DB	浮点数结果

4. 浮点数转换为长整数（32 位）

在表 4-19 中，对浮点数转换为长整数（32 位）的逻辑转换块进行简要的介绍，并给出所调用的程序块示例。

对所调用浮点数转换为长整数（32 位）的逻辑转换块：会自动地将参数 IN 中的内容以浮点数（32 位）的方式进行读取，并将其转换为长整数（32 位）的表达形式，同时将该结果通过 OUT 输出。

需要注意的是，在转换过程中，仅浮点数的整数部分才参与转换，其他部分不参与转换。

表 4-19　浮点数转换为长整数（32 位）指令简介

	参数	数据类型	存储区	描　　述
TRUNC（浮点数转换为长整数(32位)）EN ENO IN OUT	EN	BOOL	I、Q、M、L、DB、T、C	启用输入
	ENO	BOOL	I、Q、M、L、DB	启用输出
	IN	REAL	I、Q、M、L、DB、常数	浮点数
	OUT	DINT	Q、M、L、DB	长整数数结果

4.3.8　传送

在 PLC 逻辑程序中，传送指令主要包括字节的传送、字的传送、双字的传送、浮点数的传送等指令。在实际逻辑块的调用中，通过 EN 激活传送，进而将 IN 输入端的输入值复制到 OUT 输出端指定的地址中。ENO 与 EN 的逻辑状态保持一致。

在表 4-20 中，对传送指令块进行简要的介绍，并给出所调用的程序块示例。

表 4-20　字节、字和双字的传送指令简介

参　　数	数据类型	存储区	描　　述
EN	BOOL	I、Q、M、L、DB、T、C	启用输入
ENO	BOOL	I、Q、M、L、DB	启用输出
IN	BYTE/INT/DINT	I、Q、M、L、DB、T、C、常数	源地址
OUT	BYTE/INT/DINT	Q、M、L、DB	目标地址

（续）

参　　数	数据类型	存储区	描　　述

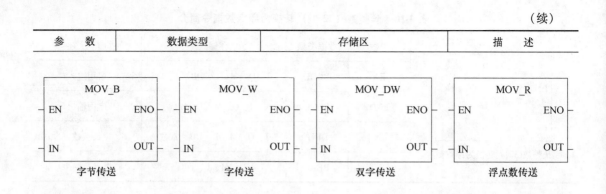

| 字节传送 | 字传送 | 双字传送 | 浮点数传送 |

4.3.9　字节交换

在表 4-21 中，对字节交换指令块进行简要的介绍，并给出所调用的程序块示例。

对所调用的字节交换的逻辑转换块：会自动地将参数 IN 中的最高位字节与最低位字节进行交换，并将输出结果保存到 IN 输入的地址。ENO 与 EN 的逻辑状态保持一致。

表 4-21　字节交换指令简介

参数	数据类型	存储区	描述
EN	BOOL	I、Q、M、L、DB、T、C	启用输入
ENO	BOOL	I、Q、M、L、DB	启用输出
IN	WORD	I、Q、M、L、DB	源地址与目标地址

4.3.10　定时器

PLC 程序中所使用到的定时器，类似于电气控制电路里的时间继电器，其基本功能是通过一段时间的定时对某个操作做延时响应。定时器功能强大，用途广泛，经过组合使用，可以实现很多功能。

在定时器的使用中，有 4 个重要概念需要进行有效的区分，分别为时间基准值、设定值、当前值以及状态值。

1）时间基准值：是指引起定时器当前时间值发生变化的最小时间单位。而对于这里提及的西门子 SINUMERIK 808D 数控单元 PLC 所提供的定时器（T0 至 T63）而言，时间基准值是固定的：T0～T15 的时间基准值为 100ms，T16～T63 的时间基准值为 10ms。

2）设定值：是指定时器上 IN 端输入值与相应的定时器所对应的时间基准的乘积。PLC 定时器的设定值是一个 16 位有符号数，最大预设值为 32767。

3）当前值：是指定时器的过程值，在满足一定的条件下，定时器的当前值随着时间的变化而变化，表示已经过去的时间。

4）状态值：表示的是定时器的导通状态，也是分析定时器的最终目的。定时器的状态值分为 1 或者 0。在理解时，可以将定时器看成继电器，其状态分为动作与不动作两种。

几者之间的关系是：定时器根据基准值进行最小值变化，而最小值进行变化时，当前值就会发生变化，若当前值大于设定值，则定时器的状态值就会发生改变。

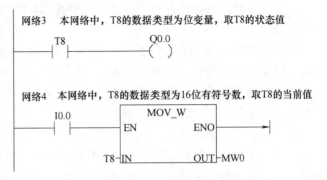

图 4-23　定时器状态 PLC 程序示例

定时器当前值和状态值在 PLC 中所使用的变量名是相同的，应根据实际程序进行判断，以图 4-23 中所示的 PLC 程序为例，网络 3 中的 T8 为状态值，而网络 4 中的 T8 则为当前值。

此外，在实际应用中，定时器指令又根据不同的特性和应用特点进行具体的区分，主要包括有接通延时定时器、保持型接通延时定时器和断开延时定时器三种应用，而一旦确定了定时器的类型，则在整个程序中将不允许再进行改变，例如在某 PLC 程序中，T5 确定为通电延时定时器，则 T5 将不能在该程序中再次定义为保持型通电延时定时器和或断开延时定时器。

1. 接通延时定时器

接通延时定时器（TON）的特点是在主输入端 IN 有效的前提下，按照 PT 中所设定的时间进行延时，延时完毕之后再进行动作。

对于 PLC 接通延时定时器指令的基本工作原理和工作过程，以图 4-24 中所示情况为例：当 I0.0 接通并保持接通状态时，启动 T8 进入定时工作状态，T8 的时间基准是 100ms，即每隔 100ms，定时器的当前值自动加 1。按 100ms 定时器的刷新方式，当定时达到 PT 中的设定值时，T8 定时器动作，其常开触点闭合，故 Q0.0 导通，T8 继续计数；当 I0.0 断开时，T8 随即复位，常开触点断开，Q0.0 也断电复位。

为了更清晰地描述图 4-24 中所表示的接通延时定时器的逻辑过程，在图 4-25 中对这个 PLC 逻辑过程给出了相应的逻辑时序图，以帮助读者进一步的理解。

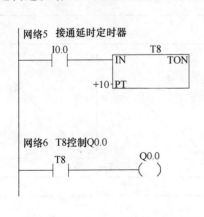

图 4-24　接通延时定时器 PLC 程序示例

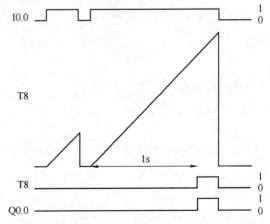

图 4-25　接通延时定时器 PLC 示例逻辑时序图

2. 保持型接通延时定时器

与接通延时定时器略有不同，保持型接通延时定时器（TONR）主要用于多个时间间隔的累计定时。

在 PLC 程序编辑中，要根据保持型接通延时定时器的工作特性进行合理的使用。总体来说，保持型接通延时定时器的主要工作特性可以描述为以下几点：

1）TONR 定时器的启动信号是输入使能 IN 接通为 1 电平，且保持不变。在此前提下，TONR 定时器才可以开始计时或继续计数。

2）TONR 定时器的复位必须使用复位指令实现。

3）当 TONR 定时器当前值大于等于设定值时，TONR 定时器被置位并进行动作，常开触点闭合，常闭触点断开。只要 IN 输入端保持为 1，则 TONR 定时器继续计时，直到最大值为 32767。

4）当 TONR 定时器当前值小于设定值时，若使能输入端 IN 掉电为 0，则 TONR 定时器当前值将被保存，直到使能输入端再次接通时，TONR 定时器从保存的当前值开始继续计时，直到计时达到设定值。这个工作过程是一直有效的，不论使能输入端 IN 掉电几次，都可以在再次上电的时候继续进行计时。

对于 PLC 保持型接通延时定时器指令的基本工作原理和工作过程，以图 4-26 中所示情况为例，可以简要的划分为以下几个过程：

1）根据 PT 设定值可知，TONR 定时器的定时时间 100ms。

2）在当前值达到设定值之前，使能输入端 IN 断电，当前值未被复位，而是保存了下来。

3）当使能输入端 IN 再次接通后，TONR 定时器从所保存的当前值开始继续计时，定时时间达到之后，TONR 定时器置位，常开触点闭合，T37 的当前值继续计时直至达到最大值。

4）在 T37 进行动作之后，会导致 I0.0 断电。定时器 T37 不能自行复位，必须通过复位指令进行复位。

为了更清晰地描述图 4-26 中所表示的保持型接通延时定时器的逻辑过程，在图 4-27 中对这个 PLC 逻辑过程给出了相应的逻辑时序图，以帮助读者进一步的理解。

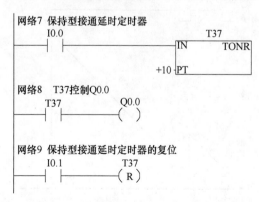

图 4-26　保持型接通延时定时器 PLC 程序示例

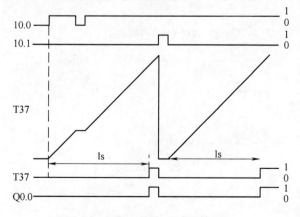

图 4-27　保持型接通延时定时器 PLC
程序示例逻辑时序图

3. 断开延时定时器

PLC 断开延时定时器（TOF）的主要特点是：在使能输入端 IN 断开后，定时器可以继续保持动作一段时间。此外，与 TONR 保持型接通延时定时器不同，TOF 在定时时间到了之后会自动地复位，不需要额外的使用复位指令。

对于 PLC 断开延时定时器指令的基本工作原理和工作过程，结合图 4-28 中的示例，可以简要地概括为以下几点：

1）PLC 系统上电或首次扫描时，定时器 TOF 的输出状态值为 0，内部计时的当前值也为 0。

2）TOF 定时器的启动信号是输入使能端 IN 的下降沿。

3）当使能输入端 IN 通过 I0.0 的信号接通时，TOF 定时器的输出状态值变为 1 且保持；而其内部计时的当前值仍为 0，即还没有开始进行计数。

4）当 I0.0 断开导致定时器 TOF 的使能输入端 IN 断开时，TOF 定时器开始计时，即内部计时当前值开始发生变化。在这一过程中，TOF 定时器的输出状态值仍然保持为 1，是否发生改变取决于定时器内部计时的当前值与 PT 端设定值之间的关系：

①若使能输入端 IN 的断开时间足够长，确保定时器内部计时的当前值有足够时间进行变化，最终变得大于或等于设定值时，定时器停止计时，且定时器的输出状态值变为 0。

②若使能输入端 IN 的断开时间较短，定时器内部计时的当前值仍小于设定值时就再此接通，则定时器的状态保持为 1，而定时器内部计时的当前值会重新清零（即下次使能输入端 IN 断开时，定时器内部计时的当前值要从 0 开始进行计时）。

为了更清晰地描述图 4-28 中所表示的断开延时定时器的逻辑过程，在图 4-29 中对这个 PLC 逻辑过程给出了相应的逻辑时序图，以帮助读者进一步的理解。

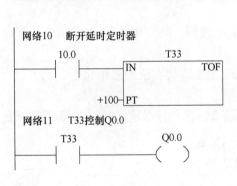

图 4-28　断开延时定时器 PLC 程序示例

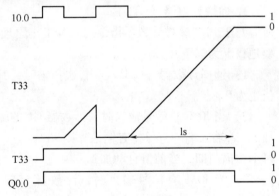

图 4-29　断开延时定时器 PLC
程序示例逻辑时序图

4.3.11　计数器

在 PLC 程序中，计数器主要用来计算输入脉冲的数量。在 SINUMERIK 808D 数控系统的 PLC 中共有 64 个计数器，编号为 C0 ~ C63，对于 PLC 程序中的计数器而言，可以使用 C0 ~ C63 中任一个线圈来编号，某个编号一旦被使用，就不能再次使用，即每个计数器的线圈编号在同一个 PLC 程序中只能使用一次，但其输出标志位可以多次使用。

每个计数器有一个 16 位的当前值寄存器和一个状态位，最大计数值为 32767。可根据实际的编程需要，对某个计数器的类型进行定义。

在计数器中需要给定一个设定值，以便在计数时，计数器的当前值可以从设定值开始逐步减小到 0，或从 0 逐步增加到设定值。对于计数器而言，主要的数据可以分为设定值、当前值和状态值三种：

1）设定值：是指在计数器的 PV 输入端给定的计数值。

2）当前值：是指当前的计数器内所计的数量。

3）状态值：当计数未完成时输出为 0，完成时则输出为 1。状态值是分析计数器的最终目的，在理解时也可以将计数器看成继电器，其状态可分为动作与不动作两种。

当程序在访问计数器时，需要通过指令操作数的数据类型来判断是访问计数器的当前值还是计数器的状态值，以图 4-30 中所示的 PLC 程序为例：网络 12 中的 C1 是布尔型的操作数，所以访问的是计数器的状态值（即计数器的位）；而在网络 13 中，C1 通过传送指令块 MOV_W 的 IN 端进行输入，并通过 OUT 端输出到字 MW0 中，此时访问的是计数器的当前值。

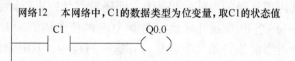

在实际应用中，计数器指令又根据不同的特性和应用特点进行具体的区分，主要包括有递增计数器、递减计数器器和增减计数器三种应用。

图 4-30　计数器状态 PLC 程序示例

1. 递增计数器（CTU）

对于 PLC 递增计数器指令的基本工作原理和工作过程，结合图 4-31 中的示例，可以简要地概况为以下几点：

1）递增计数器（CTU）在首次扫描时，其状态值（即状态位的初始状态）为 0，当前值也为 0。

2）当 I0.0 有信号输入时，计数器 C1 的输入端 CU 有上升沿输入，计数器当前值自动加 1。若输入端一直保持有输入，则 PLC 每个扫描周期，当前值自动加 1。

3）当 I0.1 有信号输入时，计数器 C1 的复位输入端 R 有输入，此时计数器 C1 被复位，即当前值变为 0，输出的状态值也为 0。

4）图 4-31 中递增计数器的设定值输入端 PV 给定位 3，即指在计数器 C1 的当前值大于或等于设定值 3 时，计数器状态值变为 1，进而网络 15 中 Q0.0 有输出产生。对于一个计数器而言，最大设定值（PV）为 32767；也就是说，在

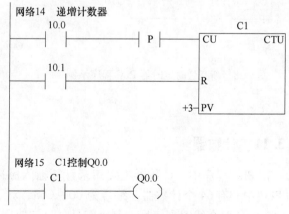

图 4-31　递增计数器 PLC 程序示例

当前值达到 32767 后，计数器将停止计数。

为了更清晰地描述图 4-31 中所表示的递增计数器的逻辑过程，在图 4-32 中对 PLC 逻辑过程给出了相应的逻辑时序图，以帮助读者进一步的理解。

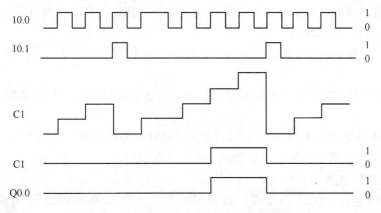

图 4-32　递增计数器 PLC 程序示例逻辑时序图

2. 递减计数器（CTD）

对 PLC 递减计数器指令的基本工作原理和工作过程，结合图 4-33 中的示例，可以简要地概况为以下几点：

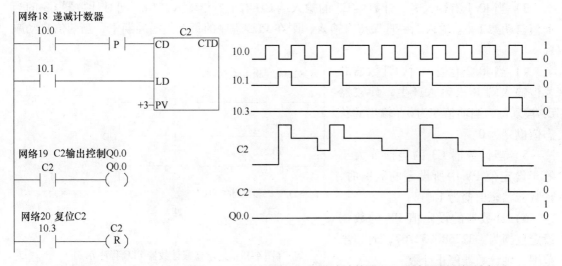

图 4-33　递减计数器 PLC 程序示例　　　　图 4-34　递减计数器 PLC 程序示例逻辑时序图

1）首次扫描时，要确保装载输入端 LD 先接通，将设定值 PV 中的数据写入递减计数器 C2 的计数寄存器中之后，然后才可以通过接通计数器的使能输入端 CD 进行计数。

2）当 I0.1 有输入时，计数器 C2 的装载输入端 LD 有输入产生，计数器的输出状态值变为 0，并把设定值 PV 重新装入当前 C2 的计数寄存器中，即下次开始计数时的当前值又变为了设定值。

3）装载输入端 LD 无论在何时生效，计数器都会立即将设定值 PV 装载入计数器 C2 的计数寄存器中，并将计数器 C2 的状态值变为 0。

4）在装载输入端 LD 已经有输入产生，并将设定值 PV 写入计数器的前提下，当 I0.0 有输入时，计数器 C2 的输入端 CD 有上升沿输入产生，进而会使得计数器 C2 的当前值自动减 1。若输入端一直保持有输入，则在 PLC 程序的每个扫描周期中，当前值都自动减 1。

5）设定值 PV 的最大设定为 32767。

6）当递减计数器的当前值变为 0 时，计数器的输出状态值变为 1。此时网络 19 中 Q0.0 有输出。

7）递减计数器的复位需要使用复位指令 R，当前计数值清零，计数器输出标志位（即状态值）清零。

为了更清晰地描述图 4-33 中所表示的递减计数器的逻辑过程，在图 4-34 中对 PLC 逻辑过程给出了相应的逻辑时序图，以帮助读者进一步的理解。

3. 递增递减计数器

对 PLC 递增递减计数器（CTUD）指令的基本工作原理和工作过程，结合图 4-35 中的示例，可以简要地概况为以下几点：

1）首次扫描时，递增递减计数器的状态值为 0，当前值也为 0。

2）当 I0.0 有输入时，计数器 C3 的输入端 CU 有上升沿输入产生，同时计数器 C3 的当前值自动加 1。若输入端一直保持有输入，则在 PLC 程序的每个扫描周期中，当前值自动加 1。

3）当 I0.1 有输入时，计数器 C3 的输入端 CD 有上升沿输入产生，同时计数器 C3 的当前值自动减 1。若输入端一直保持有输入，则在 PLC 程序的每个扫描周期中，当前值自动减 1。

4）当 I0.2 有输入时，计数器的复位输入端 R 有输入产生，计数器 C3 被复位，当前值变为 0，输出的状态值也变为 0。

5）当计数器 C3 的当前值大于等于设定值 PV 中所设定的数据时，计数器状态值变为 1。

6）计数器的设定值 PV 的数据设定范围为 −32768 ~ 32767，若超出范围，则计数器停止计数。

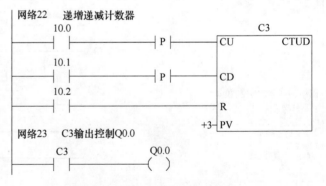

图 4-35　递增递减计数器 PLC 程序示例

为了更清晰地描述图 4-35 中所表示的递增递减计数器的逻辑过程，在图 4-36 中对 PLC 逻辑过程给出了相应的逻辑时序图，以帮助读者进一步的理解。

4.3.12　移位

移位指令是 PLC 编程中的常用指令，特别是在进行循环逻辑的控制和处理时，应用十分广泛。常用的移位指令主要有字节左移位、字左移位、双字左移位、字节右移位、字右移位以及双字右移位。

移位指令的相关程序块说明见表 4-22。

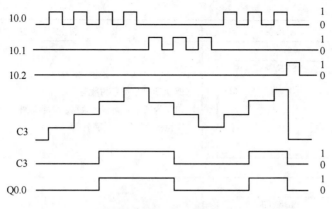

图 4-36　递增递减计数器 PLC 程序示例逻辑时序图

表 4-22　移位指令

指令名称	梯形图	指令操作对象
字节左移位	SHL_B EN　　ENO IN　　OUT N	IN 为所有字节类型的数据 OUT 为所有字节类型的数据，常数除外 N 为移动的位数，字节型
字左移位	SHL_W EN　　ENO IN　　OUT N	IN 为所有字类型的数据 OUT 为所有字类型的数据，常数除外 N 为移动的位数，字节型
双字左移位	SHL_DW EN　　ENO IN　　OUT N	IN 为所有双字类型的数据 OUT 为所有双字类型的数据，常数除外 N 为移动的位数，字节型
字节右移位	SHR_B EN　　ENO IN　　OUT N	IN 为所有字节类型的数据 OUT 为所有字节类型的数据，常数除外 N 为移动的位数，字节型

（续）

指令名称	梯形图	指令操作对象
字右移位	SHR_W EN　　ENO IN　　OUT N	IN 为所有字类型的数据 OUT 为所有字类型的数据，常数除外 N 为移动的位数，字节型
双字右移位	SHR_DW EN　　ENO IN　　OUT N	IN 为所有双字类型的数据 OUT 为所有双字类型的数据，常数除外 N 为移动的位数，字节型

对移动指令的具体工作特性和工作方式，可以简单地概括为以下几点：

1）只要使能端 EN 有效，由 IN 端所指定的操作对象的内容在每个扫描周期都会向左或向右移动 N 位，空出的位依次用 0 填充，每次移位的结果送到 OUT 端指定的地址内。

2）被移位的数据是无符号数。

3）移位位数为字节型数据，若 N 小于数据的实际位数，则每次移动 N 位；若 N 大于或等于数据的实际位数，则每次移动实际的数据位数。

为了帮助读者加深对于 PLC 程序中移动指令逻辑过程的理解，在图 4-37 中，给出字型数据的左移和右移过程，其他类型的数据移动过程与其相似。

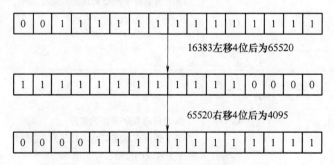

图 4-37　字型数据的左移和右移过程示例

4.3.13　逻辑操作

逻辑操作指令同样也是 PLC 编程中的常用指令。常用的逻辑操作指令主要有逻辑与、逻辑或、逻辑异或以及取反等逻辑操作。

需要说明的是，对于所有的逻辑运算指令而言，都具有一个共同的特点：即输入的操作数所对应的每一位都要依据限定的逻辑运算规则，进行指定的逻辑运算。操作数的数据长度可以是字节、字或者双字。

在表 4-23 中，给出了 SINUMERIK 808D 数控系统预置的 PLC 程序中所支持的全部的逻辑指令相关程序块，并分别进行简单的示例和说明，帮助读者加深对于逻辑操作指令相关概念和使用方法的理解。

表 4-23　逻辑操作指令

指令名称	梯形图	说　明
字节逻辑与	WAND_B EN　ENO IN1　OUT IN2	当输入端 EN 有效时，IN1 和 IN2 按位相与，结果存入 OUT 中，操作数为字节型数据
字节逻辑或	WOR_B EN　ENO IN1　OUT IN2	当输入端 EN 有效时，IN1 和 IN2 按位相或，结果存入 OUT 中，操作数为字节型数据
字节逻辑异或	WXOR_B EN　ENO IN1　OUT IN2	当输入端 EN 有效时，IN1 和 IN2 按位异或，结果存入 OUT 中，操作数为字节型数据
字节取反	INV_B EN　ENO IN　OUT	当输入端 EN 有效时，IN 端按位取反，结果存入 OUT 中，操作数为字节型数据
字逻辑与	WAND_W EN　ENO IN1　OUT IN2	当输入端 EN 有效时，IN1 和 IN2 按位相与，结果存入 OUT 中，操作数为字型数据

（续）

指令名称	梯形图	说　　明
字逻辑或	**WOR_W** EN　　ENO IN1　　OUT IN2	当输入端 EN 有效时，IN1 和 IN2 按位相或，结果存入 OUT 中，操作数为字型数据
字逻辑异或	**WXOR_W** EN　　ENO IN1　　OUT IN2	当输入端 EN 有效时，IN1 和 IN2 按位异或，结果存入 OUT 中，操作数为字型数据
字取反	**INV_W** EN　　ENO IN　　OUT	当输入端 EN 有效时，IN 端按位取反，结果存入 OUT 中，操作数为字型数据
双字逻辑与	**WAND_DW** EN　　ENO IN1　　OUT IN2	当输入端 EN 有效时，IN1 和 IN2 按位相与，结果存入 OUT 中，操作数为双字型数据
双字逻辑或	**WOR_DW** EN　　ENO IN1　　OUT IN2	当输入端 EN 有效时，IN1 和 IN2 按位相或，结果存入 OUT 中，操作数为双字型数据
双字逻辑异或	**WXOR_DW** EN　　ENO IN1　　OUT IN2	当输入端 EN 有效时，IN1 和 IN2 按位异或，结果存入 OUT 中，操作数为双字型数据

（续）

指令名称	梯形图	说　明
双字取反	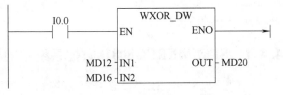	当输入端 EN 有效时，IN 端按位取反，结果存入 OUT 中，操作数为双字型数据

逻辑操作的使用及结果判断应根据实际程序进行分析，以图 4-38 中所示的 PLC 程序为例，当 I0.0 为 1 时，MD12 与 MD16 中的数据按位进行异或运算，其结果输出到 MD20 中。

若以二进制数据为例，对图 4-38 中的数据 MD12、MD16 及 MD20 的运行过程进行相应表述，则可以得到表 4-24 中的结果：

图 4-38　按位异或 PLC 程序示例

表 4-24　按位异或 PLC 程序示例编译结果

IN 端的输入数据值	MD12 = 0000 0000 0000 1000 0000 1001 0000 1101
	MD16 = 0000 0000 0000 0000 0000 1101 0010 1001
执行后的输出结果	MD20 = 0000 0000 0000 1000 0000 0100 0010 0100

4.3.14　程序控制

在 PLC 程序中，程序控制指令主要包括有程序跳转、程序标签、程序有条件返回及程序有条件结束等控制指令。

1）程序跳转：该指令用于控制程序跳转到某个指定的标签位置。

2）程序标签：该指令标明了程序跳转的跳转目标。程序跳转与相应的程序标签需要同时使用，且必须位于同一个主程序或子程序中。不能从主程序跳转到一个子程序的标签，也不能从子程序跳转到该程序以外的标签。

3）程序有条件返回：该指令根据前一个逻辑条件的状态来终止子程序。

4）程序有条件结束：该指令根据前一个逻辑条件终止主程序，此指令只能在主程序中使用，不能在子程序中使用。

此外，需要特别注意的是，在使用程序控制指令的时候，必须明确对应的控制网络和程序位置。

以图 4-39 中所示的 PLC 程序为例：当程序执行到网络 7 时，会自动跳转到网络 10，然后继续执行网络 11 中

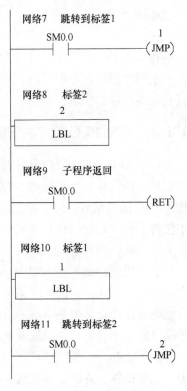

图 4-39　程序跳转 PLC 程序示例

的指令，进而再跳转到网络 8，然后继续执行网络 9 中的指令。而在执行网络 9 时，子程序的返回指令 RET 的前一个逻辑状态为常闭，因此 PLC 程序接收到了子程序返回指令，子程序返回。

4.4　SINUMERIK 808D 数控系统与 PLC 程序的关联性

对于 SINUMERIK 808D 数控系统而言，其内部也集成了 S7-200 的 PLC 功能，用于辅助系统的内部信号和控制指令，共同完成对系统整体指令的输入/输出以及机床整体的动作控制过程。可以说 PLC 程序是系统必不可少的组成部分，也是系统可以稳定而准确地执行各项控制指令的重要保证。

4.4.1　SINUMERIK 808D 数控系统中的标准 PLC 程序

西门子 SINUMERIK 808D 数据系统中预置了标准的 PLC 程序，且车床版与铣床版的 PLC 程序相互独立，不能混用。需要注意的是，标准 PLC 程序样例只是提供了 PLC 程序编辑的主要模板，在实际应用中，还是要根据机床配置和安装接线的实际情况，对预置的 PLC 程序进行修正。

PLC 程序块的执行和调用是按一定规则进行的，根据程序执行时所调用的机制不同，可以将 SINUMERIK 808D 数控系统的标准 PLC 程序样例中的程序块分为两类：一类是系统所调用的程序块，称为主程序，根据 PLC 的循环扫描原理，系统循环调用该程序；另一类则是主程序所调用的子程序块，也称为用户程序，这一类程序块由主程序或其他程序调用后得以执行。

在标准 PLC 程序中，主程序只有一个，每个循环扫描周期，主程序会被执行一遍。同时，主程序执行过程中可以调用子程序，子程序最多可以有 64 个，名称为 SBR0 至 SBR63。只有在主程序中编辑了调用指令，相关的子程序块才可以被执行。

4.4.2　标准 PLC 程序在 SINUMERIK 808D 数控系统中的通信

对于 SINUMERIK 808D 数控系统中的预置的 PLC 程序来说，除了自身的输入/输出及内部变量存储区外，与系统的 NCK、机床操作面板 MCP、HMI 等也有相关的数据通信区，简称为 PLC 接口信号。可以说，正是通过数控系统内的 PLC 应用程序及相关的数据通信区，才使得 SINUMERIK 808D 数控系统中的 NCK 通道、HMI、NCK 轴、外部 I/O 和 MCP 之间相互关联，从而完成了对系统及机床整体的控制过程。

需要说明的是，在 SINUMERIK 808D 数控系统中，不同变量的存取有不同级别的权限设定和要求，并通过不同的标识符进行标注。例如标识符［r］表示只读，即此 PLC 接口信号只能读取该变量，但是不能进行控制和修改；而标识符［r/w］则表示可读写，即此 PLC 程序接口信号不仅可以读取该变量，还可以根据需要对该变量的值进行控制和修改。

在图 4-40 中，简要描述了 SINUMERIK 808D 数控系统中 PLC 程序信号与 NCK 通道、HMI、NCK 轴、外部 I/O 及机床操作面板之间的关联性。详细的接口地址表可参见本书附录 A。

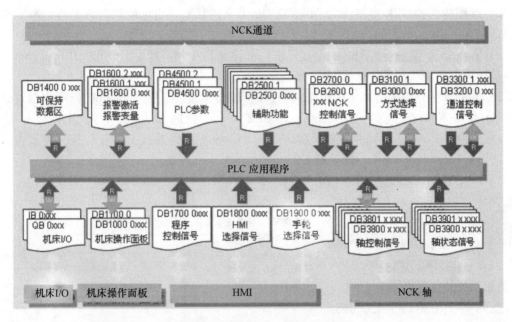

图 4-40　PLC 接口信号关联示例图

4.5 SINUMERIK 808D 数控系统中标准 PLC 程序块

在本章的前半部分已经对于 PLC Programming Tool 软件的基本应用、相关 PLC 程序主要逻辑语句的应用以及 PLC 程序在 SINUMERIK 808D 数控系统中所起到的作用进行了概括性的介绍。

在本节的内容中，将主要以 SINUMERIK 808D 数控系统中标准 PLC 程序样例为基础，结合实际应用中的 PLC 编写逻辑和编写习惯，对 PLC 程序控制中几个主要内容进行分析，并根据实际的应用经验进行相应的补充和解说，帮助读者加深对于 SINUMERIK 808D 数控系统中 PLC 程序控制的理解，并根据实际需要进行简单的修正和使用。

前文已经介绍，在 SINUMERIK 808D 数控系统中西门子公司预置了标准的 PLC 程序样例，在样例中通过子程序块的调用，可以基本满足主要的应用需求。而在这些子程序块中，急停程序块、手轮程序块、主轴程序块、车床的刀架程序块以及铣床的刀库程序块，是实际应用中应用最为广泛，也是最容易在 PLC 程序编辑中出现疑惑和问题的部分。本节即结合 SINUMERIK 808D 数控系统标准 PLC 程序样例中对这几个功能块的控制原理、逻辑动作及实际应用，进行重点的介绍和补充说明。

4.5.1 急停

在 SINUMERIK 808D 标准 PLC 程序中，外部急停信号直接送到 PLC 的输入点后，对于 PLC 程序中急停子程序块的处理过程，可以大致分解为以下几个处理步骤：

1）将急停信号送到地址 DB2600. DBX0. 1 中，使得 DB2600. DBX0. 1 = 1（同时复位急停应答的 PLC 接口地址，即使得 DB2600. DBX0. 2 = 0）

2）系统内部的 NCK 直接读取 DB2600. DBX0. 1 的状态，当该位状态为 1 时，NCK 触发急停。

3）在 NCK 触发急停的同时，会在系统内部设置 PLC 接口地址 DB2700. DBX0. 1 = 1，从而将系统进入急停状态的信息反馈给 PLC。

4）在外部急停消失后，系统内部的 NCK 不能自动复位，需要在 PLC 程序中触发急停应答的 PLC 接口地址信号 DB2600. DBX0. 2 = 1（同时复位急停判定的接口地址 DB2600. DBX0. 1 = 0）；并同时需要操作人员配合，按下操作面板上的复位键，将复位键的 PLC 接口信号进行置位操作，即使得 DB3000. DBX0. 7 = 1。

5）在上一条中提到的两个信号都置位为 1 之后，系统内部才会自动进行处理，将 NCK 急停反馈的 PLC 地址信号 DB2700. DBX0. 1 复位，即使得 DB2700. DBX0. 1 = 0，消除系统的急停报警。

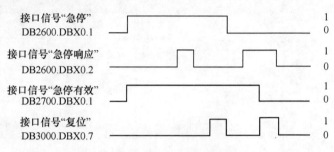

接口信号"急停" DB2600.DBX0.1

接口信号"急停响应" DB2600.DBX0.2

接口信号"急停有效" DB2700.DBX0.1

接口信号"复位" DB3000.DBX0.7

在图 4-41 中给出了上文描述的急停控制过程所对应的逻辑时序图，以帮助读者加深对于急停程序块控制逻辑的理解。

图 4-41　急停控制的逻辑时序图

此外，通过图 4-41 所示的逻辑时序中还可以看出，当 DB2600. DBX0. 1 = 1 时，DB2600. DBX0. 2 不能进行急停响应应答，同时系统的复位操作也无法生效。

4.5.2　手轮

西门子 SINUMERIK 808D 数控系统最大可以支持 2 个手轮的同时使用，并且可以任意分配到不同的机床轴或通道轴中。

同时，在手轮的激活过程中需要区分不同坐标系下，所要激活的轴对象的不同：在机床坐标系下，需要激活机床轴对应的手轮及其倍率信号；而在工件坐标系下，则需要激活通道轴对应的手轮及其倍率信号。

首先，我们先来了解一下，要实现手轮模式下对进给轴的控制，需要我们进行哪些操作：

1）激活手轮模式：手轮模式的激活，需点击机床操作面板（MCP）上的"手轮"键进行选择。

2）选择坐标系：可使用系统 HMI 上的软键按钮进行机床坐标系和工件坐标系的切换。

3）选择倍率：使用机床操作面板（MCP）上相应的按钮；或使用外部手持单元中的倍率开关，来进行倍率的选择。

4）选择需要移动的进给轴：在 SINUMERIK 808D 系统中，选择轴的方式可分为以下三种：

①通过系统 HMI 上的软键按钮选择相应的轴。

②通过机床操作面板（MCP）上相应的按钮选择相应的轴。

③通过外部手持单元中的轴选按钮选择相应的轴。

在了解了上述的基本操作之后，接下来分析在进行手轮选择时，系统及 PLC 程序进行处理的大致流程。总体来说，可以大致概括为以下几个重要步骤：

1）切换至手轮模式。

2）在手轮模式下，进行坐标系及倍率开关的选择。

3）在此基础上选取要选择的轴（可根据实际情况，使用上文提及的三种方式中的任一种）。

此处需要特别说明的是，在进行倍率开关的选择及手轮的轴选择时，西门子公司的标准PLC 程序提供有三种选择方式，不同的参数设置可以实现不同的手轮选择方式，在表 4-25 中进行简要的说明。

表 4-25　标准 PLC 程序手轮方式选择参数表

选择方式	DB4500. DBX1017. 3 即 MD14512 [17] 的第 3 位	DB4500. DBX1016. 7 即 MD14512 [16] 的第 7 位	轴选方式	倍率方式
方式 1	1	0 或 1 均可，无影响	外部手持	外部手持
方式 2	0	1	系统 HMI	机床面板
方式 3	0	0	机床面板	机床面板

在表 4-25 中所介绍的三种方式里，方式 3 为标准 PLC 程序中默认优先使用的方式。若需要使用方式 1 和方式 2，则需根据表中所列信息，进行相关机床参数的设置，从而激活相应的选择方式。

此外，对于标准 PLC 程序而言，选择不同的方式会激活不同的轴：选择方式 1，在标准PLC 程序中只能选择机床轴；选择方式 2，在标准 PLC 程序中可以选择机床轴或通道轴；选择方式 3，在标准 PLC 程序中只能选择通道轴。

4）在完成上述三个操作的前提下，系统内部及 HMI 会自动根据所做的选择，向 PLC 传递选择的反馈信息，告知 PLC 系统当前处于机床坐标系还是工件坐标系。这个过程通过接口地址 DB1900. DBX1003. 7 的状态完成：

①当 DB1900. DBX1003. 7 = 1 时，当前处于机床坐标系，所有的手轮轴选信号和倍率信号只能送到机床轴相关的接口地址中。

②当 DB1900. DBX1003. 7 = 0 时，当前处于工件坐标系，所有的手轮轴选信号和倍率信号只能送到通道轴相关的接口地址中。

另外，需要特别注意的是在实际应用中，对机床坐标系进行旋转，则在移动通道中的某一轴时，其相关轴也会跟随该轴一起进行插补移动，从而保证工件坐标的正确。

结合上述的手轮选择，SINUMERIK 808D 数控系统内部系统及 PLC 程序所进行的基本处理流程，图 4-42 给出了实际 PLC 轴选的程序示例，帮助读者结合上述内容进一步理解。

4.5.3　主轴

西门子 SINUMERIK 808D 数控系统 PPU 后侧有 ±10V 模拟量输出的主轴接口，同时也配备了一个相应的主轴编码器回馈接口。这样的设计可以确保 SINUMERIK 808D 数控系统的主轴能够进行速度连续运行方式、摆动方式、定位方式及进给轴方式等多种模式的运行方式，而不同模式之间的切换则需要涉及内部系统及 PLC 程序的控制。

要想明确 SINUMERIK 808D 数控系统内部系统及 PLC 程序在主轴运行及模式切换中所

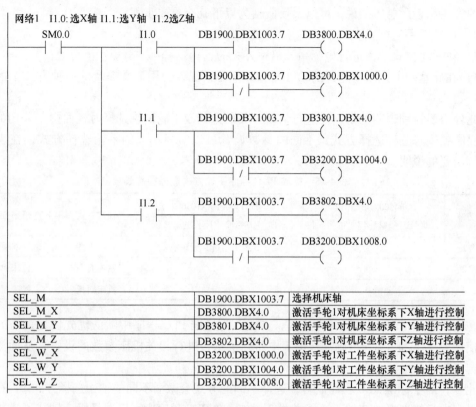

SEL_M	DB1900.DBX1003.7	选择机床轴
SEL_M_X	DB3800.DBX4.0	激活手轮1对机床坐标系下X轴进行控制
SEL_M_Y	DB3801.DBX4.0	激活手轮1对机床坐标系下Y轴进行控制
SEL_M_Z	DB3802.DBX4.0	激活手轮1对机床坐标系下Z轴进行控制
SEL_W_X	DB3200.DBX1000.0	激活手轮1对工件坐标系下X轴进行控制
SEL_W_Y	DB3200.DBX1004.0	激活手轮1对工件坐标系下Y轴进行控制
SEL_W_Z	DB3200.DBX1008.0	激活手轮1对工件坐标系下Z轴进行控制

图 4-42 外部手轮 PLC 轴选程序示例

起到的基本控制功能和控制方式，首先要了解不同模式之间的关联和切换方式。在图 4-43 中，对 SINUMERIK 808D 数控系统主轴在不同模式之间进行切换的主要方式及基本控制过程进行了简要的说明。

结合图 4-43 中所描述的主轴模式切换过程的示例图，将对几个主要的主轴运行模式之间的切换过程进行具体的描述：

（1）速度连续运行方式变换到摆动运行方式

如果通过不同的主轴转速激活自动换档，或者通过使用指令 M41~M45 来指定换档，则主轴将从速度连续运行方式变换为摆动运行方式。需要注意的是，只有当主轴的目标档位不等于当前档位时，才可以从速度连续运行方式变换为摆动运行方式。

（2）摆动运行方式变换到速度连续运行方式

如果主轴换档已经完成，则系统内部

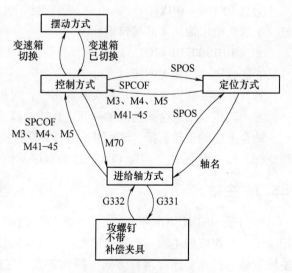

图 4-43 SINUMERIK 808D
数控系统主轴模式切换示例

会自动对主轴的摆动有效信号 DB3903.DBX2002.6 进行复位，并将该信息传递到 PLC 程序中，其表现即为 PLC 接口信号 DB3903.DBX2002.6 = 0，此时主轴退出摆动运行方式，变换为速度连续运行方式，加工程序中最后编程的主轴转速将再次生效运行。

（3）定位运行方式变换到速度连续运行方式

如果主轴当前运行在定位运行方式下，并且接收到旋转指令（M3、M4）或停止指令（M5），则主轴的运行方式会变换为主轴速度连续运行方式。

（4）速度连续运行方式变换到定位运行方式

如果主轴在速度连续运行方式下接收到 SPOS 指令，则主轴的运行方式会变换为定位运行方式，且主轴将定位停止到指定的角度。

（5）定位运行方式变换到摆动运行方式

如果要结束主轴定向，可通过使用指令 M41 至 M45 切换到摆动运行方式。换档结束后，加工程序中最后编程的主轴转速值和 M5 主轴停止指令将再次生效。

（6）速度连续运行方式变换到攻螺纹、螺旋插补运行方式

使用攻螺纹指令或者螺纹指令，将主轴的运行方式由速度连续运行方式变换到攻螺纹、螺旋插补运行方式之前，首先需要通过 SPOS 指令将主轴切换到位置运行方式。

在了解了主要的主轴运行模式进行切换的原则之后，再回到使用 SINUMERIK 808D 数控系统中的 PLC 程序对主轴进行控制的问题上来。不论主轴以何种模式进行运行，最基本的核心都是要通过 PLC 程序和系统内部的逻辑处理，给主轴的电气端以相应的信号。

在 SINUMERIK 808D 数控系统控制中，要想确保主轴可以进行正常工作，必须要给定的使能信号有以下两个（下面的分析中，均假设第四轴为主轴）：

1）脉冲使能信号：即使得 DB3803.DBX4001.7 = 1

2）伺服使能信号：即使得 DB3803.DBX2.1 = 1

以图 4-44 为例，简要地谈谈在标准 PLC 程序中，对主轴使能信号的给定与处理过程。

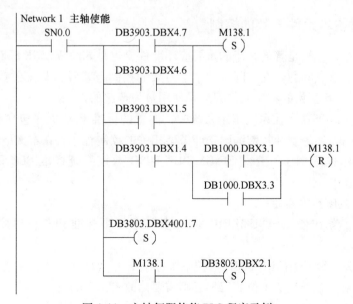

图 4-44　主轴伺服使能 PLC 程序示例

当没有指令输入的情况下，主轴处于自由状态；当有主轴指令输入的时候，一般可以将 PLC 程序的处理过程分解为以下几步：

1）在 PLC 程序中，通过对 DB3803.DB4001.7 进行置位，已经激活了主轴的脉冲使能。

2）系统接收到 M3、M4、M5、SPOS 或者手动正反转等主轴相关指令。

3）根据所输入的指令不同，系统内部会进行相应的处理，进而判定主轴的状态。一般来说可以分为以下几个状态：

①主轴正转：此时系统会自动将该状态反馈给 PLC，表现为 DB3903.DBX4.7 = 1。

②主轴反转：此时系统会自动将该状态反馈给 PLC，表现为 DB3903.DBX4.6 = 1。

③主轴停止，但已就绪：此时系统会自动将该状态反馈给 PLC，表现为 DB3903.DBX1.5 = 1。

4）在系统判定上一步的状态实现后，如 4-44 图所示，可以通过对中间变量 M138.1 进行置位，从而激活主轴的伺服使能，即使得接口信号 DB3803.DBX2.1 = 1

5）至此，主轴的两个相关的使能信号全部到位，主轴可以进行正常的工作。

6）而当需要主轴停止的时候，必须确保主轴完全静止后，系统才能复位伺服使能接口信号。如图 4-44 中所示，系统必须和 PLC 程序交换以下信息，并置位相关信号后，才能够断掉主轴的伺服使能信息，完成主轴停止的指令。

①主轴端反馈信号给 NCK，显示主轴实际已经停止，即使得 DB3903.DBX1.4 = 1。

②通过操作 MCP，给出主轴停止信号（DB1000.DBX3.1 = 1）；或复位信号（DB1000.DBX3.3 = 1）。

此外，对于车床而言，还需要额外考虑卡盘上工件是否已经卡紧；对铣床而言，则需要额外考虑刀具是否已经卡紧。如果这两个条件没有满足，同样不能够起动主轴。同理，在主轴旋转状态下，也不能松开卡盘上的工件或者主轴上的刀具。同时，如果在实际应用中有制动信号，那么还需要进行相应的安全联锁设计和操作。

4.5.4 车床对霍尔元件刀架的控制

在实际应用中，刀架是普通车床的重要应用部件，也是 SINUMERIK 808D 数控系统车削系统调试中的一个重点问题。在实际应用中，刀架的控制方式及刀具工位数目是多样化的。目前来说，4 工位、6 工位的霍尔元件刀架是使用最为普遍的刀架。

在 SINUMERIK 808D 数控系统车床系统中，内置的标准 PLC 程序包含有霍尔元件刀架控制、二进制编码刀架控制和特殊编码功能刀架相关的控制程序。在本文下面的介绍中，将以霍尔刀架的使用作为例子，介绍 SINUMERIK 808D 数控系统标准 PLC 程序中的刀架控制。

1. 霍尔刀架机床数据设定

在表 4-26 中，给出使用 SINUMERIK 808D 数控系统中标准 PLC 程序控制霍尔刀架时，需要设定的用户数据。

需要注意的是，SINUMERIK 808D 数控系统标准 PLC 程序只能支持 4 工位或 6 工位的霍尔元件刀架的控制，对于其他工位的刀架，则需要修改 PLC 程序。

表 4-26　SINUMERIK 808D 数控系统霍尔元件刀架用户数据表

序号	用户参数	PLC 地址	说明
1	MD14512 [17] .0	DB4500. DBX1017. 0	激活霍尔元件刀架控制的 PLC 子程序
2	MD14510 [20]	DB4500. DBW40	设定刀架最大工位数（仅限 4、6 工位）
3	MD14510 [21]	DB4500. DBW42	设定刀架锁紧时间；单位为 0.1s
4	MD14510 [22]	DB4500. DBW44	设定换刀监控时间，单位为 0.1s

2. 霍尔元件刀架换刀过程相关的 PLC 程序

在 SINUMERIK 808D 车削版数控系统的标准 PLC 程序中，子程序块 51 用于刀位传感器为霍尔元件刀架控制，PLC 主要的控制作用是对刀架电动机的控制，结合图 4-45 中所示的霍尔元件刀架换刀时序示例，可以大致地将霍尔元件刀架换刀过程中的基本控制逻辑和控制流程分为以下几个步骤：

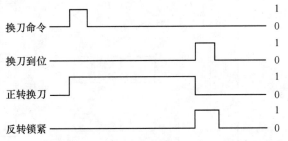

1）PLC 接收换刀指令，并确认指令正确。

2）PLC 控制刀架电动机正转，寻找目标刀具。

图 4-45　霍尔元件刀架换刀时序示例图

3）目标刀具找到后，会返回一个信号给 PLC，PLC 接收到信号后，控制刀架电动机反转锁紧。

同时，SINUMERIK 808D 数控系统标准 PLC 程序块中还需要对霍尔元件刀架的相关监控数据进行设定：

1）反转锁紧时间：一般来说，反转锁紧时间的最大值应不超过 3s，以防止刀架电动机损坏；同时其最小值应不小于 0.5s，以保证刀架有足够的时间完成反转锁紧的工作过程。

2）换刀动作监控时间：可设置范围为 3～20s，如果在监控时间内没有完成换刀动作，则 PLC 会在通过系统输出相应的报警信息。

在图 4-46 中给出 SINUMERIK 808D 数控系统使用霍尔元件刀架的整体换刀过程中，以及 PLC 程序相应处理的接口信号，以帮助读者加深对霍尔元件刀架换刀过程的理解。

3. 使用 T. S. M 功能及 MCP 换刀键进行换刀

在 SINUMERIK 808D 数控系统中，关于换刀指令的激活，主要可以分为三种方式：

1）在自动方式或者 MDA 方式下，编程 T 指令启动换刀动作。在自动方式或者 MDA 方式下，编程 T 指令进行换刀的使用比较普遍，本书在此不再赘述。

2）在手动方式下，使用 T. S. M 功能进行换刀。

在本质上，T. S. M 功能的使用可以理解为：通过手动方式执行 PLC 程序中的相应子程序控制块，进而调用预置的异步子程序，从而依靠系统执行异步子程序中的 T 指令完成换刀过程。

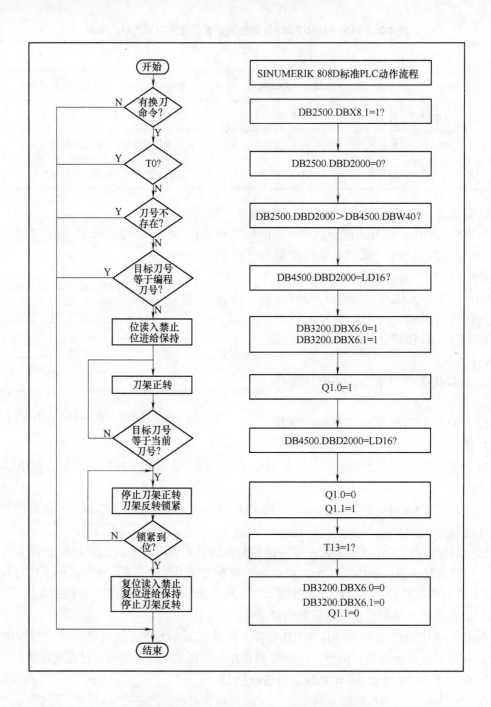

图 4-46 霍尔元件刀架换刀 PLC 程序动作流程图

3）在手动方式下，使用 MCP（机床操作面板）上的换刀键启动换刀动作。

通过 MCP 上的换刀键启动换刀动作纯属 PLC 动作，每次使刀架转一个刀位，PLC 程序控制换刀过程完成后，需要执行异步子程序 1，告知 NCK 当前的刀具号。具体的异步子程序 1 程序段参见表 4-27。

表 4-27 手动换刀异步子程序 1 程序段

程序段号	程序内容	重要程序段解说
N10	DEF INT _T	定义变量_T
N20	SBLOF	
N30	_T = $ A_DBD[12]	将当前刀号存入变量_T 中
N40	IF _T == 0	
N50	T0	
N60	GOTOF ER1	
N70	ENDIF	
N80	IF $ P_TOOLEXIST[_T]	判断相应刀具号是否在刀具列表中创建
N90	T = _T	
N100	ELSE	
N110	MSG("刀具 T" << _T << " 未定义!")	
N120	G4 F5	
N130	MSG("")	
N140	T0	
N150	ENDIF	
N160	ER1:	
N170	SBLON	
N180	M17	

执行该异步子程序前,首先需要将当前刀号送到 DB4900. DBB12 中（DB4900. DDB12 中的数值与 $ A_DBD[12]中数值一致）,在程序执行到 T = _T,即 T = 当前刀号时,系统发出刀号改变指令,但由于当前刀号与目标刀号一致,PLC 不执行任何动作,这样就完成了通过 MCP 换刀,系统依然能够刷新刀补,避免程序运行时撞刀。

使用 MCP 进行换刀,系统必须已回参考点,否则换刀完成后不能自动刷新刀补。若需要在未回参考点的状态下也能自动刷新刀补,则需修改机床参数 MD11602,其参数各位的具体意义如下:

1）位 0:该位置位为 1 时,则即便有停止条件,仍然能够启动异步子程序。

2）位 1:该位置位为 1 时,则即便有轴未回参考点,仍然可以启动异步子程序。

3）位 2:该位置位为 1 时,则即便有读入禁止,仍然可以启动异步子程序。

4）位 3 至位 15:保留未用。

对于车床而言,可以设置 MD11602 = 7H,使得手动换刀完成后,即便系统未回参考点或者有读入禁止命令,系统依然能够自动刷新刀补,从而保证手动换刀后,系统上的当前刀号与刀架上的当前刀号保持一致性。

4.5.5 铣床对斗笠盘式刀库的控制

在铣床应用中,刀库的调试与使用是一个普遍的难点和重点,对于实际应用而言,一般根据换刀方式的不同,将刀库分为固定刀库和随机刀库:

（1）固定刀库

刀具号和刀座号之间的关系不会随着刀具的交换而改变，而一直保持一一对应关系的刀库称为固定刀库，斗笠盘式刀库就是这种刀库。

对于固定刀库，因为刀具号和刀座号是一致的，因此可以将程序中目标刀具号与当前位置的刀座号进行比较计算，得出相应的旋转刀位数和旋转方向，驱动刀库电动机旋转，就近找到目标刀座号。

在当前位置的刀座号和目标刀具号一致时，刀库电动机停止旋转并与主轴进行刀具交换。

（2）随机刀库

刀具号和刀座号之间的关系随着刀具的交换而改变，需要刀具表来记录刀具号和刀座号之间对应关系的刀库称为随机刀库，带机械手的刀库就是这种刀库。

对于随机刀库，因为刀具号和刀座号是随机安排的，因此在程序中给出目标刀具号后，首先要根据刀具表中所记录的刀具号和刀座号的对应关系找出目标刀具号所对应的刀座号，进而将目标刀具的刀座号与当前位置的刀座号进行比较计算，得出旋转刀位数和旋转方向，驱动刀库电动机旋转，就近找到目标刀座号。

在当前位置的刀座号和目标刀具的刀座号一致时，刀库电动机停止旋转并与主轴进行刀具交换。同时，刀具交换完成后还需要更新刀具表上的主轴刀具号和当前刀座位置上的刀具号，从而完成整个随机换刀时序。

在本小节中，针对 SINUMERIK 808D 数控系统标准 PLC 程序中对斗笠盘式刀库的控制，从 PLC 程序的逻辑动作及相关宏程序两方面，进行重点介绍和说明。

1. 斗笠盘式刀库控制中 PLC 程序逻辑动作

SINUMERIK 808D 数控系统标准 PLC 程序中对斗笠盘式刀库的控制，其基本的动作过程可以分解为三个基本动作：

（1）取刀

执行取刀动作的前提条件是主轴上没有刀具，通过取刀动作，将目标刀具由刀库取到主轴上来。在表 4-29 中给出了基本的取刀步骤。

（2）还刀

执行还刀动作的前提条件是主轴上有刀具，通过还刀动作，将主轴上的刀具还回刀库对应的位置上。在表 4-30 中给出了基本的还刀步骤。

（3）换刀

执行换刀动作的前提条件是主轴上有刀具，通过换刀动作，先将主轴上的刀具还回刀库对应的位置上，再将目标刀具由刀库取到主轴上来。

对于换刀动作的具体步骤，可以理解为是取刀动作和还刀动作的组合，基本的动作逻辑可以这样理解：执行还刀动作过程→执行取刀动作过程→换刀完成。

同时，在使用 SINUMERIK 808D 数控系统的标准 PLC 程序执行斗笠盘式刀库的换刀动作时，还需要根据实际情况对相关的机床参数进行设置。在表 4-28 中，对换刀过程中需要使用到的机床数据进行简要的描述和介绍。

此外，需要注意的是，在编写斗笠盘式刀库换刀相关的 PLC 程序时，还要考虑如下安全联锁：

1）主轴未静止时，主轴禁止松刀；主轴准停未到位时，刀库禁止移动到换刀位。

表 4-28　斗笠盘式刀库换刀过程相关机床数据及 PLC 变量一览表

序　号	机床数据	设定值	参数说明
1	MD10715	6	M06 调用换刀宏程序
2	MD10716	*	宏程序文件名，如 DISK_ MGZ
3	MD22550	1	使用 M 代码激活刀补
4	MD22560	206	使用 M206 激活刀补
5	MD14510 ［20］	*	刀盘最大刀位数
6	MD14514 ［1］	*	Z 轴换刀准备位
7	MD14514 ［2］	*	Z 轴换刀位
8	MD14514 ［3］	*	Z 轴抓刀速度
9	MD14514 ［4］	*	Z 轴取刀速度
10	DB4900. DBW20	*	PLC 当前刀套号送到 NC
11	DB4900. DBW22	*	目标刀套号送到 PLC
12	DB4900. DBW24	1	刀库刀盘正转
		2	刀库刀盘反转
13	DB4900. DBB0	1	主轴准停到位
		0	主轴准停未到位

2）主轴未紧刀到位时，主轴禁止旋转，且刀库禁止退回原始位。

3）主轴松刀未到位时，Z 轴禁止移动。

4）Z 轴不在换刀准备位时，刀盘禁止旋转；Z 轴在换刀位时，主轴禁止旋转。

5）刀盘旋转未停止时，Z 轴禁止向下移动。

如前文所提，在表 4-29 中，给出了斗笠盘式刀库在进行取刀动作时，所需要执行的基本步骤及相应的逻辑过程。

表 4-29　斗笠盘式刀库取刀动作基本步骤

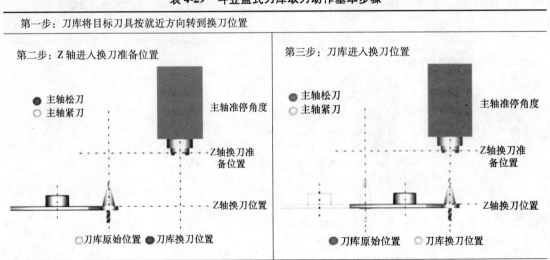

第一步：刀库将目标刀具按就近方向转到换刀位置

第二步：Z 轴进入换刀准备位置　　　　　　第三步：刀库进入换刀位置

（续）

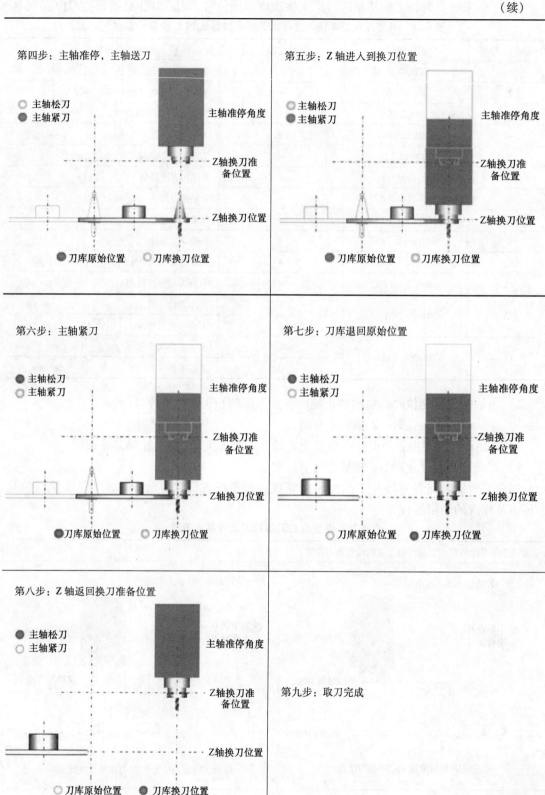

第四步：主轴准停，主轴送刀

○ 主轴松刀
● 主轴紧刀

主轴准停角度

Z轴换刀准
备位置

Z轴换刀位置

● 刀库原始位置　○ 刀库换刀位置

第五步：Z轴进入到换刀位置

○ 主轴松刀
● 主轴紧刀

主轴准停角度

Z轴换刀准
备位置

Z轴换刀位置

● 刀库原始位置　○ 刀库换刀位置

第六步：主轴紧刀

● 主轴松刀
○ 主轴紧刀

主轴准停角度

Z轴换刀准
备位置

Z轴换刀位置

● 刀库原始位置　○ 刀库换刀位置

第七步：刀库退回原始位置

● 主轴松刀
○ 主轴紧刀

主轴准停角度

Z轴换刀准
备位置

Z轴换刀位置

○ 刀库原始位置　● 刀库换刀位置

第八步：Z轴返回换刀准备位置

● 主轴松刀
○ 主轴紧刀

主轴准停角度

Z轴换刀准
备位置

Z轴换刀位置

○ 刀库原始位置　● 刀库换刀位置

第九步：取刀完成

如前文所提，在表 4-30 中，给出了斗笠盘式刀库，在进行还刀动作时，所需要执行的基本步骤及相应逻辑过程。

表 4-30 斗笠盘式刀库还刀动作基本步骤

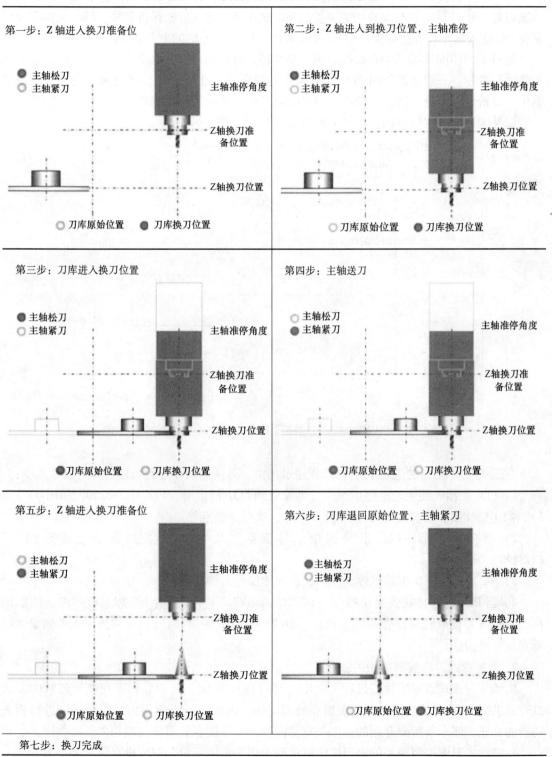

第一步：Z 轴进入换刀准备位

第二步：Z 轴进入到换刀位置，主轴准停

第三步：刀库进入换刀位置

第四步：主轴送刀

第五步：Z 轴进入换刀准备位

第六步：刀库退回原始位置，主轴紧刀

第七步：换刀完成

从以上过程中可以看出，斗笠式刀库的换刀（包括取刀及还刀）需要轴的移动和 PLC 动作相互结合共同进行刀库控制，即 M 指令和 G 指令的结合。

PLC 程序在整个换刀过程中除了控制刀库的正反转、刀库的前进与后退、松刀阀的松刀与紧刀外，还需要在 PLC 动作的时候置位 NC 读入禁止和进给轴保持信号，PLC 动作完成后复位 NC 读入禁止和进给轴保持信号，NC 程序主要控制 Z 轴的上升和下降。

而对于 SINUMERIK 808D 数控系统主轴准停，可以通过 NC 程序控制，也可以通过 PLC 程序进行控制。一般建议使用 PLC 程序控制主轴准停，准停角度直接记录在主轴伺服驱动器中，以避免模拟量主轴在准停过程中可能出现的模拟量干扰或漂移。

以某国产伺服主轴为例，其 PLC 程序控制样例如图 4-47 所示。

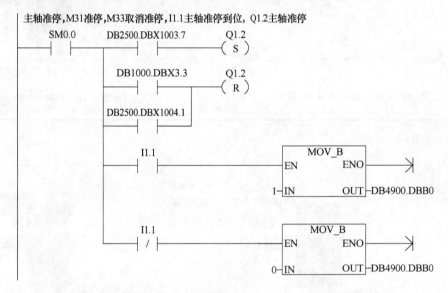

图 4-47　SINUMERIK 808D 数控系统中 PLC 控制主轴准停程序示例

在图 4-47 中给出的主轴准停 PLC 程序示例中，具体的动作过程可以分解为以下几步：

1）PLC 在接收到主轴准停指令后（即读取到 M31 指令时，PLC 中 DB2500. DB1003. 7 = 1），向主轴伺服驱动器发送命令（Q1. 2 = 1），执行主轴准停。

2）准停到位后，PLC 准停到位信号激活（I1. 1 = 1）并将该信息传送到 NC（DB4900. DBB0 = 1）。

3）NC 加工程序在主轴准停到位后，会继续执行后续动作。

4）当 PLC 程序接收到复位指令（DB1000. DBX3. 3 = 1）或者 NC 加工程序发送的取消准停指令（即读取到 M33 指令时，PLC 中 DB2500. DB1004. 1 = 1）后，取消向主轴伺服驱动器发送准停指令。

2. 斗笠盘式刀库控制中相关宏程序

由于斗笠盘式刀库的换刀过程完全依靠 PLC 程序实现，而 PLC 程序在使用过程中无法处理到系统 NCK 相关的一些判断逻辑和处理动作。因此，需要使用相应的宏程序进行相关功能的补充，即本节所要介绍的第二个重要内容，即斗笠盘式刀库控制相关的宏程序。

斗笠盘式刀库控制相关的宏程序中所用到的相关系统变量及对应设定值见表 4-31。

表 4-31　斗笠盘式刀库控制相关的宏程序系统变量及设定值一览表

序号	系统变量	设定值	系统变量含义说明
1	MAG_SP = 21	21	刀库换刀位命令
2	MAG_ORG = 22	22	刀库原始位命令
3	T_CLAMP = 25	25	主轴紧刀命令
4	T_RELEASE = 26	26	主轴松刀命令
5	MAX_TOOL_MGZ = $ MN_USER_DATA_INT[20]	*	刀库最大刀位数
6	HALF_MAX_TOOL = MAX_TOOL_MGZ/2	*	刀库最大刀位数的一半
7	$ P_ISTEST	—	程序测试状态,布尔量
8	$ P_SEARCH	—	程序搜索运行状态,布尔量
9	$ P_SEARCHL	1	不带计算的搜索
		2	带计算到轮廓的搜索
		4	带计算到终点的搜索
10	$ P_TOOLNO	—	主轴刀套内的刀具号
11	$ P_TOOLP	—	编程刀具号
12	$ C_T		编程刀具号 当程序代码 T 调用 MD10717 定义的换刀循环时, $ P_TOOLP 无效, $ C_T 表示编程刀具号
13	$ TC_DP1[刀具号,1]	*	刀具类型
14	$ TC_DP3[刀具号,1]	*	刀具长度 1
15	$ TC_DP6[刀具号,1]	*	刀具半径
16	$ TC_DP12[刀具号,1]	*	刀具磨损:长度 1 方向
17	$ TC_DP15[刀具号,1]	*	刀具磨损:半径方向
18	$ TC_DP24[刀具号,1]	—	刀具尺寸:0 表示正常,1 表示过大
19	$ TC_DP25[刀具号,1]	*	刀套号
20	_TM[n]	*	全局用户变量(整数型)GUD,n = 1,2,3…
21	_TM[6]	*	默认使用该变量存储编程刀具号 $ P_TOOLP,可参见表 4-31 中段 N110
22	_TM[7]	*	系统通过当前状态自动对该值赋值 判断系统是否保存刀具号:0 为未保存,1 为保存(表 4-31 中段 N20 和 N100)
23	_TM[8]	*	用于存储系统所保存的刀具号。具体可参见表 4-31 中段 N30 和 N120
24	_TM[10]	*	将_TM[10]赋值为 1 时,为保存程序搜索功能。见表 4-31 读取_TM[10]状态为 1 的时候,将退出程序搜索功能。表 4-31
25	_ZSFR[n]	*	全局用户变量(浮点数型)GUD,n = 1,2,3…

在实际应用中，斗笠盘式刀库控制相关的宏程序又可根据具体实现目的的不同分为两类：

（1）宏程序实现斗笠盘式刀库换刀过程中的程序测试及程序搜索相关状态

对于 SINUMERIK 808D 数控系统而言，斗笠盘式刀库的换刀过程完全依靠 PLC 实现，不受 NCK 的控制，这就可能导致在某些特定的模式下，需要使 NCK 与 PLC 相互配合，输出完整的斗笠盘式刀库换刀信息却无法实现，从而给后续的加工操作造成不良影响。

具体到 SINUMERIK 808D 数控系统功能而言，当系统切换在"程序测试"或"程序搜索"的状态下时，需要通过宏程序，将斗笠盘式刀库换刀的 PLC 程序动作与 NCK 处理 NC 加工程序段相互结合起来，实现该模式下的特殊功能和要求：

1）程序测序模式下：在该模式下，即使读到 M 代码的换刀指令，也不执行换刀，但是相关的刀号显示需要刷新。

2）程序搜索模式下：在该模式下，根据选择的需要进行相关的换刀和激活刀补的操作。

为了实现这一需要，在确保斗笠盘式刀库换刀 PLC 程序正确的基础上，可以配合使用表 4-31 中给出的宏程序示例。

需要注意的是，在实际应用中，无论是否使用 SINUMERIK 808D 数控系统的标准 PLC 程序，只要程序中所使用到的相关参数未被占用，则可以直接使用表 4-32 所给出的宏程序示例，无需修改。

表 4-32 斗笠盘式刀库程序测试及程序搜索宏程序示例

程序段号	程序内容	重要程序段解释
在程序测试状态下，可以通过编写 NC 宏程序，使在程序测试过程中不执行换刀		
N10	IF ＄ P_ ISTEST ==1	当激活程序测试状态激活时
N20	IF _ TM [7] ==0	当系统中未保存刀具号时
N30	_ TM [8] = ＄ P_ TOOLNO	将当前主轴上的刀具号存入变量_ TM [8] 中
N40	_ TM [7] =1	赋值_ TM [7] =1，标识在系统中保存刀具号操作已完成
N50	ENDIF	标志 N20 段开始的 IF 判断结束
N60	T = ＄ P_ TOOLP	将编程刀号写入 T 中
N70	M206	激活刀具参数
N80	RET	
N90	ELSE	
N100	IF _ TM [7] ==1	当系统中已保存刀具号时
N110	_ TM [6] = ＄ P_ TOOLP	将编程刀具号写入变量_ TM [6] 中
N120	T =_ TM [8]	将所保存的刀具号写入 T 中
N130	_ TM [7] =0	
N140	M206	激活刀具相关参数
N150	T =_ TM [6]	将编程刀具号写入 T 中
N160	ENDIF	标志 N100 段开始的 IF 判断结束
N170	ENDIF	标志 N10 段开始的 IF 判断结束

（续）

程序段号	程序内容	重要程序段解释
在执行程序段搜索时，也希望能够根据需要进行换刀和激活刀补，样例程序如下所示		
N180	IF $ P_ SEARCH < >0	当激活程序段搜索时
N190	_ TM [10] =1	保持程序搜索功能
N200	STOPRE	
N210	RET	
N220	ENDIF	
执行完程序段搜索后，需要执行下列 NC 程序激活刀补，如下所示		
N230	IF _ TM [10] ==1	若_ TM [10] 值为1，则退出程序搜索功能
N240	T = $ P_ TOOLP	将编程刀号写入 T 中
N250	_ TM [10] =0	将_ TM [10] 赋值为0，清空该参数，为下次使用做准备
N260	ENDIF	

（2）宏程序实现斗笠盘式刀库的就近换刀功能

在斗笠盘式刀库的换刀控制中，PLC 只能确保正确而有效的执行换刀需求，但是无法确定最优化的换刀方式，因此需要借助相关宏程序辅助，实现换刀过程的优化，即斗笠盘式刀库的就近换刀功能。

所谓斗笠盘式刀库的就近换刀功能，就是利用斗笠盘式刀库的刀盘可以正转和反转的特性，使其在寻找目标刀套时能够根据实际需要决定转动方向，就近寻找目标刀套。

在图4-48 中，给出斗笠盘式刀库进行就近换刀功能的刀盘控制逻辑流程图。

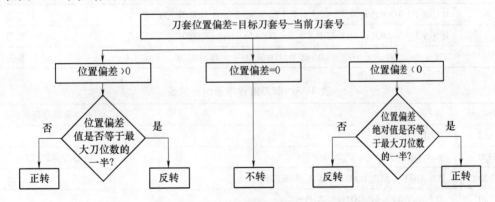

图4-48　斗笠盘式刀库就近换刀功能的刀盘控制逻辑流程图

需要注意：取刀动作和还刀动作在执行时，对应图4-48 提及的目标刀套是不一样的。

1）执行还刀动作时，其目标刀套为主轴刀具对应的刀套。

2）执行取刀动作时，其目标刀套为编程刀具对应的刀套。

但不论是还刀动作还是取刀动作，其当前刀套均为刀盘对应主轴的刀号。同时，执行取刀动作和还刀动作时，刀盘最多仅需旋转一次；而执行换刀动作时，刀盘则最多需要旋转两次。

基于以上功能要求，需要通过宏程序和 NC 加工程序进行辅助 PLC 程序，确定换刀时刀盘的旋转方向（正转或反转），从而实现就近换刀的功能。

配合图 4-48 中的刀盘控制逻辑流程图，在表 4-33 中以配备有 8 把刀的斗笠盘式刀库为例，说明就近换刀功能下执行换刀时，刀盘的正反转情况。

表 4-33　斗笠盘式刀库刀盘旋转方向示例图

		目标刀套号							
		T1	T2	T3	T4	T5	T6	T7	T8
当前刀套号	T1	—	正转	正转	正转	正转	反转	反转	反转
	T2	反转	—	正转	正转	正转	正转	反转	反转
	T3	反转	反转	—	正转	正转	正转	正转	反转
	T4	反转	反转	反转	—	正转	正转	正转	正转
	T5	正转	反转	反转	反转	—	正转	正转	正转
	T6	正转	正转	反转	反转	反转	—	正转	正转
	T7	正转	正转	正转	反转	反转	反转	—	正转
	T8	正转	正转	正转	正转	反转	反转	反转	—

此外，在宏程序的应用中，首先需要执行判断宏程序，判断主轴上是否有刀以及编程刀号是否为 0；进而根据判断结果来决定执行动作应为取刀、还刀或者是换刀，从而执行对应的宏程序。

在表 4-34、表 4-35、表 4-36 及表 4-37 中，给出了基于 SINUMERIK 808D 数控系统标准 PLC 程序的相关的宏程序程序段示例，帮助读者加深对应宏程序在就近换刀功能中应用的理解，为实际应用提供参考依据。

表 4-34　判断宏程序示例一览表

IF ($ P_ TOOLP ==0) AND ($ P_ TOOLNO < >0) GOTOF _ RET_ T	还刀
IF ($ P_ TOOLP < >0) AND ($ P_ TOOLNO ==0) GOTOF _ GET_ T	取刀
IF ($ P_ TOOLP < >0) AND ($ P_ TOOLNO < >0) GOTOF _ EXC_ T	换刀

表 4-35　取刀宏程序示例一览表

程序段号	程序内容	重要程序段解释
N10	_GET_T:	
N20	$ A_DBW[22] = $ P_TOOLP	刀库移动到取刀刀套
N30	POS_DIFF = $ P_TOOLP − $ A_DBW[20]	
N40	IF POS_DIFF ==0 GOTOF _Z_POS3	
N50	IF (((POS_DIFF >0) AND (POS_DIFF < = HALF_MAX_TOOL)) OR ((POS_DIFF <0) AND (POS_DIFF < − HALF_MAX_TOOL)))	
N60	GOTOF _MAG_P3	
N70	IF (((POS_DIFF >0) AND (POS_DIFF > = HALF_MAX_TOOL)) OR ((POS_DIFF <0) AND (POS_DIFF > − HALF_MAX_TOOL)))	
N80	GOTOF _MAG_N3	
N90	_MAG_P3:	
N100	$ A_DBB[24] =1	

（续）

程序段号	程序内容	重要程序段解释
N110	GOTOF _Z_POS3	
N120	_MAG_N3：	
N130	$ A_DBB[24] = 2	
N140	_Z_POS3：	
N150	G90 G01	
N160	F = $ MN_USER_DATA_FLOAT[4]	取刀速度
N170	SUPA G1 Z = $ MN_USER_DATA_FLOAT[1]	Z 轴移动到换刀准备位
N180	M31	主轴准停
N190	WAIT1：	
N200	IF $ A_DBB[0] == 0 GOTOB WAIT1	等待主轴准停到位
N210	M = MAG_SP	刀库移动到换刀位
N220	M = T_RELEASE	主轴松刀
N230	F = $ MN_USER_DATA_FLOAT[3]	抓刀速度
N240	SUPA G1 Z = $ MN_USER_DATA_FLOAT[2]	Z 轴移动到换刀位
N250	M = T_CLAMP	主轴紧刀
N260	M = MAG_ORG	刀库移动到原始位
N270	F = $ MN_USER_DATA_FLOAT[4]	取刀速度
N280	SUPA G1 Z = $ MN_USER_DATA_FLOAT[1]	Z 轴移动到换刀准备位
N290	T = $ P_TOOLP	
N300	M206	激活刀补
N310	M33	取消主轴准停

表 4-36　还刀宏程序示例一览表

程序段号	程序内容	重要程序段解释
N10	_RET_T：	
N20	$ A_DBW[22] = $ P_TOOLNO	刀库移动到还刀刀套
N30	POS_DIFF = $ P_TOOLNO – $ A_DBW[20]	
N40	IF POS_DIFF ==0 GOTOF _Z_POS	
N50	IF (((POS_DIFF >0) AND (POS_DIFF < = HALF_MAX_TOOL)) OR ((POS_DIFF <0) AND (POS_DIFF < – HALF_MAX_TOOL)))	
N60	GOTOF _MAG_P	
N70	IF (((POS_DIFF >0) AND (POS_DIFF > = HALF_MAX_TOOL)) OR ((POS_DIFF <0) AND (POS_DIFF > – HALF_MAX_TOOL)))	
N80	GOTOF _MAG_N	
N90	_MAG_P：	
N100	$ A_DBB[24] =1	
N110	GOTOF _Z_POS	

（续）

程序段号	程序内容	重要程序段解释
N120	_MAG_N:	
N130	$ A_DBB[24] = 2	
N140	_Z_POS:	
N150	G90 G01	
N160	F = $ MN_USER_DATA_FLOAT[4]	取刀速度
N170	SUPA Z = $ MN_USER_DATA_FLOAT[1]	Z轴移动到换刀准备位
N180	M31	主轴准停
N190	WAIT2:	
N200	IF $ A_DBB[0] == 0 GOTOB WAIT2	等待主轴准停到位
N210	F = $ MN_USER_DATA_FLOAT[3]	抓刀速度
N220	SUPA G1 Z = $ MN_USER_DATA_FLOAT[2]	Z轴移动到换刀位
N230	M = MAG_SP	刀库移动到换刀位
N240	M = T_RELEASE	主轴松刀
N250	G4 F1	
N260	F = $ MN_USER_DATA_FLOAT[4]	取刀速度
N270	SUPA G1 Z = $ MN_USER_DATA_FLOAT[1]	Z轴移动到换刀准备位
N280	T0 M206	激活刀补
N290	M = MAG_ORG	刀库移动到原始位
N300	M = T_CLAMP	主轴紧刀
N310	M33	取消主轴准停

表4-37　换刀宏程序示例一览表

程序段号	程序内容	重要程序段解释
N10	_EXC_T:	
N20	$ A_DBW[22] = $ P_TOOLNO	刀库移动到还刀刀套
N30	POS_DIFF = $ P_TOOLNO − $ A_DBW[20]	
N40	IF POS_DIFF == 0 GOTOF _Z_POS1	
N50	IF (((POS_DIFF > 0) AND (POS_DIFF < = HALF_MAX_TOOL)) OR ((POS_DIFF < 0) AND (POS_DIFF < − HALF_MAX_TOOL)))	
N60	GOTOF _MAG_P1	
N70	IF (((POS_DIFF > 0) AND (POS_DIFF > = HALF_MAX_TOOL)) OR ((POS_DIFF < 0) AND (POS_DIFF > − HALF_MAX_TOOL)))	
N80	GOTOF _MAG_N1	
N90	_MAG_P1:	
N100	$ A_DBB[24] = 1	
N110	GOTOF _Z_POS1	
N120	_MAG_N1:	

（续）

程序段号	程序内容	重要程序段解释
N130	＄ A_DBB［24］＝2	
N140	_Z_POS1：	
N150	G90 G01	
N160	F = ＄ MN_USER_DATA_FLOAT［4］	取刀速度
N170	SUPA Z = ＄ MN_USER_DATA_FLOAT［1］	Z 轴移动到换刀准备位
N180	M31	主轴准停
N190	WAIT2：	
N200	IF ＄ A_DBB［0］ == 0 GOTOB WAIT2	等待主轴准停到位
N210	F = ＄ MN_USER_DATA_FLOAT［3］	抓刀速度
N220	SUPA G1 Z = ＄ MN_USER_DATA_FLOAT［2］	Z 轴移动到换刀位
N230	M = MAG_SP	刀库移动到换刀位
N240	M = T_RELEASE	主轴松刀
N250	G4 F1	
N260	F = ＄ MN_USER_DATA_FLOAT［4］	取刀速度
N270	SUPA G1 Z = ＄ MN_USER_DATA_FLOAT［1］	Z 轴移动到换刀准备位
N280	＄ A_DBW［22］ = ＄ P_TOOLP	刀库移动到取刀刀套
N290	POS_DIFF = ＄ P_TOOLP － ＄ A_DBW［20］	
N300	IF POS_DIFF ==0 GOTOF _Z_POS2	
N310	IF （（（POS_DIFF >0） AND （POS_DIFF < = HALF_MAX_TOOL）） OR （（POS_DIFF <0）　AND （POS_DIFF < － HALF_MAX_TOOL）)）	
N320	GOTOF _MAG_P2	
N330	IF （（（POS_DIFF >0） AND （POS_DIFF > = HALF_MAX_TOOL）） OR （（POS_DIFF <0）　AND （POS_DIFF > － HALF_MAX_TOOL）)）	
N340	GOTOF _MAG_N2	
N350	_MAG_P2：	
N360	＄ A_DBB［24］＝1	
N370	GOTOF _Z_POS2	
N380	_MAG_N2：	
N390	＄ A_DBB［24］＝2	
N400	G4 F1	
N410	_Z_POS2：	
N420	F = ＄ MN_USER_DATA_FLOAT［3］	抓刀速度
N430	SUPA G1 Z = ＄ MN_USER_DATA_FLOAT［2］	Z 轴移动到换刀位
N440	M = T_CLAMP	主轴紧刀
N450	M = MAG_ORG	刀库移动到原始位
N460	F = ＄ MN_USER_DATA_FLOAT［4］	取刀速度

（续）

程序段号	程序内容	重要程序段解释
N470	SUPA G1 Z = $ MN_USER_DATA_FLOAT[1]	Z轴移动到换刀准备位
N480	T = $ P_TOOLP M206	激活刀补
N490	M33	取消主轴准停

同时,基于 SINUMERIK 808D 数控系统中的标准 PLC 程序,配合表 4-37 中给出的斗笠盘式刀库换刀宏程序,给出图 4-49 中所示的换刀宏程序流程图,帮助读者加深对此部分的理解。

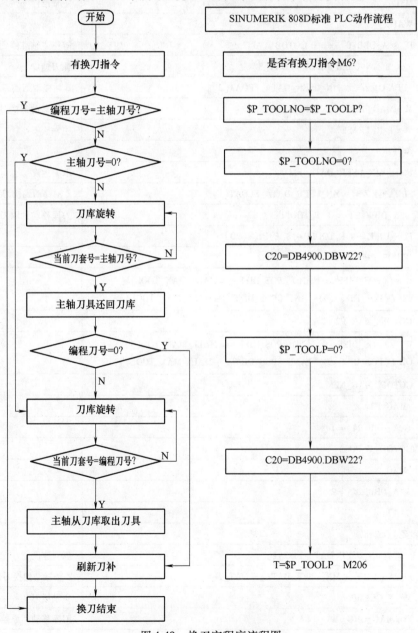

图 4-49　换刀宏程序流程图

第5章 系统数据调试

本章导读：

在完成了 PLC 程序的修正之后，就可以进行机床的调试环节了。所谓机床调试环节，主要是结合实际的应用需要，对数控系统内可以控制机床运行特性的机床参数进行正确的设置和调整，以确保机床可以正常而稳定的进行工作。

机床参数主要包括通信接口参数、伺服控制轴参数、行程限位参数、坐标系参数、进给与伺服电动机参数、显示与编辑参数、螺距误差补偿参数、刀具补偿参数、主轴参数、编程参数等，总体来说，按参数本身的性质大致分为两类：

(1) 普通型参数

在 CNC 制造厂家提供的资料上介绍的参数均可视为普通型参数。这类参数只要按照资料上的说明搞清含义，就可以进行正确、灵活的应用。对西门子 SINUMERIK 808D 数控系统而言，权限口令不同，所显示的参数种类也不同，相关参数是否可见或可更改所需要的口令也不一样，因此在需要更改相关参数前，需要设定相关的权限口令。

(2) 保密级参数

保密级参数是指数控系统的生产厂家在各类公开发行的资料中未做具体介绍，只是在随机床所附带的参数表中标定了初始设定值的一部分参数。如果这类参数发生改变，系统相关功能将不能使用。因此，不建议使用者自行修改，如果需要修改，也应寻求相关厂家的专业人员进行调整、修改。

在本章中，将结合 SINUMERIK 808D 数控系统的调试工作，介绍相应的调试流程以及所涉及的重要机床参数。

总体来说，本章主要介绍三部分内容，第 5.1 节主要介绍使用者在调试 SINUMERIK 808D 数控系统之前应需要了解的内容、准备工作及相应的注意事项；第 5.2 节主要介绍结合 SINUMERIK 808D 数控系统的具体情况，对手动调试该系统时所用到的基本参数和调整步骤；第 5.3 节介绍使用 SINUMERIK 808D 数控系统中所特有的向导功能进行系统调试的操作步骤和注意事项。

5.1 调试前准备

在实际的工作中，为了确保调试过程的安全性，以及后续调试工作的顺畅性，我们通常需要在调试之前做好充分的准备工作。一般来说，调试前的准备工作主要包括机床通电以及系统口令权限设置两方面内容。

5.1.1 机床通电

在机床通电之前，首先应核对和检查全部电气连接部分是否完好，务必确保所有接线是按照电气设计的相关规定正确、合理地进行连接的，并且线路完好，绝缘保护及接地保护完善，无接线短路等情况。

在确认接线正确无误后，就可以对西门子 SINUMERIK 808D 数控系统进行通电操作了。在通电时，应注意观察 SINUMERIK 808D 数控系统及 SINAMICS V60 驱动器的通电初始化及运行状况。在实际的应用中，可以根据 SINUMERIK 808D 数控系统 PPU 上的 LED 指示灯以及西门子 SINAMICS V60 驱动器上的 LED 指示灯与 7 段数码管的实际颜色及状态，来判断系统和驱动是否处于正常状态。

1. 西门子 SINUMERIK 808D PPU 的 LED 指示灯

表 5-1 所示，在西门子 SINUMERIK 808D 数控系统的 PPU 上装有 3 个 LED 指示灯，分别对系统的电源状态、就绪状态以及温度状态进行监控和显示。在实际应用中，可以通过观察这 3 个 LED 指示灯所显示的颜色和状态，了解到 SINUMERIK 808D 数控系统当前所处的状态，从而进行相应的处理工作。

表 5-1　SINUMERIK 808D PPU 状态指示灯及相应含义示例

LED 指示灯	颜色	含义
电源	绿色	电源就绪
就绪	绿色	运行就绪状态
温度	黄色	温度超出限制范围

2. SINAMICS V60 驱动器的 LED 指示灯与 7 段数码管

与 SINUMERIK 808D 数控系统配套使用的 SINAMICS V60 驱动器上，也有相似的 LED 指示灯设计，具体的位置和大致含义可以参见图 5-1 中所示图例。

与 SINUMERIK 808D PPU 上的状态指示灯使用方式一样，图 5-1 中的 LED 指示灯也会根据 SINAMICS V60 驱动器实际运行状况，给出相应的指示信号，帮助我们进一步的判断和排查问题。在表 5-2 中列出驱动器上的 LED 可能出现的指示状态及所代表的含义。

除了 LED 指示灯可以为 SINAMICS V60 驱动器的运行状态提供参考依据之外，SINAMICS V60 驱动器上面的 7 段数码管同样可以根据实际的运行状况进行相应的提示，具体信息可参见表 5-3。

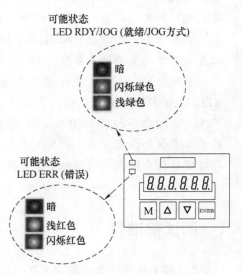

图 5-1　西门子 SINAMICS V60
驱动器的 LED 指示灯示例图

表 5-2　SINAMICS V60 驱动器的 LED 指示灯含义

状态 LED 1 指示灯	状态 LED 2 指示灯	说明	7 段数码管说明
RDY/JOG 绿色 LED	ERR 红色 LED	—	
暗	暗	无 DC 24V 输入/驱动器故障	暗
暗	以每秒 1 次频率进行闪烁	驱动器未就绪	当前状态
绿色	暗	驱动就绪	视当前菜单操作而定
暗	红色	驱动错误	报警代码
绿色	红色	初始化	显示 "8. 8. 8. 8. 8. 8."
以每秒 1 次频率闪烁	暗	运行方式 JOG	显示 "J-run"

表 5-3　SINAMICS V60 驱动器数码管状态显示含义一览表

状态显示	状态含义
8. 8. 8. 8. 8. 8	驱动自检。在自检过程中，将有此显示，持续时间约 1s
S-2	给驱动预充电（等待 220V 主电源）
S-3	等待来自接口 X6 处端子的 65 使能
S-4	等待来自接口 X5 处端子的 ENA + 和 ENA − 的脉冲使能
S-RUN	驱动正常运行
S-A01 至 S-A45	显示各种故障引起的报警号

5. 1. 2　口令设定

在完成通电确认之后，应根据实际的需要，在 SINUMERIK 808D 数控系统中设定相应的权限口令，为后续进行机床操作、机床数据的读取和设置等工作做好准备。

在西门子 SINUMERIK 808D 数控系统中有一个存取等级方案用来释放相关的数据区，可根据存取等级的不同，判断不同的使用对象，并决定系统显示不同的参数。详细信息可参见表 5-4。

表 5-4　SINUMERIK 808D 数控系统口令一览表

存取级别	默认口令	对应级别	目标使用人群
制造商	SUNRISE	1	OEM
用户	CUSTOMER	3 ~ 6	最终用户
未设置口令	—	7	最终用户

1. 口令级所对应的操作权限概述

从表 5-4 中可以看到，对于 SINUMERIK 808D 数控系统而言，系统的权限口令主要分为制造商、用户以及未设置三类，每一类都对应特定的使用人群。在系统开放到不同的口令权限时，所允许的操作也不完全相同。一般来说，系统默认的各级权限口令对应允许的操作权限可大致归纳如下：

（1）在未设置口令权限状态下，可以执行如下操作：

1）读取部分机床数据（不能修改）。

2）零件程序编辑。

3）设置偏置补偿值。

4）测量刀具。

5）调用 R 参数。

6）使用操作向导。

（2）在"用户"级别下，可以执行如下操作：

1）口令未设置状态下的全部操作。

2）输入或修改部分机床数据。

3）在线查看程序列表。

4）调用 HMI 自定义界面。

（3）在"制造商"级别下，可以执行如下操作：

1）在"用户"级口令下的全部操作。

2）在线查看 PLC 程序。

3）输入或修改所有机床数据（进行调试工作）。

除此之外，SINUMERIK 808D 数控系统还可以根据实际的应用需要，在制造商口令的权限下，对于某些功能区内的常用操作项所需要的权限口令级别进行修正。一般主要有以下几类：

1）刀具补偿及零点偏移。

2）设定数据。

3）RS-232 设定。

4）程序编制/程序修改。

2. 口令权限的设置方式

通过上述的介绍可知，根据实际使用需要选择开放合适的口令权限是十分必要的。而西门子 SINUMERIK 808D 数控系统出厂时，系统本身未设置口令，即处于口令权限未设置状态。需要我们根据实际的使用情况进行相应的权限设置，在表 5-5 中给出了具体的口令权限设定步骤。

表 5-5　SINUMERIK 808D 数控系统口令设置步骤

第一步：进入口令设置界面

在系统开机之后，同时按下 PPU 上的"上档"和"诊断"键进入右图所示界面

在该界面下，按下"设置口令"键，进入口令设置界面

 +

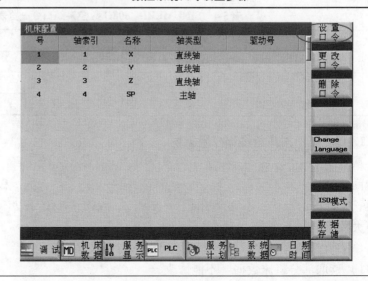

（续）

第二步：进行口令设置

如右图所示，根据实际应用需要，在弹出的对话框中输入相应的口令权限

口令设置完毕后，按下"接收"键激活设置

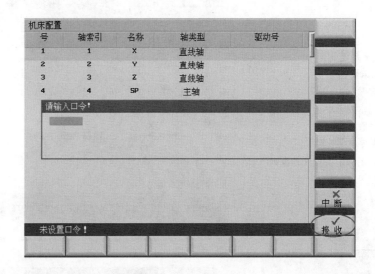

第三步：验证设置是否成功

如右图所示，设置口令完毕后，会在屏幕左下方显示当前的设定权限状态

（本文仅以设置"制造商"权限为例）

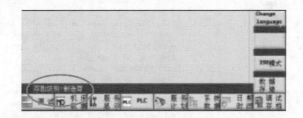

5.2　机床数据手动调试

在正确地完成调试前的准备工作之后，就可以开始机床的调试工作了。对于 SINUMERIK 808D 数控系统的调试工作而言，主要是设置和激活数控系统中机床运行的相关数据，从而使得数控系统及机床可以实现所预期的工作方式和工作效果。

在确保系统口令限权的存取等级设置为制造商（SUNRISE）级别前提下，可通过软键选择进入表 5-6 中所示的机床数据区，以便调试时对该数据区内的相关机床数据进行修改。

此外，当我们更改了表 5-6 中所示的机床数据后，还需要进一步地对其进行保存并激活。在 SINUMERIK 808D 数控系统中，共定义了 4 种激活条件，每个机床参数都有其对应的激活条件，激活条件在每个机床参数行的尾部进行标注，相应的说明如下：

表 5-6　SINUMERIK 808D 数控系统机床数据区示例

（＜系统＞操作区 – ＞
"机床数据" – ＞"基本
列表"）

基本列表中主要包含以
下参数：

基本机床数据

右图所示为进入专家列
表后界面

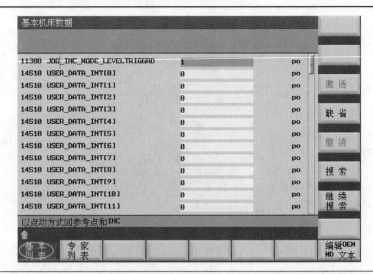

（＜系统＞操作区 – ＞
"机床数据" – ＞"专家
列表"）

专家列表中主要包含以
下参数：

通用机床数据

轴机床数据

通道机床数据

显示机床数据

右图所示为进入专家列
表后界面

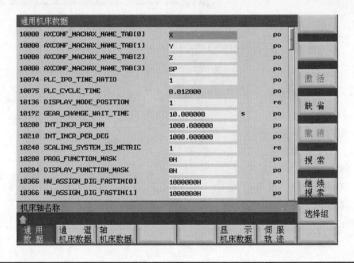

1）PO：上电（更改数据后，重新上电生效）。

2）RE：Reset（更改数据后，按复位键激活）。

3）CF：Config（更改数据后，按屏幕旁边的"激活"软键激活）。

4）IM：Immediate（更改数据并按下"输入"键之后，即刻激活生效）。

在了解上述的基本信息之后，就可以对 SINUMERIK 808D 数控系统中的重要机床参数进行设置。一般来说，SINUMERIK 808D 数控系统中需要设置的主要机床参数可分为以下几类：

1）进给轴参数。

2）主轴参数。

3）设置软限位。

4）设置反向间隙。

5）设置参考点。

5.2.1　设置进给轴基本参数

按照一般的调试习惯，首先应对数控系统的进给轴相关参数进行设置。对于 SINUMER-IK 808D 数控系统而言，主要的进给轴参数包括以下几类：

1）进给轴使能位置控制参数。

2）进给轴传动系统控制参数（丝杠螺距和齿轮比）。

3）进给轴移动方向控制参数。

4）进给轴轴速度和加速度控制参数。

5）进给轴位置环增益控制参数。

1. 进给轴使能位置控制参数

在 SINUMERIK 808D 控制系统出厂时的初始状态下，每个进给轴均为仿真轴。在此默认情况下，控制系统既不会产生输出至驱动端的指令，也不会从电动机端读取位置信号。只有根据表 5-7 中所给出的参数设定值激活进给轴的使能位置控制后，才使得进给轴进入运行状态。

表 5-7　SINUMERIK 808D 控制系统进给轴使能控制参数设置表

编号	名称	单位	设定值	说明
30130	CTRLOUT_TYPE	—	2	控制设定值输出类型
30240	ENC_TYPE	—	3	编码器反馈类型

在这个过程中，应引起注意的是：即使输出端子排 X200 没有接输出点，也需要将直流 24V 连接到 X200 的引脚 1，0V 连接到引脚 10。否则即使设定了使能位置控制参数，V60 驱动器使能信号仍然无法就绪。

2. 进给轴传动系统控制参数（丝杠螺距和齿轮比）

在进给轴使能的位置控制参数设定完毕之后，可以按照表 5-8 中所示参数，进一步对进给轴传动系统控制参数（主要为丝杠螺距和齿轮比）进行设置，以增强 SINUMERIK 808D 数控系统对于机床控制的准确性。

表 5-8　SINUMERIK 808D 数控系统进给轴传动系统参数设置表

编号	名称	单位	默认值	设定值	说明
31030	LEADSCREW_PITCH	mm	10	依据实际情况进行设定	丝杠螺距
31050	DRIVE_AX_RATIO_DENUM[0～5]	—	1	依据实际情况进行设定	丝杠端齿轮齿数（减速比分母）
31060	DRIVE_AX_RATIO_NOMERA[0～5]	—	1	依据实际情况进行设定	电动机端齿轮齿数（减速比分子）

机床各轴实际移动距离取决于各轴传动系统装置的参数设置，因此在实际应用中，我们必须正确地设置各轴丝杠螺距和齿轮比。

需要注意的是，不同的机械结构和机械部件的使用，使得 SINUMERIK 808D 数控系统的传动系统参数设置是多样化的。因此，传动系统参数的设定应根据实际的机械设计情况而定。

（1）丝杠螺距

丝杠螺距指的是丝杠上矩形螺纹的距离。如果设定错误，机床实际移动位移将与系统显示器显示位移不一致。

在实际的加工应用中，经常会出现工件加工质量不符合预期的情况。此时，核查系统内设置的丝杠螺距的准确性，是十分必要的故障排除手段之一。

（2）齿轮比

所谓齿轮比，是指当我们有两个或以上的齿轮在转动的时候，直径不同的齿轮结合在一起转动，直径大的齿轮转速自然会比直径小的齿轮转得慢一些。也就是说，齿轮的转速比例和齿轮直径大小成反比，这个比例称为齿轮比。

在图 5-2 中给出一个简单的齿轮比工作原理示例图，帮助读者加深对齿轮比的理解。

对于 SINUMERIK 808D 数控系统的进给轴而言，必须在齿轮比参数索引［0］处设定减速比。

对车床的齿轮减速比，31050［0］至 31050［5］中各参数的数值必须保持一致，同时 31060［0］至 31050［6］中各参数的数值也必须保持一致；否则在加工螺纹时会出现 NCK 报警 26050。

3. 进给轴移动方向控制参数

在实际应用中，由于机床用途及机械结构设计的不同，经常会使进给轴的方向发生变化。对于 SINUMERIK 808D 数控系统而言，如果进给轴的移动方向与机床定义的移动方向不一致，则可以通过修改表 5-9 中所示的进给轴移动方向控制参数，对进给轴的移动方向进行修改，以符合实际应用和设计的需要。

图 5-2　齿轮比工作原理示例图

表 5-9　进给轴移动方向控制参数

编号	名称	单位	设定值	说明
32100	AX_MOTION_DIR		1	电动机正转（出厂设置）
			−1	电动机反转

4. 进给轴轴速度和加速度控制参数

在正确地设定了进给轴的使能控制参数、传动系统控制参数以及方向控制参数之后，接下来就应该考虑设置进给轴的移动速度和起停过程中的加速度。合理地设置进给轴轴速度和加速度控制参数，不仅可以有效地帮助提高加工精度要求，还可以在一定程度上提高机床的安全性能。

对于 SINUMERIK 808D 数控系统而言，可以根据表 5-10 所给的进给轴轴速度和加速度控制参数，结合实际情况和需要进行相应的设置。

表 5-10　进给轴轴速度和加速度控制参数

编号	名称	单位	值	说明
32000	MAX_AX_VELO	mm/min	*	最大轴速度
32010	JOG_VELO_RAPID	mm/min	*	JOG 快速移动速度
32020	JOG_VELO	mm/min	*	JOG 点动速度

（续）

编号	名　称	单　位	值	说　明
32260	RATED_ VELO [0]	r/min	1900	额定电动机转速
36200	AX_ VELO_ LIMIT	mm/min	*	轴速度极限（一般应设为比 MD32000 大 10%）
32300	MAX_ AX_ ACCEL	m/s²	*	最大加速度（默认值：$1m/s^2$）

注：＊表示需要根据实际情况，自行选择合适的数值进行设置。

需要注意的是，SINUMERIK 808D 数控系统标配的 1FL5 各系列电动机的额定转速为 2000r/min，最大转速为 2200r/min。因此，在设置最大轴速度时要充分考虑电动机的转速限制和丝杠螺距。

此外，对于 MD36200 的设置应注意以下几点：

1）MD36200 的数值设置为高出最大轴速度 MD32000 数值的 10%。

2）如无齿轮换档，仅设置 MD36200 的索引[0]和[1]即可（两个参数数值必须保持一致）。

3）如有齿轮换档，则应将 MD36200 的索引[0]至[5]全部设置；其中，索引[0]和[1]应保持一致，限定第 1 档位的速度极限，索引[2]控制第 2 档位的速度极限，其他索引依次类推即可。

5. 进给轴位置环增益控制参数

我们在实际加工过程中经常会遇到加工精度误差问题，若要究其根本原因，就必须了解跟随误差 E、开环增益 K 及进给速度 V 之间的关系。

1）跟随误差 E 是由进给伺服系统各环节信息传递的延迟效应所引起的。在位置控制过程中，实际位置总是滞后于命令位置，并且在进入稳态后，该滞后值会保持不变，即称之为跟随误差。跟随误差可以理解为指令位置 Xi 与实际位置 Xf 的差。

2）开环增益 K 是决定整个系统性能的重要参数，即机床调试时需要进行调整的参数 MD32200。

从原理上来说，跟随误差 E = 进给速度 V/开环增益 K。从这里可以看出，如果要减少跟随误差 E，就要尽量增大开环增益 K 或者减小加工时的进给速度 V。

在 SINUMERIK 808D 数控系统中，可以通过对进给轴位置环增益控制参数的控制，对跟随误差进行适当的控制，从而在一定程度上满足加工质量和加工精度的需要。在表 5-11 中，给出了相关的进给轴位置环增益控制参数。

表 5-11　进给轴位置环增益控制参数

编　号	名　称	单　位	值	说　明
32200	POSCTRL_ GAIN	—	*	位置环增益 K_v（默认值：1）

注：＊表示需要根据实际情况，自行选择合适的数值进行设置。

在对进给轴位置环增益控制参数进行调整时，需要注意以下几点：

1）位置环增益的调整应参考各轴的实际位置精度进行，根据实际需要适当调整数值（一般加工质量不良问题都可以尝试适当调大 MD32200 中所设定的数据值）。

①调大 MD32200 数值，可以提高机床伺服刚性，从而提高加工的定位精度和加工效果；但是如果数值设置过大，会造成电动机响声异常及机床振动等不良影响。

②调小 MD32200 数值，会降低机床伺服刚性，从而减小机床振动情况；但是如果数值设置过小，会影响机床的动态精度和定位精度。

2）各插补轴的位置环增益参数的数值设置要一致

因为位置环增益的不一致会导致两轴的跟随误差不相等，降低伺服插补精度，导致动态误差增大。例如在圆弧加工过程中，位置环增益不一致会加工成椭圆弧。

5.2.2 设置主轴基本参数

完成进给轴的基本参数调试之后，接下来可以对机床的主轴基本参数进行调试。在西门子 SINUMERIK 808D 数控控制系统中，所使用的是一个 ±10V 的模拟量主轴，其相应的模拟电压输出接口为 PPU 后侧的 X54 接口。此外，如果需要连接外部主轴编码器，还可以通过 PPU 后侧的接口 X60 进行连接。

对于 SINUMERIK 808D 数控系统的模拟量主轴而言，主要的主轴调试参数包括以下几类：

1）主轴使能位置控制参数。

2）主轴单极/双极设定值输出控制参数。

3）主轴编码器反馈控制参数。

4）主轴转速及编码器相关控制参数。

5）主轴位置环增益控制参数。

6）主轴齿轮档位控制参数。

1. 主轴使能位置控制参数

同进给轴相类似，在 SINUMERIK 控制系统 808D 初始状态下，主轴也为仿真轴。在此默认情况下，控制系统无法使相应的主轴连接接口发出 ±10V 的模拟量控制信号。只有根据表 5-12 中所给出的参数设定值激活主轴的使能位置控制后，才可以使主轴进入运行状态。

表 5-12 主轴使能位置控制参数

编　　号	名　　称	单　　位	设定值	说　　明
30130	CTRLOUT_TYPE	—	1	控制设定值输出类型
30240	ENC_TYPE	—	2	编码器反馈类型

2. 主轴单极/双极设定值输出控制参数

由于西门子 SINUMERIK 808D 数控控制系统只可以控制模拟量主轴，所以我们在设置参数时就要考虑到模拟量的极性问题：

1）单极性是系统输出 0V ~ +10V 的电压，方向控制需要一个正方向信号和一个负方向信号。

2）双极性是 −10V ~ +10V，方向控制 0V ~ +10V 为正，−10V ~ 0V 为负，只需一个启动信号。

在表 5-13 中给出了西门子 SINUMERIK 808D 数控控制系统中，主轴单极/双极设定值输出控制参数的设定值，使用时应根据实际情况进行选择设定。

表 5-13　主轴单极/双极设定值输出控制参数

编　号	名　称	单　位	设定值	说　明
30134	IS_UNIPOLAR_OUTPUT[0]	—	0	设定值输出为双极
		—	1	设定值输出为单极
			2	正反转信号使用 X21 第 8、第 9 针脚

需要注意的是，如果将主轴设定为单极性输出，则有以下两种控制情况：

1）当 MD30134 = 1 时：X21 第 8 针脚输出主轴伺服使能信号；X21 第 9 针脚输出主轴反转方向信号。

2）当 MD30134 = 2 时：X21 第 8 针脚输出主轴伺服使能，及主轴正转方向信号；X21 第 9 针脚输出主轴伺服使能信号，及主轴反转方向信号。

3. 主轴编码器反馈控制参数

在 SINUMERIK 808D 数控系统中，还需要根据实际的情况在系统中设置主轴编码器的反馈控制参数。见表 5-14。

表 5-14　主轴编码器反馈控制参数

编　号	名　称	单　位	默认值	说　明
30200	NUM_ ENCS	—	1	主轴带编码器
			0	主轴不带编码器

根据表 5-14 中所示，在实际情况中，如果主轴带有外置编码器，则设置 MD30200 = 1；在实际情况中，主轴不带编码器，那么应设置 MD30200 = 0。

一般来说，对需要进行螺纹切削及攻螺纹功能的车床，以及需要使用到刚性攻螺纹功能的铣床，都需要使用到主轴外接编码器。

此外，SINUMERIK 808D 控制系统的主轴外接编码器的编码器反馈线接口为 PPU 后侧的接口 X60，相应的接口介绍和连接标注可以参见本书第 3 章的第 3.2.2 节中第 8 点的相关介绍。

4. 主轴转速及编码器相关控制参数

在正确地设定了主轴的使能参数、单极/双极输出控制参数以及编码器参数之后，系统的主轴此时应已进入可工作的状态。但是，考虑到主轴在实际加工中的重要性以及相关工艺的标准要求，我们还需要进一步的对主轴转速的相关参数，以及主轴编码器的相关参数进行设定。

SINUMERIK 808D 系统模拟主轴的调试中所需要进行设定的主轴转速以及编码器相关的参数见表 5-15。在实际应用中，应结合实际要求对这些参数进行设定。

表 5-15　主轴转速及编码器相关控制参数

编号	名称	单位	默认值	设定值	说明
31020	ENC_RESOL	IPR	2048	2048	每转编码器脉冲数/步数（编码器编号）
31040	ENC_IS_DIRECT	—	0	*	使用直接测量系统时（即无齿轮比时使用第二编码器时设为1）
32250	RATED_OUTVAL	%	100	100	额定输出电压比例

（续）

编号	名称	单位	默认值	设定值	说明
32260	RATED_VELO[0]	r/min	1900	*	额定电动机转速
35100	SPIND_VELO_LIMIT	r/min	10000	*	最大主轴转速
35150	SPIND_DES_VELO_TOL	—	0.1	*	主轴转速公差
36200	AX_VELO_LIMIT[0]至[5]	r/min	575	*	速度监控极限值
36300	ENC_FREQ_LIMIT	Hz	300000	300000	编码器频率 = 电动机额定速度/60x 编码器线数

注：＊表示需要根据实际情况，自行选择合适的数值进行设置。

对表5-15 中所给出的参数 MD31020、MD31040、MD32250、MD36300，如果没有特别的要求，可保持系统默认参数不变；而对参数 MD32260，35100，35150 和 MD36200，则应根据实际情况和需要进行设置。

1）MD32260：输入主轴电动机额定转速，系统会根据该转速自动分配在 PPU 接口中所输出 ±10V 的模拟控制信号中，每转所对应的电压值。

2）MD35100：此参数可以对主轴的最大转速进行设定。可根据实际应用的需要，在此设定主轴的最大转速。

3）MD35150：此参数限定实际转速与设置转速之间的差值。例如当该参数设置为 0.1时（即 MD35150 = 0.1 时），则表示此时系统的实际转速与设定转速之差不可超过设定转速的 ±10%，否则出现报警。

4）MD36200：一般设置该数值时，应设置为超出主轴当前档位下的最大值 10% ~ 15% 的数值（即应比对应档位下 MD35110 中的数值高出 10% ~ 15%）。

其中，索引[0]和索引[1]控制主轴第 1 档位限制，应同时设置成相同数值；索引[2]控制主轴第 2 档位限制；其他索引号依次类推即可。

5. 主轴位置环增益控制参数

同进给轴一样，在进行主轴的调试时，同样可以对表5-16 中所介绍的主轴位置环增益控制参数进行调节，从而在合理的范围内对主轴刚性进行适当调整，以满足实际加工的需要。

表 5-16　主轴位置环增益控制参数

编　号	名　称	单　位	值	说　明
32200	POSCTRL_GAIN	—	*	位置环增益（默认值:1）

注：＊表示需要根据实际情况，自行选择合适的数值进行设置。

此外，与进给轴位置环增益控制参数的调节一样，MD32200 的数值调整应当适度，避免由于刚性过大引起机械振动，或由于刚性过小影响机床的定位准确度等。例如在铣床需要进行定位和刚性攻螺纹时，可根据需要适当增大位置环增益，以增加主轴的刚性。

6. 主轴齿轮档位控制参数

在实际应用中，如果主轴使用到齿轮档位，则需要对表5-17 中所给出的主轴齿轮档位相关的控制参数进行相应的设置。

需要说明，对于主轴而言，在表 5-17 中所提及的全部齿轮档位相关参数的索引[0]表示分子与分母均无效，索引[1]表示第一个变速箱的减速比，索引[2]表示第二个变速箱的减速比，其他索引依此类推即可。因此，在设置时，通常将索引[0]与索引[1]设置相同的数值，共同表示第一个变速箱的减速比数值。

表 5-17　主轴齿轮档位控制参数

编号	名　称	单位	值	说　明
35010	GEAR_STEP_CHANGE_ENABLE	—	0	主轴无换档，传动比固定不变
			1	主轴有多级减速箱，激活主轴多档位控制
35110	GEAR_STEP_MAX_VELO[0]至[5]	—	*	换档时的最大速度（索引表示档位号）
35120	GEAR_STEP_MIN_VELO[0]至[5]	—	*	换档时的最小速度（索引表示档位号）
35130	GEAR_STEP_MAX_VELO_LIMIT[0]至[5]	—	*	当前档位下最大速度（索引表示档位号）
35140	GEAR_STEP_MIN_VELO_LIMIT[0]至[5]	—	*	当前档位下最小速度（索引表示档位号）
31050	DRIVE_AX_RATIO_DENUM[0]至[5]	—	*	负载齿轮箱的分母（索引表示档位号）
31060	DRIVE_AX_RATIO_NUMERA[0]至[5]	—	*	负载齿轮箱的分子（索引表示档位号）
30170	DRIVE_ENC_RATIO_DENOM	—	*	测量齿轮箱的分母
31080	DRIVE_ENC_RATIO_NUMERA	—	*	测量齿轮箱的分子

注：* 表示需要根据实际情况，自行选择合适的数值进行设置。

一般来说，齿轮箱的变速比都使用机床参数 MD31050 和 MD31060 进行设置，但是如果齿轮箱的安装位置发生了变化，那么相应的参数设置也会发生改变。

在图 5-3 中给出了机床参数 MD31050、MD31060、MD31070、MD31080 在实际应用中所对应的使用条件。

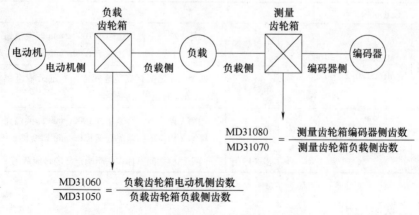

图 5-3　齿轮箱分子分母设置示例图

此外，主轴换档时的速度限定参数 MD35110、MD35120、MD35130、MD35140 之间的关系比较复杂，在此进行简要的说明：

1）MD35110：当使用指令（M40 S…）进行换档时，激发齿轮档向高档位进行换档的最大转速。

2）MD35130：当前齿轮档位下，主轴的最大转速限定值（不可超过 MD35110 中设定值）。

3）MD35120：当使用指令（M40 S…）进行换档时，激发齿轮档向低档位进行换档的最小转速。

4）MD35140：当前齿轮档位下，主轴的最小转速限定值。

在图 5-4 中，以两档设置为例，给出了上述 4 个参数之间的关系：

同时，在实际应用中对上述 4 个速度参数进行设置时，还可以遵循以下四条原则来进行设置：

1）上一档位的速度最小值（MD35120）小于当前档位的速度最大值（MD35110）

在进行主轴参数设置时，必须注意：每个齿轮档的转速范围可以重叠，但是绝对不可以留有间隙。以两轴设置为例，在表 5-18 中给出正确和错误设置方法的示例及说明。

2）各档位速度最大值极限（MD35130）= 相应档位速度最大值（MD35110）×1.1。

3）各档位速度报警值极限（MD36200）= 相应档位速度最大值极限（MD35130）×1.1。

4）各档位速度最小值极限（MD35140）= 相应档位速度最小值（MD35120）×0.9。

图 5-4 主轴齿轮档速度限定参数关联示例图

表 5-18 主轴齿轮档转速设置范围示例

设置示例			说　明
错误设置示例	MD35110[1]=1000 MD35120[2]=1200	设置说明	在第 1 档位下，转速超过 1000r/min 即换档到第 2 档位 在第 2 档位下，转速低于 1200r/min 即换档到第 2 档位
		错误原因	两个档位之间存在转速间隙，未定义转速在 1000r/min ~ 1200r/min 时应进行的操作
正确设置示例	MD35110[1]=1000 MD35120[2]=950	设置说明	在第 1 档位下，转速超过 1000r/min 即换档到第 2 档位 在第 2 档位下，转速低于 950r/min 即换档到第 1 档位
		错误原因	两个档位之间不存在未明确定义的转速范围

5.2.3　设置软限位开关

出于安全性能的考虑，除了机床设计本身的硬限位开关之外，西门子 SINUMERIK 808D 数控控制系统还提供软限位开关的设置功能。

所谓软限位开关，实际上是一种虚拟的限位开关。与传统的硬限位开关相比，它具有寿命长、可靠性高、重复性好等优点，可以提高电气设备运行的可靠性和稳定性。

通常，软限位开关应和硬限位开关结合起来使用，软限位开关应设置在硬限位开关的前端。在设备正常工作的情况下，其机床运动部件的运动位置应该在软限位开关设定的区域内，硬限位开关并不起作用；但是当设备未回参考点或者设备异常而导致软限位开关失常时，硬限位开关将起到极限位置保护和运动系统故障报警作用。以此实现对机床安全的双重保护。

另外，需要注意的是，在 SINUMERIK 808D 数控系统中所设定的软限位开关，需要系统完成回参考点操作后才能生效。

在表 5-19 中给出了在 SINUMERIK 808D 数控系统中，软限位开关控制参数相关的介绍和描述，在设定软限位位置时，应结合实际的机械情况和应用环境进行合理的设置。

表 5-19 进给轴软限位开关控制参数

编　号	名　　　称	单　位	值	说　　　明
36100	POS_LIMIT_MINUS	mm	*	负方向软限位开关
36110	POS_LIMIT_PLUS	mm	*	正方向软限位开关

注：＊表示需要根据实际情况，自行选择合适的数值进行设置。

5.2.4 设置反向间隙

所谓反向间隙，就是齿轮与齿轮、齿条，丝杠与丝母，蜗轮与蜗杆之间的配合间隙。

在机床向一个方向运动停止后返回起始位置时，如果存在反向间隙且未在系统中进行修正，那么机床将根据编程中给定的位移数值，先完成对反向间隙的消除（消除过程中，机床的实际位置没有变化，但系统已默认机床正在进行移动），消除完毕后再进行实际位移的移动。

基于这样的控制过程，可以说反向间隙的存在会严重影响机床的定位精度和重复定位精度，进而影响产品的加工精度。并且随着数控机床使用时间的增长，反向间隙还会因磨损所造成的运动副间隙的增大而逐渐增加。

为了避免这样的情况，需要数控系统提供反向间隙补偿功能，以便在加工过程中自动补偿一些有规律的误差，提高加工零件的精度；并根据实际的机床状态和应用需要，定期对数控机床各坐标轴的反向间隙进行测定和补偿。

SINUMERIK 808D 数控系统的进给轴反向间隙的控制参数见表 5-20，使用者应根据实际情况合理地设置使用。

表 5-20 进给轴反向间隙控制参数

编　号	名　　　称	单　位	值	说　　　明
32450	BACKLASH	mm	*	反向间隙补偿在回参考点之后生效

注：＊表示需要根据实际情况，自行选择合适的数值进行设置。

此外，在 SINUMERIK 808D 数控系统中使用反向间隙参数时必须注意，所设置的反向间隙补偿只有在系统返回参考点之后才能够生效。

5.2.5 设置参考点

在本小节中，对参考点设置的内容主要分为三方面：一是对机床参考点相关概念以及基本动作过程；二是结合 SINUMERIK 808D 数控系统，介绍了机床参考点的设置步骤和设置参数；三是对参考点设置和使用过程中可能出现的常见问题及相应处理手段进行了简要的说明。

1. 机床参考点相关概念以及基本动作过程

在数控机床的使用中，有三个极其重要的设置点：

1）机械原点，是基本机械坐标系的基准点，机械零部件一旦装配完毕，机械原点随即确立。

2）电气原点，是由机床所用的检测反馈元器件所发出的栅点信号或零标志信号确立的参考点。

3）参考点，也称为机床原点或零点，是机床的机械原点和电气原点相重合的点，同时也是原点复归后机械上固定的点。

通过实际机床的电气原点与机械原点之间的距离对参考点进行设定，从而使电气原点与机械原点重合。每台机床可以有一个参考原点，也可以据需要设置多个参考原点。参考点作为工件坐标系的原始参照系，机床参考点确定后，各工件坐标系随之建立。

在机床参考点位置设定之后，需要进一步地在相关调试工作中进行相应的设定和处理，确保机械可以正确地返回到所设定的机床参考点。

一般来说，根据机床检测元器件检测参考点信号方式的不同，返回机床参考点的方法可以大致分为以下两种：

（1）磁开关法

在机械本体上安装磁铁及磁感应原点开关，当磁感应原点开关检测到原点信号后，伺服电动机立即停止，该停止点被认作机床参考点。

磁开关法的特点是软件及硬件相对简单，但参考点位置随着伺服电动机速度的变化而成比例地漂移，即参考点不确定。

（2）栅点法

检测器随着电动机的每一转信号同时产生一个栅点或一个零位脉冲，在机械本体上安装一个减速撞块及一个减速开关后，数控系统检测到的第一个栅点或零位信号即为机床参考点。

栅点法的特点是如果接近原点速度小于某一固定值，则伺服电动机总是停止于同一点，也就是说，在进行回原点操作后，机床原点的保持性好。目前，几乎所有的机床都采用栅点法。

此外，根据检测元器件测量方式的不同，可以将机床返回参考点的方式分为以绝对脉冲编码器方式归零和以增量脉冲编码器方式归零两种：

（1）以绝对脉冲编码器方式归零

对绝对脉冲编码器，只要在调试过程中，通过参数设置配合机床回零操作对参考点进行合理调整和设定之后，只要其后备电池有效，此后的每次开机，都不必再进行回参考点操作。

（2）以增量脉冲编码器方式归零

对于增量脉冲编码器，回参考点的方式有两种，一种是开机后在参考点回零模式下对各轴进行手动回参考点，每一次开机后都要进行手动回原点操作；另一种是在使用过程中，在存储器模式下的用 G 代码指令回原点。

其中，需要重点说明的是手动回参考点的方式，其动作过程的运行方式一般有以下三种：

（1）第一种运行方式

1）回参考点的进给轴先以机床参数中所设置的快速进给速度向参考点方向移动。

2）当参考点减速撞块压下参考点减速开关时，伺服电动机减速至由机床参数设置的参考点接近速度继续向前移动。

3）当减速撞块释放参考点减速开关后，数控系统检测到编码器发出的第一个栅点或零标志信号时，归零轴停止，此停止点即为机床参考点。

（2）第二种方式

1）回参考点的进给轴先以快速进给速度向参考点方向移动。

2）当参考点减速开关被减速撞块压下时，回参考点轴制动到速度为零，再以接近参考点速度向相反方向移动。

3）当减速撞块释放参考点接近开关后，数控系统检测到检测反馈元件发出的第一个栅点或零标志信号时，回零轴停止，该点即机床参考点。

（3）第三种方式

1）回参考点时，回参考点轴先以快速进给速度向参考点方向移动。

2）当参考点减速撞块压下参考点减速开关时，回参考点的进给轴的进给速度立刻制动到零，再向相反方向微动。

3）当减速撞块释放参考点减速开关时，回参考点轴又反向沿原快速进给方向移动。

4）当减速撞块再次压下参考点减速开关时，回参考点轴以接近参考点速度前移。

5）当减速撞块再次释放减速开关后，数控系统检测到第一个栅点或零标志信号时，回零轴停止，机床参考点随之确立。

2. SINUMERIK 808D 数控系统中机床参考点的设置

在 SINUMERIK 808D 数控系统的实际的应用中，参考点的设定过程需要从 SINUMERIK 808D 数控系统内的控制参数以及回参考点的相应动作过程两方面进行理解。SINUMERIK 808D 数控系统内与参考点相关的机床数据见表 5-21。

表 5-21　进给轴参考点设定控制参数

编号	名　称	单位	设定值	说　明
34000	REFP_CAM_IS_ACTIVE	—	0	轴无减速挡块（此时无法监测参考点）
			1	轴带减速挡块（设为1，激活参考点功能）
34010	REFP_CAM_DIR_IS_MINUS	—	0	正方向返回参考点
			1	负方向返回参考点
34020	REFP_VELO_SEARCH_CAM	mm/min	*	寻找参考点挡块的速度
34040	REFP_VELO_SEARCH_MARKER	mm/min	*	寻找零脉冲的速度
34050	REFP_SEARCH_MARKER_REVERSE	—	0	向正方向寻找零脉冲
			1	向负方向寻找零脉冲
34060	REFP_MAX_MARKER_DIST	mm	*	离开参考点挡块的最大距离
34070	REFP_VELO_POS	mm/min	*	返回到参考点的定位速度
34080	REFP_MOVE_DIST	mm	*	返回到参考点的移动距离（带符号）

（续）

编号	名 称	单位	设定值	说 明
34090	REFP_MOVE_DIST_CORR	mm	*	返回到参考点的移动距离的调整值
34092	REFP_CAM_SHIFT	mm	*	参考点开关挡块处进行偏移的值
34093	REFP_CAM_MARKER_DIST	mm	*	参考点挡块与首个零标记之间的距离
34100	REFP_SET_POS	mm	*	回到参考点后，系统屏幕显示的当前位置
34200	ENC_REFP_MODE	—	2	设定回参考点模式（必须设为2）

注：＊表示需要根据实际情况，自行选择合适的数值进行设置。

在表 5-21 给出的进给轴参考点设定控制参数中，对 MD34060、MD34092、MD34093 可以简单地理解为以下功能（其他参数将在下文中配合图 5-5 进行说明）：

1）MD34060：在轴移动至参考点开关挡块（即减速挡块）位置，接收到参考点信号之后，会自动寻找零脉冲位置。如果移动了 MD34060 中设置的距离值之后，仍然没有找到零脉冲信号，则判定当前出现问题，轴停止，系统输出"没有零脉冲信号"的报警。

2）MD34092：此参数设置数值之后，在轴接触到参考点开过挡块的信号之后，不要马上寻找零脉冲信号，而是移动 MD34092 中所设置的距离值之后，再进行零脉冲信号的寻找（这样设置可以有效地应对参考点开关受热变形的情况，但不是必须设置的参数）

3）MD34093：该值为只读数据，不可修改。反映的是轴从离开参考点开关到检测到零脉冲信号时，所移动的距离值。

在 SINUMERIK 808D 数控系统对参考点相关参数进行设置之后，就可以进行手动回参考点的操作，具体的操作过程可以分解为以下几步：

1）将系统切换到回参考点模式后，按住回参考点轴的正向键，坐标轴开始向参考点开关移动。

2）当坐标值找到参考点后，轴停止移动；同时 PPU 屏幕上，相应的回参考点的轴会出现已回参考点的标识（回参考点标识与宝马车标相似）。

3）如果在中途松开正向键，则返回参考点的过程终止，系统出现"逼近参考点失败"的报警。

此外，手动回参考点的过程还可以通过对参数 MD11300 的调整，修改为一键回参考点模式，具体的参数描述和设定方式见表 5-22。

表 5-22 进给轴手动回参考点方式设定

编号	名 称	单位	值	说 明
11300	JOG_INC_MODE_LEVELTRIGGRD	—	1	点动方式回参考点（一直按住），重新上电激活
			0	连续移动方式回参考点（按一下即可），重新上电激活

同时，上述操作的回参考点过程，可参见图 5-5 给出的进给轴回参考点动作过程的示例图。

在图 5-5 中，①表示参考点在机床坐标系下的位置，即回完参考点后，PPU 屏幕上所显示的当前坐标值，相应机床参数为 MD34100［re］；②表示参考点碰块的电子偏移，即进给轴到达参考点开关后到开始寻找零脉冲信号之前，所移动的距离值，相应机床参数为 MD34092［re］。

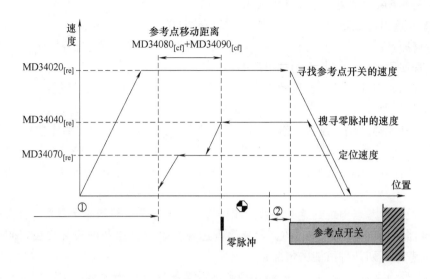

图 5-5　进给轴回参考点动作过程示意图

同时，图 5-5 中的进给轴回参考点动作过程与机床参数的动作配合过程可以分解为以下步骤：

1）在执行回参考点操作时，坐标轴先按 MD34020 的速度寻找参考点开关，找到开关后，开始减速，直到速度变为 0。

2）当速度减为 0 之后，坐标轴立刻按照 MD34040 的速度，反向退离参考点开关（即减速挡块），离开参考点开关后，开始搜寻零脉冲信号。

3）当坐标轴端接受到零脉冲信号后，坐标轴以 MD34070 的速度移动 MD34080 + MD34090 的距离后停止，并在 PPU 的屏幕上显示当前位置为 MD34100 所设定的数值（不影响实际机床位置）。

此外，在上述返回参考点的动作过程中，还需要注意以下几个问题：

1）如果在开始返回参考点时，坐标轴已经停在参考点开关上，则坐标轴会先自动退离参考点开关，然后再寻找参考点。

2）如果零脉冲的位置与参考点开关的闭合位置相重合，则会出现参考点位置相差一个螺距的现象。出现该情况时，可调整参考点开关的位置，或调整参数 MD34092。

3）只有在返回参考点成功以后，系统才能够建立机床坐标系，进而所设置的零点偏移、软限位、反向间隙补偿以及丝杠螺距误差补偿才会生效。

4）参考点碰块与硬限位碰块的相对位置应符合图 5-6 中所示的安装结构要求；如果不能满足要求，必须确定当坐标轴以 MD34020 中设置的速度碰到硬限位时，硬限位碰块的长度是否大于制动距离，否则可能由于操作失误导致机床损坏。

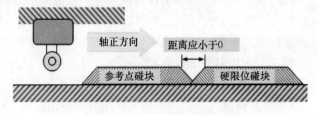

图 5-6　进给轴参考点及硬限位挡块的安装要求示例图

3. 参考点使用的常见问题及注意事项

当回参考点出现故障时，处理原则应由简单到复杂，逐步进行检查：

1）检查原点减速撞块是否松动，减速开关固定是否牢固，开关是否损坏。

2）检查回原点模式，是否为开机后的第一次回原点。

3）检查回原点快速进给速度的参数设置，接近原点速度的参数设置及快速进给时间常数的参数设置是否合适。

4）检查减速撞块的长度，检查回原点起始位置、减速开关位置与原点位置的关系。

5）若以上检查均无问题，则可进一步使用百分表或激光测量仪检查机械相对位置的漂移量，检查伺服电动机每转的运动量、指令倍比及检测倍乘比，检查参考计数器设置是否适当等。

一般来说，参考点出现的绝大多数问题，都是由于参考点机床参数设置不当和实际机械上的参考点挡块安装不当所引起的；如果检查过参数设置和挡块的安装之后，问题仍然存在，也可以考虑下列几种可能的情况：

6）如果原点漂移一个栅点，先减小由参数设置的接近原点速度，重试回原点操作，若原点不漂移，则为减速撞块太短或安装不良。可通过改变减速撞块或减速开关的位置来解决，也可通过设置栅点偏移改变电气原点解决。一个减速信号从硬件输出到数字伺服软件识别到这个信号需要一定时间，因此当减速撞块离原点太近时软件有时捕捉不到原点信号，导致原点漂移。

7）如果减小接近原点速度的参数设置后，重试原点复归，原点仍漂移，则可减小快速进给速度或快速进给时间常数的参数设置，重回原点。若时间常数设置太大或减速撞块太短，在减速撞块范围内，进给速度不能到达接近原点速度，当接近开关被释放时，即使栅点信号出现，软件在未检测进给速度到达接近速度时，回原点操作不会停止，因而原点发生漂移。

8）若减小快进时间常数或快速进给速度的设置，重新回原点，原点仍有偏移，应检查参考计数器设置的值是否有效，并修改参数设置。

9）如果原点漂移数个脉冲，若只是在开机后第一次回原点时出现原点漂移，则为零标志信号受干扰失效。为防止噪声干扰，应确保电缆屏蔽线接地良好，安装必要的火花抑制器，不要使检测反馈元件的通信电缆线与强电线电缆靠得太近。若并非仅在开机首次回原点时原点变化，应修改参考计数器中的设定值。

5.3 机床数据向导自动调试

西门子 SINUMERIK 808D 数控系统不仅可以手动调试系统，同时也具有在线向导功能，通过在线向导功能，可以在不了解具体机床参数设置的情况下，较快地完成系统的调试，操作简单方便。本节就对 SINUMERIK 808D 数控系统的在线向导调试功能，进行详细的介绍。

在 SINUMERIK 808D 数控系统中，可通过 PPU 面板上的"在线向导"键进入在线向导功能界面。如图 5-7 中所示，在线向导功能共含有三种向导类型。

1）快速调试向导：用于指导使用者正确地完成原型机的调试步骤，需"制造商"口令权限。

2）批量生产向导：用于指导使用者正确地完成批量机床调试步骤，需"制造商"口令权限。

3）操作向导：用于指导使用者对加工操作的初始步骤有基本的了解，无口令权限要求。

本节主要介绍的向导功能是"快速调试向导"功能。在"制造商"口令权限下，通过该功能对机床快速的调试。在西门子 SINUMERIK 808D 数控系统中，完成快速调试向导共有 12 个步骤，每一步都会附有相应的提示，帮助使用者快速地完成调试过程。

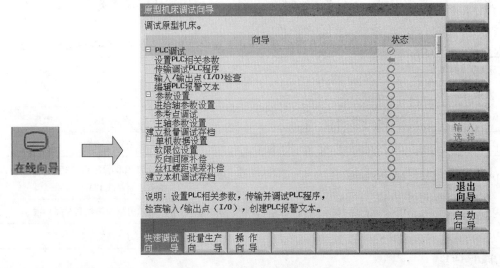

图 5-7　SINUMERIK 808D 数控系统在线向导功能示例图

5.3.1　设置 PLC 相关机床参数

在图 5-7 中所示的在线向导功能界面下，选择"快速调试向导"选项后，点击屏幕右侧的"启动向导"按键，可进入图 5-8 所示的快速调试向导的第 1 步，设置 PLC 相关机床参数界面中。

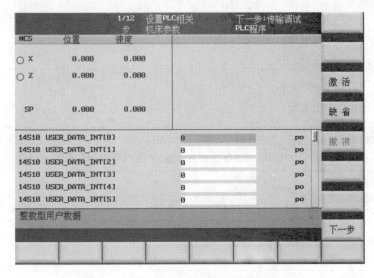

图 5-8　设置 PLC 相关机床参数界面示例图

在此界面，我们可以完成"设置 PLC 相关机床参数"的调试。需要注意：本书中所涉及的 SINUMERIK 808D 数控系统中所有 PLC 的相关应用，全部都是以 SINUMERIK 808D 数控系统的标准 PLC 样例作为基础，而标准 PLC 样例中又有铣削和车削系统之分。因此，如果使用 SINUMERIK 808D 数控系统的标准 PLC 样例，可根据表5-23、表5-24 中的车削及铣削用户参数进行相应的设置。

此外，以下参数中除了需设置数值的参数外，其他均默认成设置为 0-取消，设置为 1-激活。

表 5-23　SINUMERIK 808D 数控系统车削系统标准 PLC 程序用户参数一览表

机床数据 14510

数据名称	PLC 接口信号	单位	范围	功　　能
MD14510 [12]	DB4500. DBW24	—	—	=0，平床身；=1，斜床身
MD14510 [13]	DB4500. DBW26	0.1s	5~200	主轴制动时间
MD14510 [20]	DB4500. DBW40	—	4 和 6	标准 PLC 程序仅支持4、6 刀位，其他数码需修改 PLC
MD14510 [21]	DB4500. DBW42	0.1s	5~30	霍尔刀架刀架锁紧时间参数
MD14510 [22]	DB4500. DBW44	0.1s	30~200	霍尔刀架换刀监控时间

机床数据 14512

数据名称及 PLC 接口信号	相关位的功能							
	位 7	位 6	位 5	位 4	位 3	位 2	位 1	位 0
14512 [16] DB4500. DBB1016	MCP 轴选	Z 轴旋转监控		X 轴旋转监控				
14512 [17] DB4500. DBB1017					手持单元做轴选择	液压尾架功能有效	液压卡盘功能有效	霍尔刀架功能有效
14512 [18] DB4500. DBB1018	每个进给轴只有一个硬限位触发	硬限位开关无效	主轴单向运行	主轴停止信号为外部 I/O				
14512 [19] DB4500. DBB1019	手动车床功能有效					系统密码下电不消失	主轴制动生效	

注：DB4500. DBX1019.2 =0 时重新上电后密码自动删除，DB4500. DBX1019.2 =1 时重新上电后密码保留。

表 5-24　SINUMERIK 808D 铣削系统标准 PLC 程序用户参数一览表

机床数据 14510

数据名称	PLC 接口信号	单位	范围	功　　能
MD14510 [12]	DB4500. DBW24	—	—	=0，立式；=1，卧式
MD14510 [13]	DB4500. DBW26	0.1s	5~200	主轴制动时间
MD14510 [20]	DB4500. DBW40	—	最大 64 把	斗笠式刀库最大刀位号

（续）

机床数据 14514

数据名称	PLC 接口信号	功 能
MD14514［0］	DB4500. DBD2000	斗笠式刀库：主轴准停角度
MD14514［1］	DB4500. DBD2004	斗笠式刀库：Z 轴换刀准备位
MD14514［2］	DB4500. DBD2008	斗笠式刀库：Z 轴换刀位
MD14514［3］	DB4500. DBD2012	斗笠式刀库：Z 轴进入换刀位速度
MD14514［4］	DB4500. DBD2016	斗笠式刀库：Z 轴返回换刀准备位速度

机床数据 14512

数据名称及 PLC 接口信号	相关位的功能							
	位 7	位 6	位 5	位 4	位 3	位 2	位 1	位 0
14512［16］ DB4500. DBB1016	MCP 轴选	Z 轴旋转监控	Y 轴旋转监控	X 轴旋转监控	M01/M02 开安全门	安全门生效	排屑器有效	
14512［17］ DB4500. DBB1017					手持单元做轴选择			斗笠刀库功能有效
14512［18］ DB4500. DBB1018	每个进给轴只有一个硬限位触发	硬限位开关无效	主轴单向运行	主轴停止信号为外部 I/O				
14512［19］ DB4500. DBB1019						系统密码下电不消失	主轴制动生效	

注：DB4500. DBX1019. 2 = 0 时重新上电后密码自动删除，DB4500. DBX1019. 2 = 1 时重新上电后密码保留。

根据表 5-23 和表 5-24 中的用户参数对装载标准 PLC 程序的 SINUMERIK 808D 数控系统进行设置之后，需要点击屏幕右侧的"激活"按键，以激活所修改的数据。

5.3.2 调试 PLC 程序相关步骤

通常情况下，SINUMERIK 808D 数控系统所提供的标准 PLC 程序只是对常见应用进行模板式的示例，但无法完全满足所有客户的要求。无论是需要根据实际的电气连接对 PLC 程序进行修正，还是需要额外增加更多的 PLC 程序和 PLC 功能，都需要先实现 PPU 与 PC 的有效连接，从而保证 PLC 程序可以实现 PC 与 PPU 之间的传输。

对于这样的需求，可以在快速调试向导中的第 2 步至第 4 步实现，这三步分别为：

1）传输调试 PLC 程序。

2）输入/输出点（I/O）检查。

3）创建 PLC 报警文本。

对第 2 步至第 4 步的操作过程（以车削系统为例）见表 5-25。

表 5-25　传送调试 PLC 程序操作步骤示例

第一步：进入"传输调试 PLC 程序"界面

在完成第 1 步的调试之后，按"下一步"，可进入如右图所示的"传输调试 PLC 程序"

此时，PLC 连接状态为"未连接"

第二步：PLC 连接状态激活

使用 RS-232 串口通信电缆通过 PPU 后侧的 X2 端口与 PC 进行有效连接，并按下软键"激活连接"

如右图所示，此时 PLC 连接状态激活

可使用 PC 对 PPU 内的 PLC 程序进行上载、下载、修改等操作

第三步：检查输入/输出点（I/O）

完成 PLC 程序的修正和传输后，按"下一步"进入第 3 步"输入/输出点（I/O）检查"界面

在该界面下，可根据实际连接需要和相应操作提示，对电气连接情况进行进一步的核查

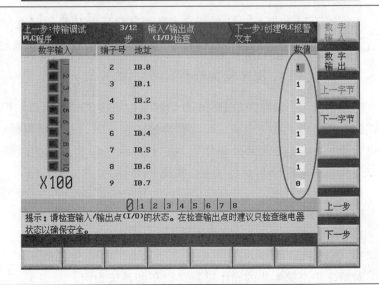

（续）

第四步：创建 PLC 报警文本

完成输入/输出点检查后，按"下一步"进入第 4 步"创建 PLC 报警文本"界面

可在该界面下，使用"文本编辑"对 PLC 用户报警文本进行在线编辑；也可使用"导入/导出"按键，通过 USB 进行报警文本文件离线传输和编辑

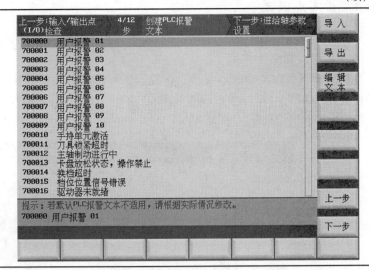

5.3.3 进给轴参数设置

完成 PLC 报警文本的修改后，使用软键"下一步"进入快速调试向导的第 5 步，如图 5-9 所示的"进给轴参数设置"界面。

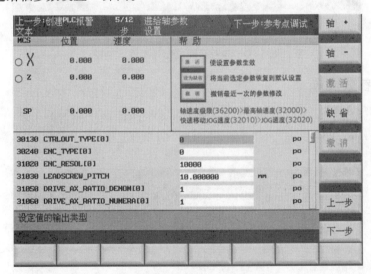

图 5-9 进给轴参数设置界面示例图

在该界面可以对进给轴的相关参数进行设定，具体的参数设置及其相应含义参见本书第 5.2.1 节中所介绍的相关内容，设置完毕后使用"激活"键激活所设置的数据。

此外，在表 5-26 中所提及的进给轴相关使能参数，必须依据表中所给定的设定值进行相应的设置。

表 5-26 进给轴使能参数设置

机床数据	MD30130	MD30240	MD34200
设定数据	2	3	2

5.3.4 参考点调试

完成进给轴参数设置后，使用软键"下一步"进入快速调试向导的第 6 步，如图 5-10 所示的"参考点调试"界面。

在该界面下可以对参考点参数进行设定，具体参数设置及相应含义可参见本书第 5.2.5 节中所介绍的相关内容。参数设置完毕后使用"激活"键激活所设置的数据；还可使用"回参考点"软键使坐标轴回参考点。

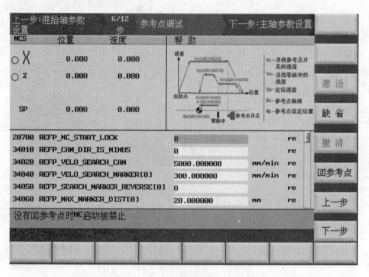

图 5-10　参考点调试设置界面示例图

5.3.5 主轴参数设置

完成参考点调试后，使用软键"下一步"进入快速调试向导的第 7 步，如图 5-11 所示的"主轴参数设置"界面。

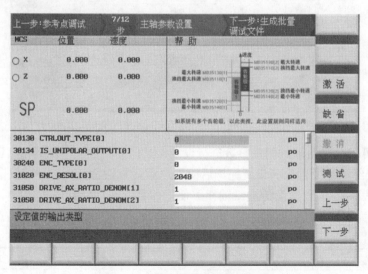

图 5-11　主轴参数设置界面示例图

在该界面可以对进给轴的相关参数进行设定，具体的参数设置及其相应含义可以参见本书第 5.2.2 节中所介绍的相关内容，参数设置完毕后使用"激活"键激活所设置的数据；还可使用"测试"软键进入 MDA 模式下，对主轴转速及方向进行验证。

此外，在表 5-27 中所提及的主轴使能及极性相关参数，必须依据表中所给定的设定值进行相应的设置。

表 5-27　主轴使能及极性参数设置

主轴参数	设定数据	主轴参数	设定数据
MD30130	1	MD30134	0：输出值为双极性
MD30240	2		1：输出值为单极性（方式 1） 2：输出值为单极性（方式 2）

5.3.6　生成批量调试文件

完成主轴调试后，使用软键"下一步"进入快速调试向导的第 8 步，如图 5-12 所示的"生成批量调试文件"界面。

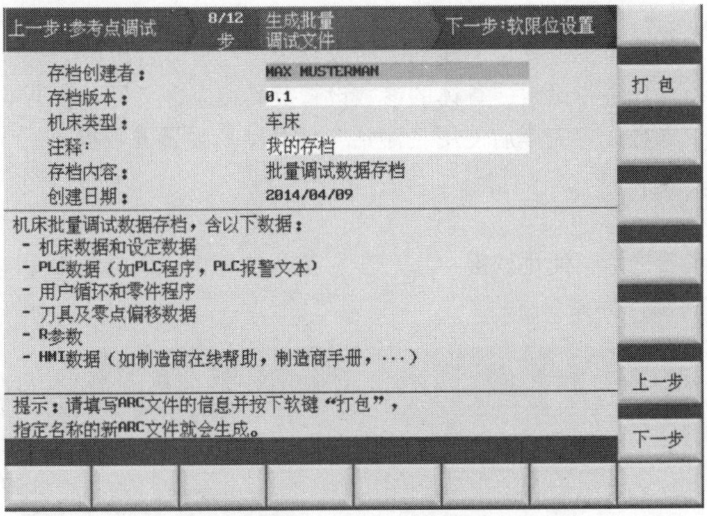

图 5-12　生成批量调试文件界面示例图

在该界面"打包"键进行机床调试数据的存档，生成一个批量调试文件。其他与此机床相同的机床都可以使用此批量调试文件，这样就不需要对每一台相同的机床的参数进行逐个设定了。

需要注意：在创建"批量调试文件"时，可以根据需要选择存储于"OEM 文件"；同时，如果将 USB 存储器与系统连接，则同样也可以选择存储于"USB"。选择路径后，按下软键"输入"即可将创建的"批量调试文件"存储于选择的路径中。

5.3.7　软限位设置

完成批量调试文件的生成之后，使用软键"下一步"进入快速调试向导的第 9 步，如

图 5-13 中所示的"软限位设置"界面。

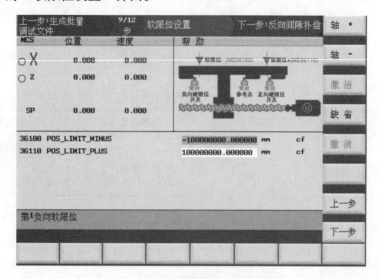

图 5-13　软限位设置界面示例图

不同的机床，软限位的选择也不相同，所以软限位是每一台机床都要单独设定的。在该界面可以对软限位位置进行设定，具体的参数设置及其相应含义可以参见本书第 5.2.3 节中介绍的相关内容，参数设置完毕后使用"激活"键激活所设置的数据。

5.3.8　反向间隙补偿

完成软限位设置之后，使用软键"下一步"进入快速调试向导的第 10 步，如图 5-14 所示的"反向间隙补偿"界面。

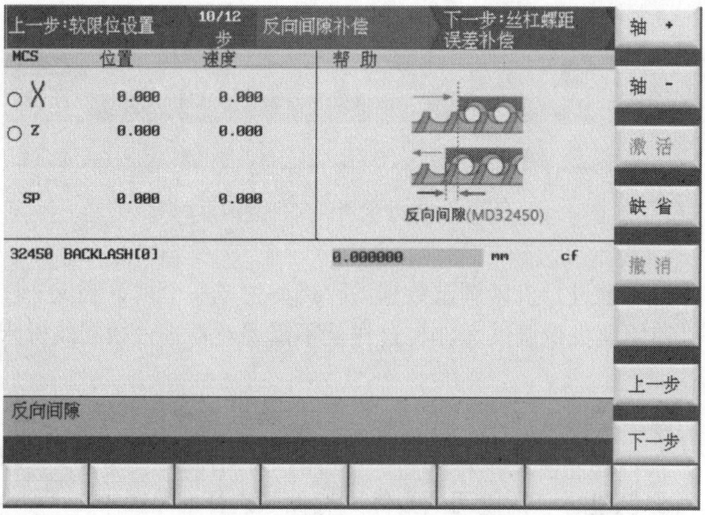

图 5-14　反向间隙补偿界面示例图

在该界面可以对反向间隙补偿进行设定，具体的参数设置以及其相应含义可以参见本书第 5.2.4 节中所介绍的相关内容，参数设置完毕后使用"激活"键激活所设置的数据。

5.3.9　丝杠螺距误差补偿

完成反向间隙补偿之后，使用软键"下一步"进入快速调试向导的第 11 步，如图 5-15 所示的"丝杠螺距误差补偿"界面。

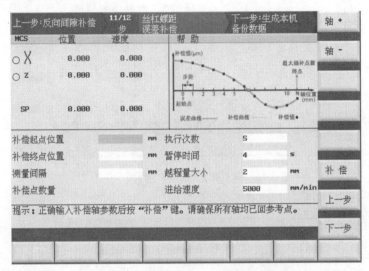

图 5-15　丝杠螺距误差补偿界面示例图 1

由于丝杠在加工过程中造成螺距的不均匀性，螺距误差就无法避免；或者数控机床经过不断的使用，造成丝杠磨损产生螺距误差。为了提高加工的精度，我们必须进行丝杠螺距误差的补偿。

在该界面可输入补偿点的起点位置、补偿点的终点位置、测量的间隔、循环的次数，测量的暂停时间，越程量大小以及进给速度。

在设置时必须注意补偿点的起点位置、补偿点的终点位置同测量的间隔之间的关系，起始位置与终点位置之间的间距值，必须为测量间隔的整数倍。

在完成输入后，按下软键"补偿"，系统将自动生成检测丝杠螺距误差程序 LEAD-SCREW. SPF，这个程序存储在"用户循环"里，通过运行程序 LEADSCREW. SPF，激光干涉仪可进行检测并计算出各补偿点的丝杠螺距误差。补偿结束后，将显示如图 5-16 中所示界面。

在该界面可以对补偿点的误差补偿值进行设定，设置完毕后使用"激活"键使系统重启并将设置值写入系统存储器中，当各坐标轴执行回参考点操作之后，所设置的数据生效。

如果需要，可重复上述步骤，通过运行程序 LEADSCREW. SPF 并使用激光干涉仪对经过补偿后的丝杠螺距误差进行检测。

5.3.10　生成本机备份数据

完成丝杠螺距误差补偿之后，使用软键"下一步"进入快速调试向导的第 12 步，如图 5-17 中所示的"生成本机备份数据"界面。

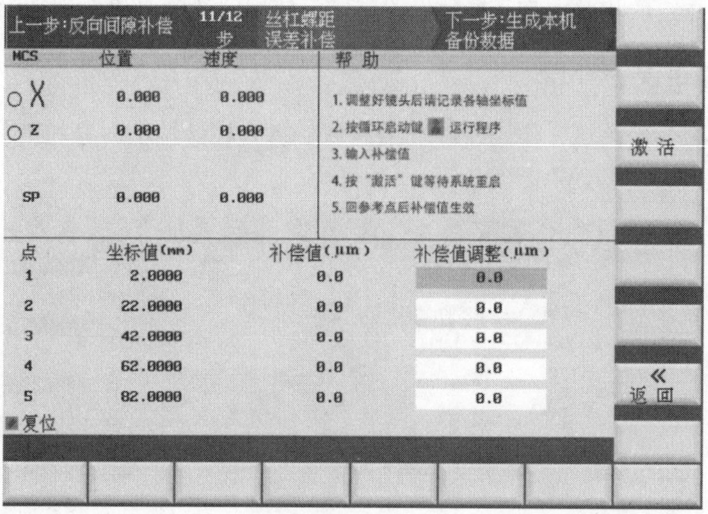

图 5-16　丝杠螺距误差补偿画面示例图 2

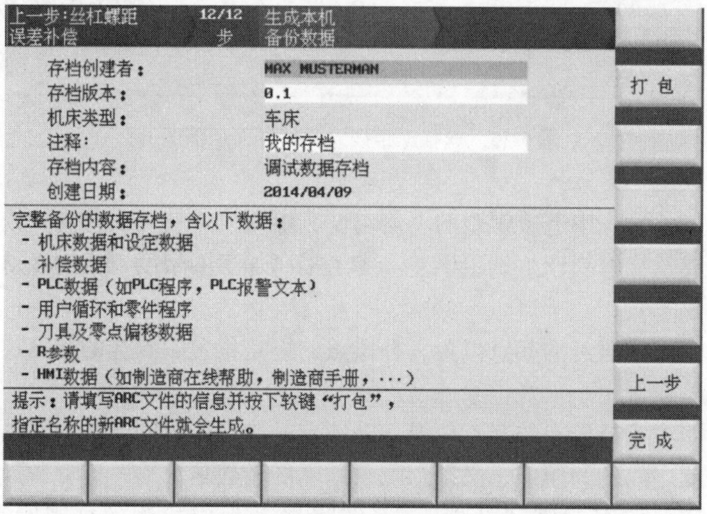

图 5-17　生成本机备份数据界面示例图

在完成全部调试步骤后，需要对机床调试数据进行备份，防止在使用中由于误操作等原因造成的机床数据丢失。可以在该界面将本机数据进行备份，并选择将其存储于 USB 存储设备或者 OEM 文件中。具体的操作步骤与本节上述中所介绍的第 8 步"生成批量的调试文件"操作相同。

在所有工作完成之后，按下软键"完成"即可完成快速调试向导。此时，机床完成基本的数据调试工作。

第6章 驱动调试

本章导读：

西门子 SINUMERIK 808D 数控系统产品所涉及的驱动器相关部件可以分为两种：一种是主轴变频器或伺服驱动器，另一种则是进给轴驱动器。

对于 SINUMERIK 808D 数控系统主轴部分，目前西门子公司官方没有提供经济适应的标准西门子主轴解决方案，在实际应用中，通常是基于 SINUMERIK 808D 数控系统可使用模拟量 ±10V 的主轴控制信号，以及支持主轴单/双极连接的特点，由机床设计人员自行选择第三方主轴变频器或伺服主轴驱动器。关于主轴具体的接口连接和注意事项，在本书第 3.2.2 节与主轴接口相关部分的论述中进行了详细的解释和说明，使用者应结合实际需要选用合适的第三方主轴，进行连接和调试工作。

对 SINUMERIK 808D 数控系统的进给轴部分，在 SINUMERIK 808D 数控系统标准配置中选择 SINAMICS V60 驱动器驱动组件，同时也可以支持功能相似的第三方驱动器。本章主要介绍了标准配置组件的 SINAMICS V60 驱动器在 SINUMERIK 808D 数控系统实际应用中调试方法及注意事项。

本章主要介绍了三部分，第 6.1、6.2 节主要介绍了 SINAMICS V60 驱动器主要菜单的基本操作方法以及调试之前应做哪些准备工作；第 6.3 节介绍了 SINAMICS V60 驱动器在调试过程中，需要注意的基本调试步骤及调试方法；第 6.4 节简要地介绍了 SINAMICS V60 驱动器的优化方法和在优化过程中需要注意的问题。

6.1 SINAMICS V60 驱动器概述

SINAMICS V60 驱动器是西门子公司开发的伺服驱动系统，可以和 SINUMERIK 808D 数控系统或者 SIMATIC PLC 配套使用，通过提供脉冲和方向信号进行指令控制。

同时，SINAMICS V60 驱动系统包含有 CPM60.1 单轴驱动模块和 1FL5 交流伺服电动机以及配套电缆。驱动模块只能与功率相匹配的伺服电动机配套使用。

在本书的第 1.4.2 节、第 2.2.2 节以及第 3.2.3 节中，已经对 SINAMICS V60 驱动器的基本安装要求、具体型号和配置进行了说明，本章重点介绍驱动器的调试过程。

6.2 调试前的准备工作

为了确保调试过程的安全以及后续调试工作的顺畅，需要在调试之前做好充分的准备工作，准备工作主要包括了解 SINAMICS V60 驱动器的菜单和操作步骤，驱动器通电前的检查工作。

6.2.1 SINAMICS V60 驱动器操作菜单

除了配合 SINUMERIK 808D 数控系统进行整体的调试工作之外，SINAMICS V60 驱动器同样有自己的操作菜单和操作方式，为满足使用者在实际应用中的需求，本节将简要地介绍 SINAMICS V60 驱动器的操作菜单及相关状态。

1. SINAMICS V60 驱动器面板按键及状态菜单

作为一款通用型的经济型驱动器，SINAMICS V60 驱动器通过 7 段的 LED 和按键进行基本的参数设置和调试。在其操作面板上共有 4 个操作按键，可实现如下操作：

1）监控驱动状态。

2）应答报警。

3）选择所需功能。

4）设置和修改参数。

5）查看相关显示数据。

在表 6-1 中，给出了 SINAMICS V60 驱动器控制面板的示例图以及相应的 4 个按键的功能说明。

表 6-1　SINAMICS V60 驱动器面板按键功能说明表

	按键	定义	功　能
LED状态指示灯 LED显示 （6位/7位） 	■	模式选择键	在 4 个主菜单项（状态、参数设置、数据显示和功能）中进行切换或者返回到上一级的界面
	▲	向上方向键	翻至上一菜单项或者增加参数值
	▼	向下方向键	翻至下一菜单项或者减小参数值
	ENTER	回车键	进入下一级菜单项或返回上一级菜单项，确认参数（将修改过的参数保存到 RAM）或清除报警

在 SINAMICS V60 驱动器运行中，将在表 6-1 中所示的 LED 状态指示灯的位置显示当前驱动器状态所对应的代码，帮助使用者实时地了解驱动器的运行情况。在表 6-2 中，给出了驱动器所有的状态显示的对应代码，为实际应用和监测提供帮助。

表 6-2　SINAMICS V60 驱动器状态菜单项一览表

菜单项	定　义	正常状态显示的前提条件
正常状态显示		
8.8.8.8.8.8.	驱动自检。在自检过程中，驱动器将会显示 "8.8.8.8.8.8."，持续时间为 1s	无错误代码出现 无电源（DC24V）故障
S-2	给驱动预充电（等待 220V 主电源）	无电源（DC24V）故障 无错误代码出现

（续）

菜单项	定　义	正常状态显示的前提条件
S-3	等待接口 X6 处端子 65 的驱动使能信号	无电源（DC24V 或 3AC 220～240V）故障 无错误代码出现
S-4	等待来自接口 X5 处端子 ENA＋和端子 ENA－的脉冲使能信号	无电源（DC24V 或 3AC 220～240V）故障 无错误代码出现 已通过外部 DC24V 电源使能端子 65
S-RUN	驱动正常运行	无电源（DC24V 或 3AC 220～240V）故障 无错误代码出现 已通过外部 DC24V 电源使能端子 65 已使能端子 ENA＋和端子 ENA－
错误状态显示		
S-A01 … S-A45	显示各种故障引起的报警编号	相关含义可参见本书附录

在 SINAMICS V60 驱动器的 LED 状态指示灯的位置，除了可以显示表 6-2 中所提及的相应的驱动器状态代码之外，还可以通过表 6-1 中所介绍的 4 个功能操作按键进入 SINAMICS V60 驱动器的各级菜单中，从而进一步地实现对 SINAMICS V60 驱动器的状态查询、参数调整、数据监控以及功能设定等一系列的相关操作。

2. SINAMICS V60 驱动器状态子菜单

在 SINAMCIS V60 驱动器的状态子菜单下可以便捷地查询驱动器的当前状态，帮助使用者实时掌握相关信息。在图 6-1 中，在 SINAMICS V60 驱动器的状态子菜单下可以查到全部操作及对应指令，为读者实际应用提供帮助。

3. SINAMICS V60 驱动器参数设置子菜单

在 SINAMICS V60 驱动器的参数设置子菜单下，可以通过模块上的按键和 LED 的显示，对驱动器上的参数进行设置和存储。在 SINAMICS V60 驱动器的参数设置子菜单下进行参数设置和存储的操作步骤如图 6-2 所示。

需要说明：在参数设置模式下进行的所有参数设置仅被保存到随机存储器（RAM）中。当驱动器重新启动时，这些设置将自动恢复为上一次设置前的参数设置。如果要永久保存这些设置，则应使用"功能"菜单下的"保存用户参数"菜单项。

此外，关于 SINAMICS V60 驱动器中各参数的详细说明可参见本书附录 B。

4. SINAMICS V60 驱动器数据显示子菜单

在 SINAMICS V60 驱动器上的数据显示子菜单下，可以通过模块上的按键和 LED 查阅所修改的参数或者其他数据。在 SINAMICS V60 驱动器的数据显示子菜单下进行参数数据查询的操作步骤如图 6-3 所示。

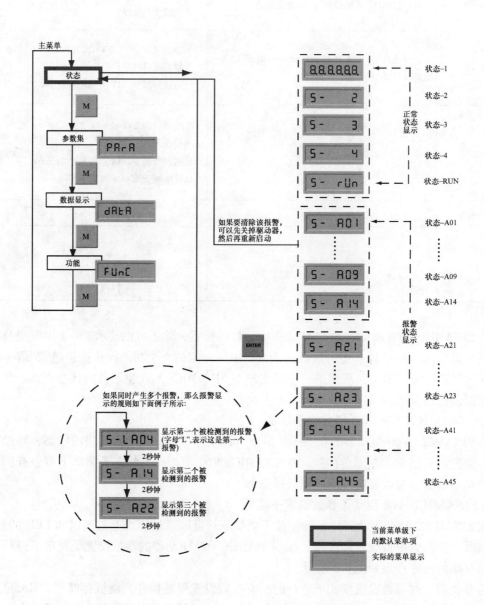

图 6-1 SINAMICS V60 驱动器状态子菜单示例图

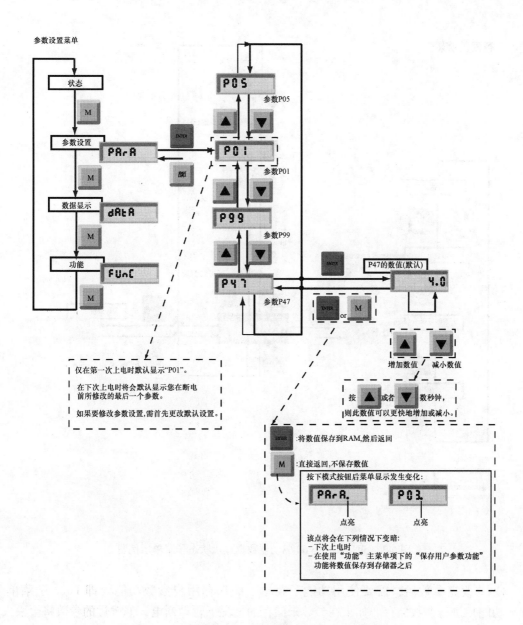

图 6-2 SINAMICS V60 驱动器参数设置子菜单示例图

5. SINAMICS V60 驱动器功能子菜单

除了上述介绍的子菜单之外，SINAMICS V60 驱动器还可以通过功能子菜单提供一些相应的辅助子功能，如参数设置和存储等。SINAMICS V60 驱动器功能子菜单的使用及操作步骤如图 6-4 所示。

对驱动器的"JOG"模式或"保存用户参数"模式，还需要注意以下几点：

1）只有在驱动器状态为"S-4"（等待脉冲使能），或者状态为"S-3"（等待65使能）且 P05 = 1 时，才可以进入 JOG 模式。

2）在驱动器状态为"S-RUN"或者"J-RUN"时，禁止参数存取操作模式。

数据显示菜单

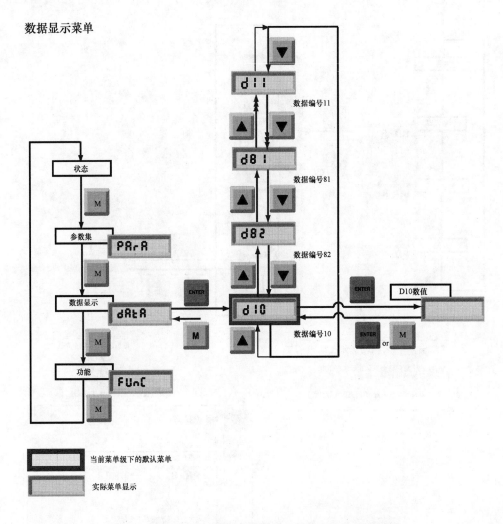

图 6-3　SINAMICS V60 驱动器数据显示状态子菜单示例图

3）修改完参数后，需要使用功能子菜单下的保存用户参数功能（即 Func 子菜单下 Store 功能）进行参数储存。如果在参数未储存的情况下驱动断电，修改过的参数将会丢失。

4）数据存储操作需要在切断驱动使能（驱动器端子 X6 上的针脚 1："65 使能"）或者脉冲使能（驱动器端子 X5 上的针脚 5 或针脚 6："＋ENA"或"－ENA"）的情况下进行，否则驱动器将不允许存储操作，显示为："Forbid"（禁止存储）。

6.2.2　通电检查

在实际应用中，一般建议在通电之前进行全面的电气安装及连接状态的检查，以避免通电之后由于接线或安装的问题，造成故障或引发危险。在通电之前可根据图 6-5 所给出的驱动器端接线检查总览示例图，从驱动器的主电源、直流电源以及与相关部件之间的通信连接等方面进行核查。

（1）检查主电源

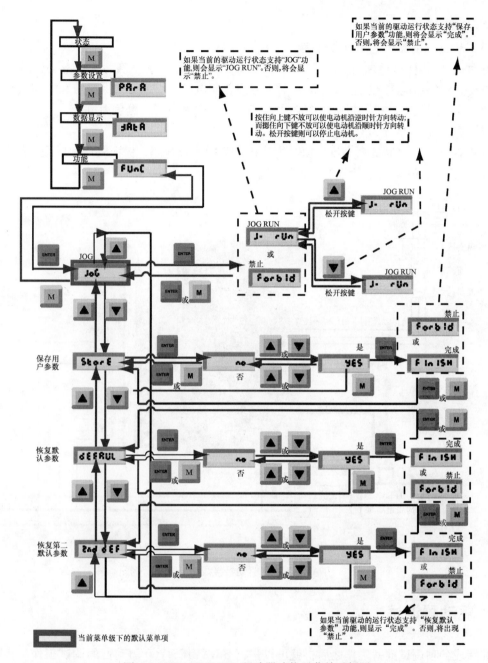

图 6-4　SINAMICS V60 驱动器功能子菜单示例图

SINAMICS V60 驱动单元输入电源为 3 相 220V，正常情况下电源通过隔离变压输入到驱动器电源接口。务必确保电源电压为 220V，否则可能造成驱动的损坏！

（2）检查驱动器直流电源

SINAMICS V60 驱动单元需要外接直流 24V 电源，电源电压范围 20.4V ~ 28.8V，如果该驱动所接电动机不带抱闸制动器，则该驱动直流电源最大电流为 0.8A；如果该驱动所接电动机带有抱闸制动器，则该驱动直流电源最大电流为 1.4A，请根据电流选择合适的电缆来连接直流电源。

（3）检查驱动器至电动机端连接

电动机动力电缆必须按照接线要求连接，U/V/W 相位要求正确，保证电动机端插头拧紧无松动。编码器电缆无破损和松动，对于客户自制电缆，一定要确保屏蔽和可靠接地。如果电动机为带报闸电动机，报闸电缆必须连接，其中白色为正，黑色为负。

（4）检查驱动器与 PPU 连接

驱动器与 PPU 之间的命令设定值电缆连接应确保连接紧固，保证接地和屏蔽良好。

确保驱动器 X6 端子上信号电缆连接牢靠。

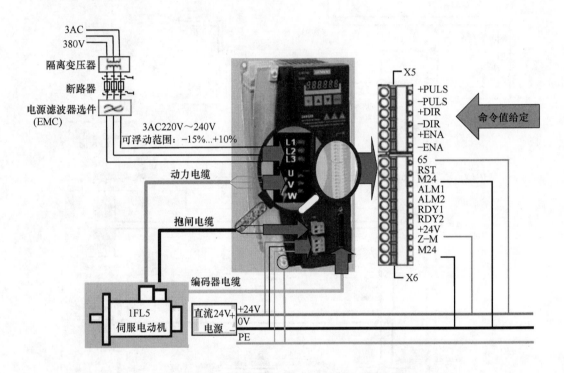

图 6-5　SINAMICS V60 驱动器接线检查总览示例图

6.3　驱动器调试

在完成各项调试准备工作之后，就可以进行 SINAMICS V60 驱动器的调试工作。在本节中，对驱动器调试的介绍分为驱动器初次通电的单独调试及配合 SINUMERIK 808D 数控系统的整体调试两部分。

6.3.1　驱动器首次通电的单独调试

一般来说，SINAMICS V60 驱动器在出厂时保持为西门子公司默认的出厂设置。在实际应用中进行首次使用时，需要根据图 6-6 中给出的 SINAMICS V60 驱动器初次通电基本调试流程和操作步骤，完成对 SINAMICS V60 驱动器的初次通电调试。

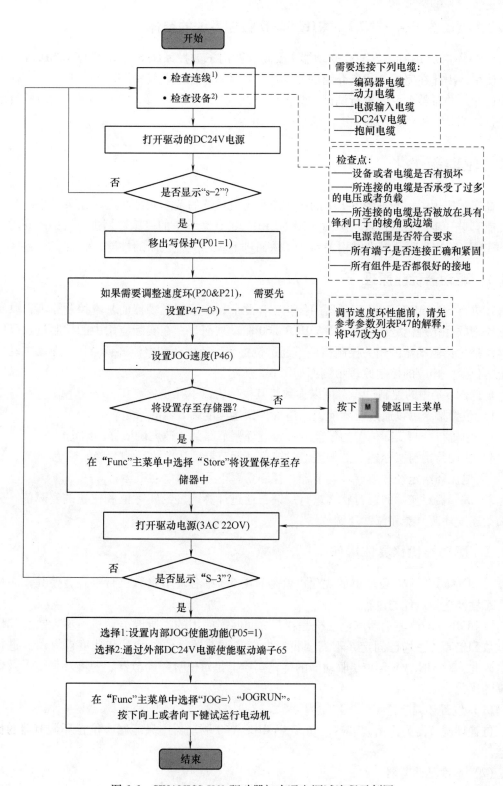

图 6-6 SINAMICS V60 驱动器初次通电调试流程示例图

6.3.2 驱动器配合 SINUMERIK 808D 数控系统的整体调试

在本书中，SINAMICS V60 驱动器主要是和西门子数控系统 SINUMERIK 808D 数控系统配合使用，因此在完成上述所介绍的驱动器的单独调试之后，还需与 SINUMERIK 808D 数控系统连接，并对整个系统进行调试。具体的调试流程和操作步骤，可参照图 6-7 中所给出的系统整体调试流程示例图。

6.4 驱动器优化

在实际应用中，根据图 6-7 中的调试流程完成系统的基本调试之后，如果对系统及机床的性能有进一步的要求，还可以对 SINUMERIK 808D 系统中的机床数据进行调整的同时，优化 SINAMICS V60 驱动器中的相关参数，从而进一步地提升机床的性能，满足实际需要。

6.4.1 驱动器优化原理

在进行 SINAMICS V60 驱动器的优化工作之前，应了解驱动器的基本控制原理，以及基于此原理的优化理论分析。对 SINAMICS V60 驱动器而言，在实际应用中的控制过程可以简单地概括为：驱动器的相关控制指令，经过位置环、速度环和电流环调节器，驱动电动机到指定的位置。相应的控制原理示例图如图 6-8 所示。

根据图 6-8 中的控制过程，可以大致将其概括为以下几步：

1）位置指令可以通过位置前馈通道直接到达速度调节器的给定。

2）位置指令与实际位置的偏差经过位置环调节器到达速度调节器的给定。

3）速度给定与实际速度的偏差经过速度环调节器到达电流环调节器的给定。

4）电流环给定经过电流环调节器，控制功率单元驱动电动机运行。

5）编码器对实际的运行状态进行反馈：通过计算速度的实际值和位置的实际值，分别反馈给速度环调节器和位置环调节器。

6.4.2 驱动器优化具体操作

对 SINAMICS V60 驱动器的优化也就是对图 6-8 中各环节参数进行整定，使其动态性能和静态性能达到最优的过程。

SINAMICS V60 驱动器和电动机是相互之间匹配使用的，所以电动机模型参数及编码器的线数和倍频关系均已固定，不需要再对电流环调节器、位置计算和速度计算单元进行优化。因此，对 SINAMICS V60 驱动器的优化实质上是对位置环调节器、速度环调节器及位置前馈的优化。

（1）位置环调节器

位置环调节器为比例调节器，在 SINAMICS V60 驱动器中只能修改位置环调节器的比例增益。

（2）速度环调节器

速度环调节器为比例积分调节器，在 SINAMICS V60 驱动器中可以修改速度环调节器的比例增益和积分时间。

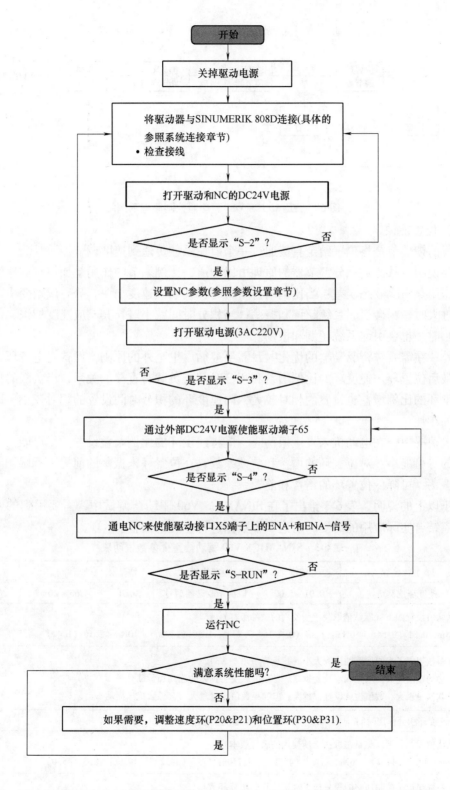

图 6-7 SINUMERIK 808D 数控系统与 SINAMICS V60 驱动器整体调试流程示例图

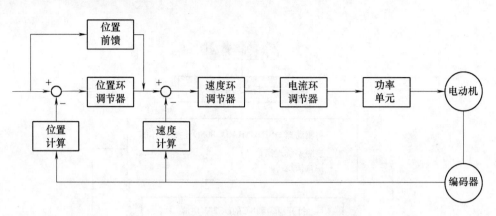

图 6-8 SINAMICS V60 驱动器控制原理示例图

（3）位置前馈

位置前馈环节是将位置给定直接通过一个前馈系数传递到速度调节器。

需要说明：从比例积分调节器的原理可以知道，比例调节的作用是加快响应速度，积分调节的作用是消除静态误差：当比例增益增大时，其响应速度加快，静态误差变小，但当比例增益过大时，则会引起系统超调和振荡；当积分时间减小时，其响应速度加快，但当积分时间过小时，也会引起系统超调和振荡。

此外，在需要进行驱动器的优化时，需要遵循由里至外的原则，即首先电流环，然后速度环，最后位置环。速度环的比例增益和积分时间与负载有直接的关系，当负载的惯量较大时，速度环的比例增益也设置的相对较大，而速度环的积分时间设置的相对较小，以提高驱动系统的刚性。

一般情况下，在电动机未发生振荡时，应将速度环的比例增益设置的尽可能大，积分时间设置的尽可能小。对位置环的增益和前馈系数，在位置环未振荡的前提下不做调节；若位置环有振荡，可降低位置环的增益和前馈系。

基于以上的说明，表 6-3 给出了在 SINAMICS V60 驱动器调试中，需要用到的 4 个重要参数。应结合实际应用的需要，对这 4 个数据进行合理的调整。

表 6-3 SINAMICS V60 驱动器重要参数说明表

参数	参数名称	范围	默认值	增量	单位	生效
P20	速度环比例增益	0.01 ~ 5.00	取决于驱动器型号	0.01	Nm * s/rad	立即生效
	默认值设置如下（默认值取决于所使用的软件版本）： 4Nm：0.81（0.54）　　6Nm：1.19（0.79）　　7.7Nm：1.50（1.00）　　10Nm：2.10（1.40）					
	此参数规定了控制回路的比例大小（比例环节增益 Kp） 设置的数值越大，增益和刚性就越高。参数值取决于具体的驱动和负载 负载惯量越大，数值也就设置得越大；但如果数值设置过大，会导致机床振动					
P21	速度环积分作用时间	0.1 ~ 300.0	取决于驱动型号	0.1	ms	立即生效
	默认值设置如下（默认值取决于所使用的软件版本）： 4Nm：17.7（44.2）　　6Nm：17.7（44.2）　　7.7Nm：17.7（44.2）　　10Nm：18.0（45.0）					
	此参数规定了控制回路的积分作用时间（Tn，积分环节） 设置的数值越小，增益和刚性就越高（参数值取决于具体的驱动和负载）					

（续）

参数	参数名称	范围	默认值	增量	单位	生效
	位置比例增益	0.1~3.2	3.0（2.0）	0.1	1000/min	立即生效
P30	设定位置环调节器的比例增益 设定值越大，增益越高，刚度越大 相同频率指令脉冲条件下，位置滞后量越小；但如果数值设置过大，可能会引起振荡和超调 参数数值根据具体的伺服驱动系统型号和负载情况确定					
	位置前馈增益	0~100	85（0）	1	%	立即生效
P31	设定位置环前馈增益 设定为100%时，表示在任何频率的指令脉冲下，位置滞后量总是为0 位置环前馈增益增大，控制系统的高速响应特性提高，但会使系统位置环不稳定，容易产生振荡 除非需要很高的响应特性，否则位置环的前馈增益一般设置为0					

第7章　系统数据备份和恢复

> **本章导读:**
>
> 　　在 SINUMERIK 808D PPU 中,机床数据可以保存在系统内或者保存在 USB 储存设备、电脑等外围存储设备中。一般在完成机床调试时,需要做数据存储工作并存档,在机床使用过程中或者维护时,如果发生机床数据丢失或者其他意外情况,可以使用备份数据快速地恢复系统和机床,从而减少因机床数据丢失造成停机的时间,提高机床控制器的稳定性和可靠性,快速地排除和解决机床故障。由此可见,数据备份的重要性不言而喻,它是机床调试过程中不可缺失的一个重要步骤。
>
> 　　本章主要介绍 SINUMERIK 808D 数控系统中的数据备份及恢复方法。总体来说,主要内容可分为两大部分,第7.1节归纳和说明了 SINUMERIK 808D 数控系统中所用到的数据备份方法;第7.2节简要介绍了 SINUMERIK 808D 数控系统备份数据的具体恢复方法。

7.1　系统数据备份

在 SINUMERIK 808D 数控系统中,可使用多种方式对机床数据及其他相关调试和使用数据进行备份和保存。本节从 SINUMERIK 808D 数控系统中备份数据的组成和备份手段的操作过程两个方面,介绍了数据备份。

7.1.1　系统备份数据的组成

在 SINUMERIK 808D 数控系统中,可用多种方式对机床数据及其他相关调试和使用数据进行备份和保存。本小节主要从 SINUMERIK 808D 数控系统中备份数据的组成和备份手段的操作过程两个方面,介绍了数据备份。

从表 7-1 中可知,在 SINUMERIK 808D 数控系统中,相应的数据存储选项可分为:建立批量调试存档、建立本机调试存档以及建立本机调试存档(存储在系统默认的路径下)。

表 7-1 中第二步所对应的三个存档选项,第三选项与第二选项只有存储路径的区别,在存储数据的内容上是完全一致的。因此,可以根据存储内容及用途的不同,将 SINUMERIK 808D 数控系统数据存储方式分为两类:

(1) 批量调试存档

此存档可作为同种型号机床的通用备份数据,存档中的主要内容包括:

1) 机床数据和设定数据。

2) PLC 数据(如 PLC 程序,PLC 报警文本)。

3) 用户循环和零件程序。

4）刀具及零点偏移数据。

5）R 参数。

6）HMI 数据（如制造商在线帮助，制造手册…）。

（2）本机调试存档

此存档一般只用于本机床的备份数据，存档中的主要内容包括：

1）补偿数据。

2）机床数据和设定数据。

3）PLC 数据（如 PLC 程序，PLC 报警文本）。

4）用户循环和零件程序。

5）刀具及零点偏移数据。

6）R 参数。

7）HMI 数据（如制造商在线帮助，制造手册…）。

表 7-1　SINUMERIK 808D 数控系统数据存储选项示例

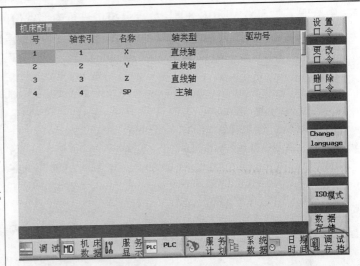

第一步：进入"调试存档"界面

首先要确保系统口令权限在"用户"级别以上（此处以制造商级别作为示例）

在开机界面，同时按"上档"键和"报警"键进入右图所示的系统主菜单区域

按右下方的"调试存档"键进入调试存档界面

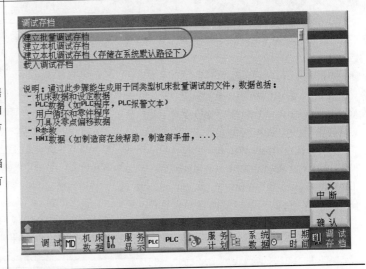

第二步：选择合适的存档方式

如右图所示，在调试存档界面可根据不同的需要，选择相应的存档方式。相应的存档方法及操作在本书第 5.3.6 节中进行了介绍

右图所示为"制造商"级别下的存档界面；如果在"用户"级别下，则只有"建立本机调试存档"的选项

7.1.2 系统数据备份的类型及过程

前文已经提到，根据不同的分类角度，SINUMERIK 808D 数控系统数据的备份方式也是多样的。一般来说，在实际应用中，使用者比较关注的存储分类方式可归纳为两种：按存储媒介分类和存储类型分类。前者可帮助使用者区分数据存储的位置，便于存储数据的管理和再恢复；后者则可以帮助使用者快速地定位需要备份的信息，避免数据的缺失。

本节从这两种常用的数据存储分类方式出发，对 SINUMERIK 808D 数控系统备份数据及相应备份方法进行说明。

1. 按照存储媒介分类

按照存储媒介的不同，可以将 SINUMERIK 808D 数控系统中数据备份的方式分为内部备份和外部备份两大类。

（1）内部备份

所谓内部备份，是指将数据存储在 SINUMERIK 808D 数控系统 NC 控制器的内部，在表7-2 中给出了在 SINUMERIK 808D 数控系统中进行内部备份的具体操作步骤。

表 7-2 SINUMERIK 808D 数控系统内部数据备份操作示例

第一步：进入"数据存档"界面

首先要确保系统口令权限在"用户"级别以上（此处以制造商级别作为示例）

在开机界面下，同时按"上档"键和"报警"键进入系统主菜单区域后；按

数据 存储 键进入右图所示的数据界面

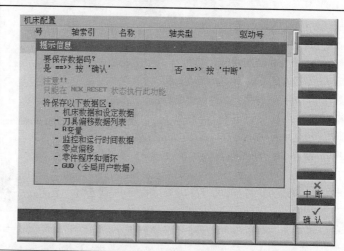

第二步：执行数据存档操作

如第一步图中所示，在数据界面会将储存的全部数据内容进行说明，确认无误后点击"确定"键并进行存储

如右图所示，在存储中不可执行其他操作，也不可切断电源，直至系统返回主菜单界面并提示数据存储结束，数据存储成功

依照上述操作步骤完成对内部备份后，系统数据将存储于 NC 内部的 S – RAM 区。该存储区数据可以断电保持，如果数据因故障丢失，系统可自动读取存储区中的备份数据，对数据进行恢复。

（2）外部备份

外部备份则是指将备份数据存储在外部电脑、USB 存储设备或其他的存储媒介中，在表 7-3 中给出了在 SINUMERIK 808D 数控系统中进行外部备份的两种不同的备份方法。

2. 按照存储类型分类

除了按照存储媒介进行区分之外，还可以按照存储类型的不同，将 SINUMERIK 808D 数控系统中数据备份的方式分为打包数据和独立数据。

（1）打包数据

打包数据是口语化说法，实际是指备份得来的以 arc 为文件后缀的文件，例如上文中提及的 arc_product. arc 和 arc_startup. arc 文件均属打包文件。

表 7-3　SINUMERIK 808D 数控系统外部数据备份操作示例方法

方法 1： 　　如右图所示，将 USB 储存设备接入 PPU 正面相应接口处之后，可同时按下"CTRL"＋"S"组合键，此时系统将自动地进行备份，并将备份数据存储到所连入的 USB 存储设备中 　　所生成的备份数据的名称为：808dbin. arc	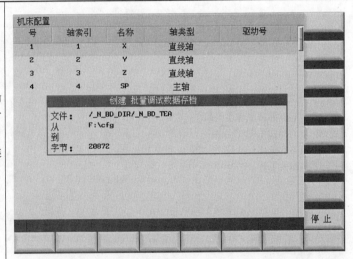
方法 2： 　　第一步：选择合适的存档方式 　　如右图所示，与本章第 7.1.1 节表 7-1 中所示的操作方式相同，进入"调试存档"界面后，选择需要的数据存储类型	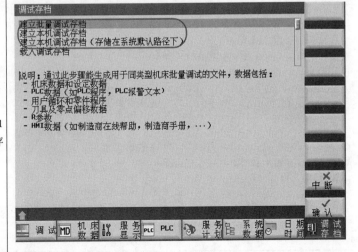

（续）

第二步：备份文件命名及存储位置的选择

如右图所示，确认所选择的数据存储类型后，系统会提示命名备份文件并选择所要存储的位置

OEM 文件：控制器上存储 OEM 文件的文件夹

USB：USB 存储器

用户文件：PPU 上存储最终用户文件的文件夹

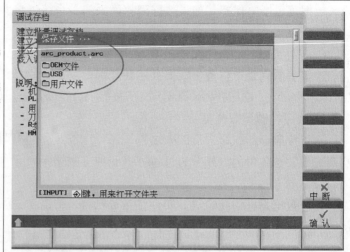

第三步：填写备份文件的备注信息

如右图所示，确认所选择的数据存储位置后，可以对所要存储的数据进行编辑，以帮助记录该存储文件的基本情况，方便日后进行归类和查找

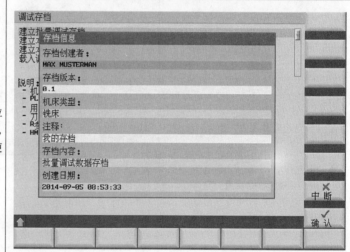

第四步：执行数据备份

如右图所示，完成提示信息的输入之后，按"确认"键，系统将自动进行数据备份。当进入对话框完毕之后，数据备份成功

批量调试存档文件名默认为 arc_product.arc

本机调试存档文件名默认为 arc_startup.arc

两者的默认名均可在第二步中进行修改

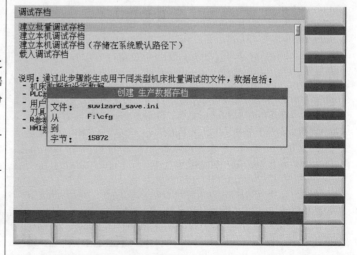

这类文件包含了所有的备份项，特点是操作步骤简单容易，而且备份的数据比较全面，但是这类备份数据不能被直接读写，因此在使用该类型的数据时，必须注意区分系统的软件版本，因为不同软件版本之间的备份数据是不能相互使用的。

（2）独立数据

独立数据是指将每一个独立的数据类型以独自的文件类型分别备份出来，虽然该类型数据的备份操作步骤比较繁琐，但是每个数据文件都可以被读取和复制，而且在应用时也可以单独地传入不同软件版本的控制器中，因此该种数据备份方式应用也较为普遍。

在表7-4中给出了在 SINUMERIK 808D 数控系统中进行独立数据备份的操作步骤。

表 7-4　SINUMERIK 808D 数控系统独立数据备份操作示例方法

第一步：进入"系统数据"界面 首先要确保系统口令权限在"制造商"级别 在开机界面下同时按"上档"键和"报警"键进入系统主菜单区域后；按 系统数据 键进入右图所示的系统数据界面	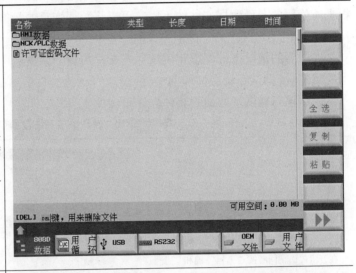
第二步： 在进入系统数据界面之后，可以发现该界面共有三个选项： HMI 数据文件夹：如右图所示，可通过复制/粘贴进行传入/传出操作 NCK/PLC 数据文件夹：如右图所示，可通过复制/粘贴进行传入/传出操作 许可证密码文件：仅允许传出备份，不可传入	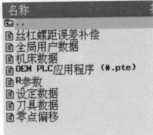 　HMI数据文件夹内容　　　NCK/PLC数据文件夹内容

7.2　系统数据的恢复

在本章第7.1节中介绍了关于 SINUMERIK 808D 数控系统的常用的数据备份方法，而在实际应用中，数据的备份通常是为了应对意外情况的发生。

当系统由于误操作、系统故障等原因导致内部数据丢失时，可以使用备份数据对系统的内部数据进行恢复。而对 SINUMERIK 808D 数控系统在进行数据恢复过程中，所需要注意的基本问题及具体的操作步骤是本节将要介绍的重点内容。

7.2.1 数据恢复注意事项

西门子 SINUMERIK 808D 数控系统不仅在软件上有区别，在硬件上也有分类，因此在恢复数据时需要注意以下事项：

1）备份数据必须与硬件版本（车削版或铣削版）相对应。

2）必须注意备份数据是否与系统的软件版本相兼容。

7.2.2 数据恢复的过程

在确保上述注意事项无误的前提下，可以对 SINUMERIK 808D 数控系统进行数据恢复。根据所使用的备份数据文件的不同，可以将数据恢复的具体方法划分为两类：

（1）使用调试存档文件恢复系统

在必要的情况下，可以将调试存档文件加载到原型机中，从而实现恢复数控系统内部数据的目的。（调试存档文件即前文提到的以 arc 为文件后缀的备份文件）

使用该存档恢复数据的具体操作步骤见表 7-5。

表 7-5　SINUMERIK 808D 数控系统数据存储选项示例

第一步：进入"调试存档"界面

首先要确保系统口令权限在"用户"级别以上（此处以制造商级别作为示例）

在开机界面，同时按以"上档"键和"报警"键进入如右图所示的系统主菜单区域

按右下方"调试存档"键进入调试存档界面

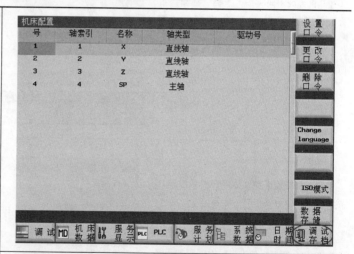

第二步：载入调试存档

如右图所示，在调试存档界面移动光标，选择"载入调试存档"的选项，并确认

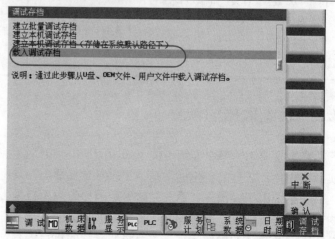

（续）

第三步：选择需要恢复的存档文件 如右图所示，根据实际情况在相应的存储位置找到需要使用到的存档文件	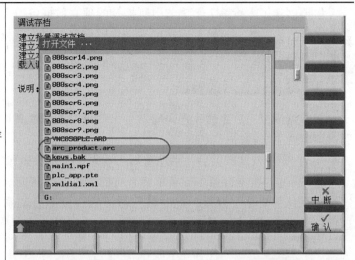
第四步：核对存档文件的备注信息 如右图所示，在确认需要恢复的存档文件之后，系统会自动读取该恢复文件的备注信息，供操作者进行核对，以确保所使用的备份文件的正确性	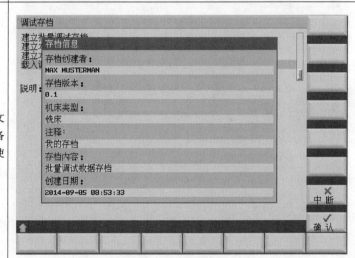
第五步：执行备份数据的恢复 如上图所示，在确认备份数据备注信息无误后，系统将对恢复数据的操作进行提示，在数据恢复之前，系统将自动删除当前所存储的全部数据 如下图所示，使用"确认"键确认继续执行数据恢复的操作后，系统会自动进行数据恢复，并显示相应的对话提示框，在此过程，不要对系统做任何操作 当加载完调试存档后，系统会自动重新启动，数据恢复成功	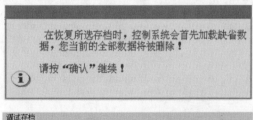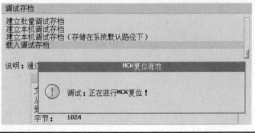

注：在恢复系统时，密码会被删除掉，因此当 SINUMERIK 808D PPU 重新启动后必须重新输入密码。

2. 使用单独的数据备份文件恢复系统

如果创建了本章第 7.1.2 节中所提及的独立数据备份文件,那么也可以通过这种类型的数据恢复数控系统。该恢复方法的操作步骤简单易操作,仅需要找到相应的数据文件,通过复制/粘贴到对应的文件夹中即可。

7.2.3 数据恢复后的验证

在数据恢复完成之后,还需要对备份数据的准确性和适用性进行进一步的验证。一般可通过下面两个步骤进行验证:

1) 在完全恢复数据后,手动重新启动系统,检验机床是否可以正常运行。

2) 通过"数据存储"软菜单将系统的数据存储在控制器内部,然后在"调试"软件中选择"默认值启动"系统,此时数据被清除。重新启动系统,选择"存储数据启动系统"选项,待完全启动后,检验机床是否可以正常运行。

第8章 常用特殊功能

本章导读：

除了具备数控系统基本功能外，西门子 SINUMERIK 808D 数控系统还具有较强的开放性，可以满足一些特殊的应用需要。本章主要介绍了 SINUMERIK 808D 数控系统中一些比较常用的特殊功能。

总体来说，本章将 SINUMERIK 808D 数控系统的 7 种不同的特殊功能分为七节，每一节将详细地介绍其中一种特殊功能的应用及相关示例，SINUMERIK 808D 数控系统的 7 种特殊功能分别为：主轴换档、自动测量、DNC 在线加工、服务计划、PI 服务、读轴数据、快速输入/输出功能以及 NC 与 PLC 数据交换。

8.1 主轴换档

对于 SINUMERIK 808D 数控系统而言，主轴换档可以分为两种模式：

1）真实的自动换档：其所有换档动作均由 PLC 控制完成。

2）虚拟换档：其真实的换档动作由人工操作换档手柄在机械端完成，系统中的换档完成信号仅在 PLC 和 NCK 之间进行虚拟化的模拟应答来完成。

在 SINUMERIK 808D 数控系统中，一个主轴共可设置 5 个变速档位。如果主轴直接与电动机相连或者主轴到电动机的传动比固定不变，则不需要进行主轴换档，只需设置主轴与电动机之间的传动比即可；如果主轴与电动机的传动比不固定，即传动比随着档位的变化而变化，则此时必须进行主轴换档。在图 8-1 中，给出了 SINUMERIK 808D 数控系统进行主轴换档时，PLC 程序动作流程的基本原理图，帮助读者对 PLC 程序在换档时的动作流程有一个整体的了解。

在进行实际换档时，对目标档位的确认，通常有两种方式：

1）使用 M40 指令并结合实际编程的主轴转速，来自动确定目标档位。

此方式为 SINUMERIK 808D 数控系统的 PLC 控制程序中默认使用的换档方式。

在调试过程中，通过设定机床参数来指定相应的主轴换档转速，只要编程的主轴转速小于当前档位的最小转速或者

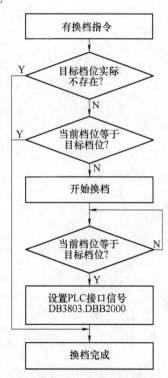

图 8-1　主轴换档流程原理图

大于当前档位的最大转速，系统将会自动确定目标档位。

相应的机床参数及设定说明可参见本书第 5.2.2 节中关于主轴齿轮档位的相关介绍。

需要注意：自动确定目标档位必须在主轴速度连续运行方式下，且有主轴转速指令的前提下进行。可以有 M40 指令，也可以不需要 M40 指令（建议使用 M40 指令）。

2）在编程中指定固定的目标档位，即使用 M41 指令至 M45 指令对应第一挡到第五挡目标档位。该种方式是在程序中使用 M41 指令到 M45 指令，从而使得 PLC 可以通过直接读取所使用的 M 代码的方式来获得对应的目标档位；此外，也可根据主轴由 NCK 反馈给 PLC 的接口信号获得目标档位。

需要注意：在使用 PLC 直接读取 M 代码脉冲指令时，不应通过 DB2500.DBX1005.1 至 DB2500.DBX1005.5 来获得相应 M 代码；而必须使用 DB2500.DBD3000 与数字 41~45 之间进行比较，来确定目标档位。因为前者属于 M 代码的动态 PLC 编码，只能持续一个 PLC 周期，在使用中容易丢失信号；而后者为 M 代码的静态 PLC 编译，可以确保程序读取的稳定性。

在图 8-2 中给出了 PLC 程序执行目标换档的逻辑程序示例。

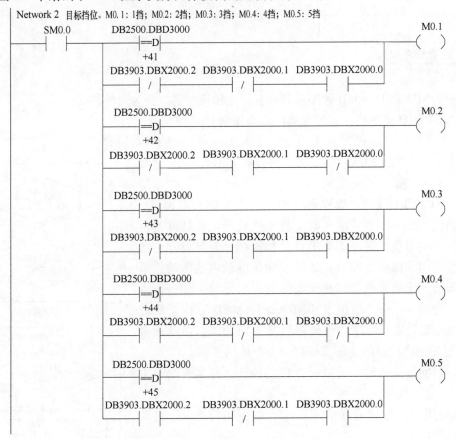

图 8-2　PLC 目标档位指令程序示例图

通过图 8-2 中的 PLC 程序中可以看到，使用指定的 M41 指令至 M45 指令进行换档时，可以通过两种方式来实现：

①直接通过读取 PLC 程序中所对应的 M 代码的编码值，从而获得对应的目标档位。在该方式中，使用 PLC 接口信号 DB2500. DBD3000 来进行判断，结合图 8-2 中所给出的 PLC 程序逻辑示例，在表 8-1 中给出了该方式下的换档命令中所对应的 PLC 接口信号表。

表 8-1　换档命令 PLC 接口信号表 1

序号	档位	M 代码	DB2500. DBD3000	序号	档位	M 代码	DB2500. DBD3000
1	第一档	M41	41	4	第四档	M44	44
2	第二档	M42	42	5	第五档	M45	45
3	第三档	M43	43				

②通过读取主轴由 NCK 反馈给 PLC 的接口信号，来获得相应的目标档位。在该方式中，使用 PLC 接口信号 DB3903. DBB2000 来进行判断，即 NCK 读取到相应的 M 代码之后，会自动根据实际的 M 代码转化为相应的 DB3903. DBB2000 所对应的位（如 M41 对应 PLC 位变化为：DB3903. DBX2000. 0 = 1，DB3903. DBX2000. 0 = 0，DB3903. DBX2000. 0 = 0，DB3903. DBX2000. 0 = 1）。

结合图 8-2 中所给出的 PLC 程序逻辑示例，在表 8-2 中给出了该方式下的换档命令中所对应的 PLC 接口信号表。

表 8-2　换档命令 PLC 接口信号表 2

序号	档位	M 代码	DB3903. DBB2000			
			位 3	位 2	位 1	位 0
1	第一档	M41	1	0	0	1
2	第二档	M42	1	0	1	0
3	第三档	M43	1	0	1	1
4	第四档	M44	1	1	0	0
5	第五档	M45	1	1	0	1

此外，需要注意的是，在表 8-2 中所提到的 DB3903. DBB2000 是 NCK 返回给 PLC 的信号，只能够进行读取而无法写入，其相应的状态变化则是根据 PLC 程序内 DB3803. DBB2000 的状态变化所决定的，所对应的为 PLC 程序的当前档位信号，具体信息见表 8-3 中。

表 8-3　当前档位 PLC 接口信号表 3

序号	档位	DB3803. DBB2000			序号	档位	DB3803. DBB2000		
		位 2	位 1	位 0			位 2	位 1	位 0
1	第一档	0	0	1	4	第四档	1	0	0
2	第二档	0	1	0	5	第五档	1	0	1
3	第三档	0	1	1					

当使用第二种方式进行主轴换档时，NCK 与 PLC 程序主要的动作流程可以大致的分解为以下几个主要过程：

1）NCK 通过读入代码，转换为相应的 DB3903. DBB2000 对应的位，向 PLC 程序发出换档指令。

2）NC 加工程序暂停，等待主轴换档完成，否则程序不往下执行。

3）PLC 收到换档指令并完成 PLC 换档动作后，需要通过设置 PLC 接口信号来标识主轴齿轮换档的完成，即设置 DB3803. DBX2000. 3 = 1，以告诉 NCK 换档已经完成。

此过程中的时序逻辑必须为：首先将完成换档之后的当前档位信号（通过表 8-3 中 DB3803. DBB2000 所对应的信息表示当前档位信号）送入相应的 PLC 接口地址中，然后执行换档完成信号（即设置 DB3803. DBX2000. 3 = 1）。若送到 PLC 接口信号的当前档位与目标档位不一致，在执行换档完成时，会有报警。

4）当 NCK 接收到 PLC 程序中 DB3803. DBX2000. 3 = 1 的状态时（即 NCK 通过 PLC 程序了解到换档已完成的状态），则 NCK 将自动复位 DB3903. DBX2000. 3（即使得 DB3903. DBX2000. 3 = 0）以确认换档完成。

5）NC 加工程序可以继续地执行。

6）在上述过程完成之后，PLC 程序 DB3803. DBX2000. 3 还需要再次地复位为 0（即使得 PLC 接口信号：DB3803. DBX2000. 3 = 0），否则下次换档无法完成。

以第三档换档动作过程为例，上述的逻辑时序过程如图 8-3 所示。

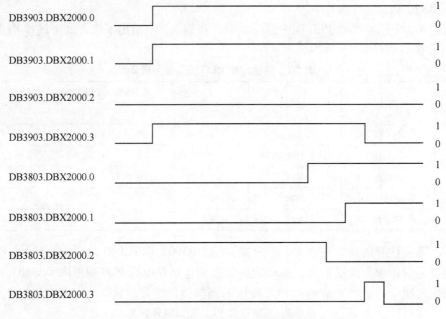

图 8-3　第三档换档逻辑时序图

需要注意：对上文中所介绍的两种通过读取 M 代码进行换档操作的方法，在实际应用中根据需要选择一种使用即可。也就是说，在图 8-2 所给出的 PLC 目标档位指令程序示例图中，既给出了使用 DB2500. DBD3000 进行换档判断的示例，也给出了使用 DBB3903. DBB2000 进行换档判断的示例，两种方式选择一种即可。

此外，如果从当前的主轴档位换到 M41 到 M45 所确定的主轴档位，编程的主轴转速就与给定的主轴档位相关，需要重点注意以下两方面：

1）如果编程的主轴转速大于当前主轴档位的最大转速，则主轴转速只能是当前档位的最大转速极限，并设置接口信号 DB3903. DBX2001. 1 为 1，即限制给定转速输出。

2）如果编程的转速小于当前档位的最小转速，则将转速提高到当前档位的最小转速值极限运行，并且设置接口信号 DB3903. DBX2001. 2 为 1，即提高额定转速输出。

如果通过编程 M40 指令，则可以根据主轴转速自动确定换档的目标档位。如果所确定的目标档位不是当前的主轴实际档位，也就是说当前的实际档位需要换档，此时 NCK 设置 PLC 接口信号 DB3903. DBX2000. 3 为 1，以及 DB3903. DBX2000. 0 至 DB3903. DBX2000. 2 等目标档位信号。西门子 SINUMERIK 808D 数控系统在自动确认换档的目标档位时按照下列过程进行。

1）编程的主轴转速首先与当前档位的最小值和最大值进行比较：

①如果编程的主轴转速在当前档位的最小值与最大值之间，则不给出新的目标档位。

②如果编程的主轴转速不在当前档位的最小值与最大值之间，则从主轴档位第一档开始，到第五档结束，逐一进行比较，直到其介于某挡的最小值与最大值之间为止，并设置相应的 PLC 接口信号。

2）如果当前在第五档时，编程的主轴转速仍然不在该档的最小值与最大值之间，则主轴不进行换档，主轴转速限制为当前档位的最大转速，或者提高到当前档位的最小转速，并设置 PLC 接口信号 DB3903. DBX2001. 1 为 1（即限制给定转速输出）或设置 DB3903. DBX2001. 2 为 1（即提高额定转速输出）。

3）只有在主轴停止时才能切换到新的目标档位。如果要求切换档位，则 SINUMERIK 808D 数控系统内部会先停止主轴，进而进行档位切换。主轴换档结束后，切换到新的实际档位的参数运行，如果此时 M3 或者 M4 有效，主轴将按照新的档位以最快的速度加速到最后编程的主轴转速。

8.2　自动测量

SINUMERIK 808D 数控系统可支持自动测量功能的使用。自动测量可分为刀具的自动测量和工件的自动测量；同时在车床和铣床上，自动测量功能的使用也不完全相同。

（1）刀具自动测量

测量刀具需要使用对刀仪，通常对刀仪安装在机床的固定位置，这样就能保证测量基准的准确性；同时，刀具测量方式又可分为接触式对刀和非接触式激光对刀，不同的方式需要选用不同的对刀仪。

1）在铣削系统中，刀具测量包括刀具长度的测量以及刀具半径的测量。

2）在车削系统中，刀具测量包括刀具 X 方向和 Z 方向上的测量。

（2）工件自动测量

测量工件需要使用工件测量仪。

1）在铣削系统中，工件测量不仅包括工件坐标系零点的测量，也可以通过确定工件坐标系的旋转角度，进行工件找直。

2）在车削系统中，工件测量一般仅测量 X 方向和 Z 方向的偏移。

同时，按照操作模式的不同，SINUMERIK 808D 数控系统自动测量功能的使用又可分为手动方式自动测量和自动方式自动测量。

（1）手动方式自动测量

手动方式自动测量是指机床处于手动模式时，在自动测量界面，使用 MCP（即机床操作面板）上的"循环启动"键启动自动测量循环。西门子 SINUMERIK 808D 数控系统仅铣削版支持手动方式下刀具的自动测量，其他任何方式的测量均需要编写宏程序来实现该功能。

（2）自动方式自动测量

自动方式自动测量是指机床处于自动模式时，在用户加工程序中调用自动测量循环，程序运行到该测量循环时自动进行测量。

需要注意：坐标方向测量仪在移动时要特别小心，测量仪的活动量是有限的，测量仪供应商可以提供测量仪动作的最大距离，需要在考虑到信号延时的前提下，确保坐标轴可以在此距离内从测量速度减速到零速，如果过冲则会导致测量头损坏。此外，点动速度和 G1 速度也不能过快，并禁止使用点动快速或者 G0 修调，以避免测量头损坏。

8.2.1 测量探头的连接与设定

测量探头在检测到物体时，能够产生 24V 的保持信号，而不是脉冲信号。此外，测量探头根据应用方式、功能需要以及所使用的数控系统的不同，可以有多种选择：

1）3D 探头可无限制地在车削系统和铣削系统上使用。

2）双向探头可在铣削系统上作为单向探头使用；在车削系统上用作刀具测量。

3）单向探头可在主轴能够定向的铣削系统上使用。

对于西门子 SINUMERIK 808D 数控系统而言，最多可支持 2 个测量回路信号。在默认情况下，测量信号 1 用于刀具测量；测量信号 2 用于工件测量。如果没有刀具测量，则测量信号 1 也可以用于工件的测量。

此外，由于 SINUMERIK 808D 数控系统在软硬件版本上还根据车铣应用的不同而有所区别，所以系统默认出厂设置也会由于系统车削版或铣削版的不同而有所区别，在表 8-4 中分别给出不同系统类型所默认使用的测量信号，为实际应用提供参考依据。

表 8-4 SINUMERIK 808D 数控系统默认自动测量信号使用状态一览表

系统类型	默认使用的测量信号
铣削系统	测量信号 1 用作刀具测量外，测量信号 2 未使用
车削系统	测量信号 1 和测量信号 2 均未使用

如果不使用西门子 SINUMERIK 808D 数控系统中手动方式刀具自动测量功能，则系统中的自动测量信号根据实际需要，自行定义和调用。

一般来说，对于自动测量功能的使用，可以按照以下三个步骤进行：

1）首先，需要根据实际应用的需要，确保测量信号的正确连接。对于 SINUMERIK 808D 数控系统而言，测量信号会使用到 SINUMERIK 808D PPU 后侧接口 X21 中的引脚 4 或引脚 5，以及引脚 10。相应的测量信号接线方式可参照图 8-4 中所示。

①引脚 4 用于测量信号 1。

②引脚 5 用于测量信号 2。

③引脚 10 作为探头信号的公共端，即信号地。

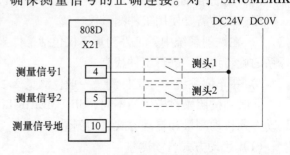

图 8-4 测量信号接线示例图

2）其次，通过表 8-4 中所给出的测量信号电平定义表，并结合实际的电气线路设计及接线情况，对测量信号接口进行设置，来确定测量信号输入是高电平有效还是低电平有效（即定义测量探头的有效电平）。

表 8-4 测量信号电平定义表

序号	机床参数	参数对应值	含 义
1	MD13200 [0]	0	测量信号 1 为高电平有效
		1	测量信号 1 为低电平有效
2	MD13200 [1]	0	测量信号 2 为高电平有效
		1	测量信号 2 为低电平有效

3）最后，还需要进一步地确认信号连接的正确性，即确保手动触发测量仪时，测量信号能够作用于表 8-5 中所给出的程序（以高电平有效为例）：

表 8-5 SINUMERIK 808D 默认自动测量信号工作程序一览表

程序示例	功能说明
N10 G1 F300 X300 Y200 MEAS = 1	激活测量信号 1
N10 G1 F300 X300 Y200 MEAS = 2	激活测量信号 2

在进行信号连接正确性验证的时候，可以参照以下方法进行判断：

1）如果在执行表 8-5 中所给出的程序时，用手触碰测量探头 1 或测量探头 2，程序会立即停止，并且相应的 PLC 接口信号 DB2700. DBX1. 0 或 DB2700. DBX1. 1 被置位为 1，则表示测量信号接线正确，且测量信号工作正常。

2）若程序不能立即停止或相应的 PLC 接口信号 DB2700. DBX1. 0 或 DB2700. DBX1. 1 未被置位为 1，则表示测量信号工作不正常，需要检查测量信号的接线或者西门子 SINUMERIK 808D 数控系统中相关数据。

8.2.2 测量循环编程

在确认测量探头正确安装并可以正常使用之后，本节将进一步探讨在西门子 SINUMER-IK 808D 数控系统进行测量循环的编程问题。

所谓测量循环，就是通过使用测量探头和其他定位过程来控制实际的测量过程，并配合使用相关的系统变量，对相关的数据进行测定和存储。

一般来说，测量循环的编程首先需要使用到 MEAS 指令或者 MEAW 指令来激活测量过程。

1）MEAS 指令，该指令用在测量信号触发后，删除程序段中实际位置与给定位置之间的剩余行程的编程。

2）MEAW 指令，该指令用在任何时候都需要到达所给定的位置这一特殊情况。

需要注意：MEAS 和 MEAW 指令均为非模态指令，它们跟轴的运动指令一起编程，所对应的进给率、插补方式和插补轴数应根据不同的测量任务来决定。一般情况下均使用 MEAS 指令删除剩余行程，根据使用的测量信号及其测量信号的有效电平，具体测量生效的情况参见表 8-6 中。

表 8-6　测量信号状态程序编辑表

N10 G1 F__X__Y__Z__MEAS = −1	测量探头 1 下降沿触发
N10 G1 F__X__Y__Z__MEAS = 1	测量探头 1 上升沿触发
N10 G1 F__X__Y__Z__MEAS = −2	测量探头 2 下降沿触发
N10 G1 F__X__Y__Z__MEAS = 2	测量探头 2 上升沿触发

　　在表 8-6 中，进给率 F，插补轴 X、Y、Z 之间的选择及目标坐标位置均根据测量的实际情况确定。当测量探头的信号生效或者编程位置到达后，测量程序段结束。当通过编程来测量某一几何轴时，所得的所有几何轴测量结果均将被存储。

　　此外，在使用表 8-6 中的程序进行探头触发的同时，系统内部还会分配变量 $ AC_MEA [n]（n 代表生效的测量探头，n = 1 表示测量探头 1；n = 2 表示测量探头 2）对测量探头的状态进行跟踪监控。

　　基于以上描述，可以将整体的测量过程概括为以下几个主要步骤：

　　1）在编程中使用 MEAS 或 MEAW 指令，激活指定的测量探头。

　　2）当测量开始时，系统内部变量 $ AC_MEA [n] 将会自动复位为 0。

　　3）如果测量探头生效，则系统变量 $ AC_MEA [n] 被置位为 1。

　　在测量探头生效的前提下，SINUMERIK 808D 数控系统可以自动地记录、修改刀具的相关参数或者工件坐标系的偏移值等。在这些过程中，还需要配合表 8-7 中所给出的测量循环编程中常用的系统变量。

表 8-7　测量循环常用变量表

序号	变量名	含　义
1	$ AA_ MM[轴名]	机床坐标系下相关轴的测量结果
2	$ AA_ MW[轴名]	工件坐标系下相关轴的测量结果
3	$ TC_ DP3[目标刀号，刀沿号]	车削系统 X 方向刀长或铣削系统 Z 方向长度
4	$ TC_ DP4[目标刀号，刀沿号]	车削系统 Z 方向刀长
5	$ TC_ DP6[目标刀号，刀沿号]	铣削系统刀具半径
6	$ TC_ DP12[目标刀号，刀沿号]	车削系统 X 方向刀长或铣削系统 Z 方向长度磨损量
7	$ TC_ DP13[目标刀号，刀沿号]	车削系统 Z 方向刀长磨损量
8	$ TC_ DP15[目标刀号，刀沿号]	铣削系统刀具半径磨损量
9	$ P_ UIFR[n，轴名，TR]	相应工件坐标系下对应轴的偏移量，n = 1 − 6 分别对应 G54 − G59
10	$ P_ UIFR[n，轴名，RT]	相应工件坐标系下对应轴的旋转角度，n = 1 − 6 分别对应 G54 − G59
相关示例		示例说明
R10 = $ AC_ MEA[n]		在 R 参数中读取探头的生效状态，方便在后续程序中进行处理
$ TC_ DP3[1，1] = $ AA_ MM[Z]		1 号刀 1 号刀沿的长度设为 Z 轴的机床坐标
$ TC_ DP15[1，1] = 0.5		1 号刀 1 号刀沿的半径磨损量设为 0.5
$ P_ UIFR[1，X，TR] = $ AA_ MM[X]		G54 的 X 方向偏移设为 X 轴的机床坐标
$ P_ UIFR[1，Z，RT] = 10		G54 坐标系沿 Z 轴旋转 10 度

4）如果测量程序段结束，并且测量探头信号未生效，则系统变量 $ AC_MEA[n] 不被置位。那么即使使用了表 8-7 中所给出的系统变量，也无法实现对于相关位置及数据的记录和修改。此时应对系统和机械进行排查，直到测量探头可以生效为止，重复上一步即可。

8.2.3　手动方式刀具自动测量

在了解前文所介绍的关于 SINUMERIK 808D 数控系统自动测量功能的基本内容之后，在本节将主要探讨 SINUMERIK 808D 数控系统在手动方式（即 JOG 方式）下进行刀具自动测量的应用情况。在手动方式下进行刀具测量的主要特点可以归纳为以下两个方面：

1）优点：测量结束后自动输入刀具补偿值，刀具无需预先测量。

2）缺点：无法执行磨损测量。

需要注意：在手动方式下进行的刀具自动测量，其测量过程包含通道专用测量。同时，所需的功能必须全部集成在相应的 PLC 程序中。在测量过程结束后，所测得的刀具修正值会自动存储在刀具偏移存储器中。

此外，在使用 SINUMERIK 808D 数控系统标准 PLC 程序的前提下，该功能只能在铣床系统上使用。

在表 8-8 中，对 SINUMERIK 808D 数控系统在手动方式下使用刀具自动测量功能的基本操作步骤进行了说明和介绍，为实际应用和操作提供参考。

同时，表 8-8 中所给出的手动方式自动测量的操作步骤，还需要与 PLC 程序进行配合。对 SINUMERIK 808D 数控系统的标准 PLC 程序而言，需要在主循环 OB1 中调用 PLC_INI 子程序、MCP_NCK 子程序和 MEAS_JOG 子程序，其主要的 PLC 动作过程可以大致分为以下几个步骤：

1）步骤1：执行表 8-8 中的第二步，按下"自动测量"软键后，HMI 会将相应信号状态 DB1700. DBX3. 7 = 1（手动方式下测量有效）传送到 PLC 程序中；PLC 接受该信号后，通过接口信号 DB1900. DBD5004（手动方式下刀具测量的有效刀具号）预设不同于主轴当前刀号的其他刀具号，并将该信号再传送回 HMI。

表 8-8　SINUMERIK 808D 数控系统手动方式下刀具自动测量的操作步骤示例

第一步：进入"刀具测量"界面

按 PPU 上的"加工"键切换到加工界面后，使用 MCP 上的"手动"键切换到手动方式

此时按屏幕中对应的"刀具测量"软键，进入如右图所示的刀具测量界面

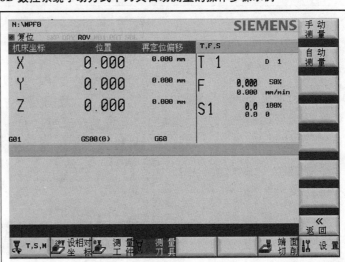

（续）

第二步：进入"自动测量"界面

进入自动测量界面后，按屏幕中对应的"自动测量"软键，进入如右图所示的刀具测量界面

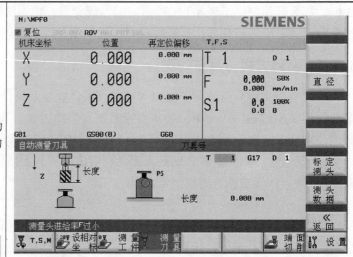

第三步：填写测头数据

在自动测量界面，按屏幕中对应的"测头数据"软键，进入如右图所示的刀具测量界面

在该界面，根据需要填入相应的测头数据。（其中，绝对位置和进给率必须设置）

在测头数据录入界面中输入合适的数据之后，按"返回"键回到自动测量界面

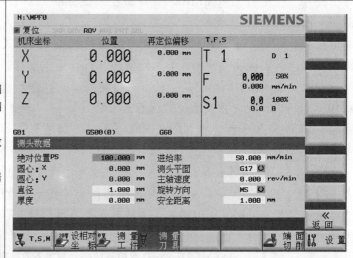

第四步：标定测头数据

在自动测量界面，再次按下 标定 测头 软键，对测头进行标定

如果数据设置合理，会出现如右图所示界面

如果数据设置不合理，会提示相应的数据设置有误，需要回到"测头数据"界面重新设置

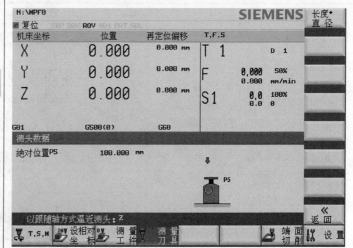

（续）

第五步：增加对直径的测头标定

如果在测头数据中，同时设置了与直径相关的数据，并且需要在标定测头时对直径数据进行标定，则需要按下屏幕右上方软键"长度 + 直径"

此时，会出现如右图所示界面，系统将自动对长度和直径同时进行相应的测头标定

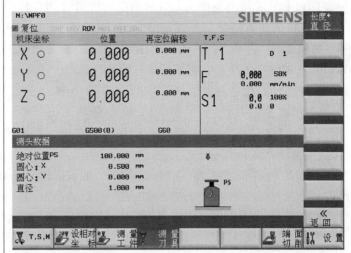

第六步：激活测头，执行长度测定

在上述操作完成之后，按"返回"键回到如右图所示的长度测定界面

此时屏幕下方提示栏会提示"请激活测头"，执行相应的长度测定程序，系统自动进行刀具的长度测试，并将测定值写入相应位置

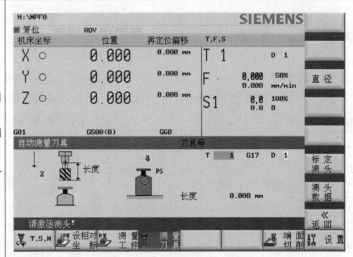

第七步：激活测头，执行直径测定

如果在测量中，已经对直径相关数据进行了设定，并需要测定刀具的直径值，则需要在上一步的基础上，按"直径"按键，进入如右图所示的刀具直径测定界面

在该界面执行相应的直径测定程序，系统自动进行刀具直径测试，并将测定值写入相应位置

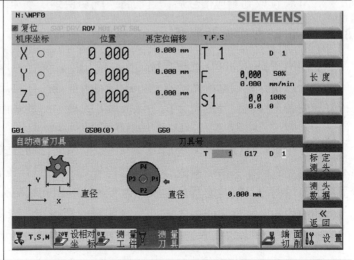

2）步骤 2：当所选择的轴进行移动时，测量头进行切换：

①此时 NCK 将测量探头 1 有效的信号传递给 PLC 程序：DB2700. DBX1. 0 = 1。

②PLC 接受该信号后，设定 DB3200. DBX6. 0 = 1（进给保持生效）。此时 NCK 停止动作，进给轴一直保持停止，直到在手动方式下按进给键且设置 PLC 接口信号 DB1700. DBX3. 7（手动方式下测量有效）。

③接着 PLC 设定复位信号 DB3000. DBX0. 7 = 0，手动方式下的移动动作即被取消。

3）步骤 3：西门子 SINUMERIK 808D 数控系统 HMI 发现测头已切换后：

①HMI 将切换信号发送到 PLC 程序，即在按下进给键后设定信号 DB1800. DBX0. 0 = 1（切换至自动方式）。

②PLC 程序将此信号继续传输给 NCK，即设定信号 DB3000. DBX0. 0 = 1（切换至自动方式）。

③NCK 接收 PLC 程序的指令后，将切换到自动方式，此时 PLC 将取消进给保持。

④上述过程完成之后，HMI 将设定信号 DB1800. DBX0. 4 = 1（方式转换禁止）传递到 PLC。

⑤PLC 程序读取到该信号后，会继续设定信号 DB3000. DBX0. 4 = 1（方式转换禁止），并将其传递给 NCK。

⑥NCK 接收到信号后，执行相应的动作指令。

4）步骤 4：当 HMI 将 SINUMERIK 808D 数控系统中的测量程序载入到 NCK 时，测量程序会自动计算测量头的移动方向和包括安全距离的进给位移。HMI 设定信号 DB1800. DBX0. 6 = 1（手动方式下开始测量）向 PLC 程序发出命令，从而使测量程序开始执行。

5）步骤 5：NC 程序将重新定位进给轴，重新接近测量头、测量并返回。

①在此过程中，HMI 将设定信号 DB1800. DBX0. 2 = 1（切换至手动方式）传递到 PLC 程序。

②PLC 接收该信号后，首先复位信号 DB3000. DBX0. 4 = 0（取消禁止方式切换限定）；然后设定信号 DB3000. DBX0. 2 = 1（切换至手动方式），并传递给 NCK。

③NCK 读取到响应信号后，自动将系统切换到手动方式。

8.2.4 自动方式自动测量

在 SINUMERIK 808D 数控系统的实际应用中，除了可以进行手动方式自动测量之外，还可以进行自动方式自动测量。自动方式自动测量是指在用户加工程序中，调用测量宏程序进行刀具或者工件的自动测量，在进行自动方式自动测量之前，也需要先进行校准测量头的工作。

需要注意：在使用 SINUMERIK 808D 数控系统自动方式自动测量功能时，宏程序编写的不同，会导致测量头所需要进行的校准内容也不相同。在表 8-9、表 8-10 和表 8-11 中给出了几个简单的刀具测量宏程序示例，为实际的应用和编写提供参考依据。

其中表 8-9 为车床进行 X 方向刀具测量的宏程序，表 8-10 为车床进行 Z 方向刀具测量的宏程序，表 8-11 为铣床进行刀具长度测量的宏程序。

表 8-9　车床 X 方向的刀具测量程序一览表

程序段号	程序内容	重要程序段解释
N10	DEF REAL_X_ZERO,_Z_MEAS	设定两个 REAL 型数据变量
N20	R10 = $ AA_MM[X]　R11 = $ AA_MM[Z]	机床坐标系下 X/Z 的测量结果分别存入 R10/R11 中
N30	_X_ZERO = $ MN_USER_DATA_FLOAT[0]	将 X 轴对刀位置存入变量_X_ZERO
N40	_Z_MEAS = $ MN_USER_DATA_FLOAT[3]	将 Z 轴安全位置存入变量_Z_MEAS
N50	G153 G94 D0 G0 Z = _Z_MEAS	
N60	G153 G90 G1 MEAS = 1 X = _X_ZERO F500	开始对刀
N70	G153 G91 X10	
N80	G4 F0.1	
N90	G153 G90 G1 MEAS = 1 X = _X_ZERO F50	第二次对刀
N100	STOPRE	
N110	G4 F0.3	
N120	$ TC_DP3[$ P_TOOLNO,1] = $ AA_MM[X]	修改刀具在 X 方向长度
N130	G0 X = R10	
N140	G0 Z = R11	
N150	G95 D1	
N160	M17	

表 8-10　车床 Z 方向的刀具测量程序一览表

程序段号	程序内容	重要程序段解释
N10	DEF REAL_Z_ZERO,_X_MEAS	
N20	R10 = $ AA_MM[X]　R11 = $ AA_MM[Z]	
N30	_Z_ZERO = $ MN_USER_DATA_FLOAT[1]	将 Z 轴对刀位置存入变量_Z_ZERO
N40	_X_MEAS = $ MN_USER_DATA_FLOAT[2]	将 X 轴安全位置存入变量_X_MEAS
N50	G153 G94 D0 G0 X = _X_MEAS	
N60	G153 G90 G1 MEAS = 1 Z = _Z_ZERO F500	开始对刀
N70	G153 G91 Z10	
N80	G4 F0.1	
N90	G153 G90 G1 MEAS = 1 Z = _Z_ZERO F50	第二次对刀
N100	STOPRE	
N110	G4 F0.3	
N120	$ TC_DP4[$ P_TOOLNO,1] = $ AA_MM[Z]	修改刀具在 Z 方向长度
N130	G0 Z = R11	
N140	G0 X = R10	
N150	G95 D1	
N160	M17	

表 8-11   铣床刀具长度测量程序一览表

程序段号	程序内容	重要程序段解释
N10	DEF REAL_X_ZERO,_Y_ZERO,_Z_ZERO	
N20	_X_ZERO = $ MN_USER_DATA_FLOAT[5]	
N30	_Y_ZERO = $ MN_USER_DATA_FLOAT[6]	
N40	_Z_ZERO = $ MN_USER_DATA_FLOAT[7]	三轴对刀位置设置
N50	G17 G94 D0 F100	
N60	STOPRE	
N70	G90 G0 G153 Z0	
N80	G153 X = _X_ZERO Y = _Y_ZERO	
N90	G153 G90 G1 F800 Z = _Z_ZERO MEAS = 1	开始对刀
N100	G153 G91 Z3. 5	
N110	G04 F0. 1	
N120	G153 G90 G1 F50 Z = _Z_ZERO MEAS = 1	第二次对刀
N130	G4 F0. 3	
N140	STOPRE	
N150	$ TC_DP3[$ P_TOOLNO,1] = $ AA_MM[Z]	修改刀长
N160	STOPRE	
N170	G90 G0 G153 Z0	
N180	D1	
N190	M17	

8.3   DNC 在线加工

SINUMERIK 808D 数控系统还可以支持 DNC 在线加工功能。所谓 DNC 在线加工，就是通过程序传输软件，将存放在计算机中的加工程序传输到西门子 SINUMERIK 808D 数控系统缓存中，同时执行缓存中的加工程序，并且刷新缓存中的加工程序。

需要说明：由于 SINUMERIK 808D PPU 的 NC 程序存储区只有 1. 25MB，因此在进行 DNC 在线加工时，缓存区的存储容量有限，不可能无限地存储通信软件传输过来的加工程序。在这样的限制条件下，DNC 在线加工的传输有下列两种情况：

1）如果在加工程序未启动时，传输的加工程序到达缓存容量限值，则程序将停止传输。

2）如果加工程序已经执行，则加工程序传送到缓存区遵循"先入先出"的原则，程序执行完后，缓存中的程序自动删除，释放出的缓存用于存储新的加工程序。

同时，在使用 DNC 在线加工功能之前，还必须要充分了解 DNC 在线加工功能应注意的问题：

1）通过使用系统 PPU 后侧的 RS-232 接口（接口 X2）进行 DNC 在线加工的加工程序传输。

RS-232 接口在同一时刻只能用于 PLC 连接，或程序传输中的一种。如果在 PLC 连接打开时进行程序传输，会出现报错。因此，传输程序前需要确保 PLC 的连接功能已经处于关闭状态。

2）在使用 RS-232 进行程序传输前，还要对计算机侧的通信软件及 SINUMERIK 808D PPU 侧进行通信参数的设置，确保两端的通信参数互相匹配，否则程序传输可能会中断。本书以西门子 SINUMERIK 808D ToolBox 中自带的 SinuCom PCIN 软件为例进行介绍。

8.3.1 计算机侧的通信设置

在使用 DNC 在线加工功能之前，必须首先对计算机端的 SinuCom PCIN 通信软件中的相应参数进行设置，本节将对具体的设置步骤进行说明和示例，帮助使用者熟悉其使用方法和使用过程。

1）在安装有 SinuCom PCIN 软件的计算机上，双击桌面上的“SinuCom PCIN”图标，打开 SinuCom PCIN 软件，进入软件主界面，如图 8-5 所示。

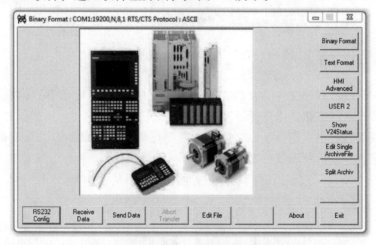

图 8-5 SinuCom PCIN 软件主界面示例图

在该界面，最上一行的标题栏中（蓝色背景部分）显示当前默认的通信设置的信息，如数据格式、通信口、波特率、校验码、数据位、停止位、传输协议和 ASCII 码等。

2）在软件主界面，单击左下方的“RS-232 Config”按钮，进入 RS-232 通信参数设置界面，如图 8-6 所示。

一般来说，只需要对图 8-6 中黑色标注框所标注的通信口参数设置栏中的相关内容进行设置，其他参数栏保持默认设置即可。

在图 8-6 中所示的通信口参数设置栏中，需要设置的通信参数主要有下列几种：

1）通信口：根据通信线连接的 RS232 通信口选择相应的 COM 接口。

2）波特率：波特率可以设置为 300、1200、2400、9600、19200、38400、57600 和 115200，单位为 bit/s。

3）奇偶校验：校验码可以选择无校验码、奇校验、偶校验。

4）数据位：数据位可以设置为 8、7、6 和 5。

5）停止位：停止位可以设置为1、1.5和2。

需要注意：此处设置的波特率、奇偶校验、数据位和停止位需要与SINUMERIK 808D 数控系统端通信参数设置一致。

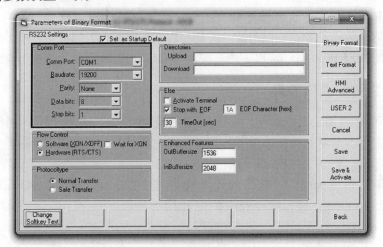

图8-6　RS232 通信参数设置界面示例图

同时，由于传输的程序文件为文本文件，还需要在 RS-232 通信参数设置界面，单击右上方的"Text Format"按钮，以选择程序文件的格式。

当以上通信参数及格式选择结束之后，还需要再单击该界面中的"Save & Activate"按钮，保存参数设置并激活所设置的参数。

最后，单击"Back"按钮返回到软件主界面，如图8-7 所示。

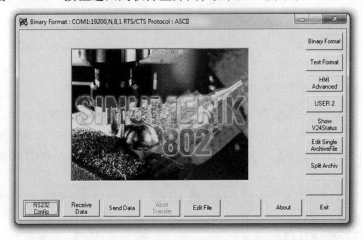

图8-7　RS232 通信参数已设置并激活后的主界面示例图

在图8-7 中所示的主界面的最上一行（蓝色背景部分），可以看到当前的 RS232 通信设置已修改为：文本格式、通信口为 COM1、19200bit/s 波特率、无校验、数据位为 8、停止位为 1 且通信协议为 RTS/CTS。

此时，在计算机端的 SinuCom PCIN 通信软件设置完成。

8.3.2 SINUMERIK 808D 数控系统侧的通信设置

在完成计算机端 SinuCom PCIN 通信软件的设置之后，还需要在 SINUMERIK 808D PPU 端进行相应的通信设置。具体的设置内容和操作步骤见表 8-12。

表 8-12 SINUMERIK 808D 数控系统侧通信参数设置操作步骤示例

操作步骤	界面
第一步：进入"程序管理"界面 按 PPU 上的"程序管理"键，进入如右图所示的程序管理界面	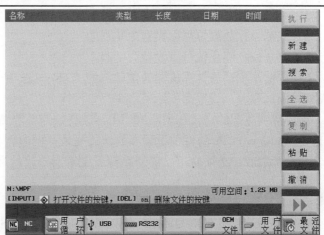
第二步：进入"RS232"通信参数设置界面 进入程序管理界面后，按屏幕中的"RS232"软键，进入如右图所示的 RS232 通信参数设置界面	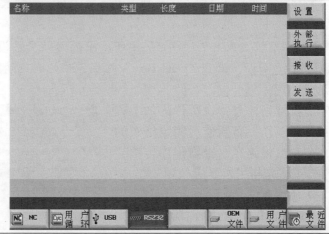
第三步：修改 RS232 通信参数 在 RS232 通信参数设置界面，按屏幕中的"设置"软键，进入右图所示通信参数修改界面 在该界面，对相应的通信参数进行修改。修改时要确保与计算机端的参数设置相一致 设置结束后，按屏幕中的"储存"键激活所修改的数据	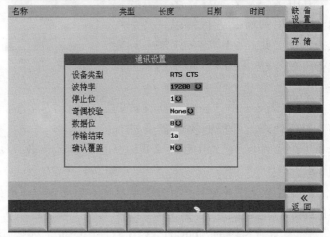

同时，在执行表 8-12 中第三步操作时，对于 RS232 通信参数的设置应遵循以下原则：

1）设备类型为 RTS CTS，这也就是在计算机侧通信软件在"Flow Control"选项中必须使用默认的 RTS/CTS，应保持一致性。

2）波特率：波特率可以设置为 300、600、1200、2400、9600、19200、38400、57600 和 115200，单位为 bit/s。

3）奇偶校验：校验码可以选择无校验码、奇校验、偶校验。

4）数据位：数据位可以设置为 8 和 7。

5）停止位：停止位可以设置为 1 和 2。

6）传输结束：与计算机侧通信软件的"Else"选项中设置一致。

7）确认覆盖：设置为"Yes"和"No"均可。

需要特别注意的是，在 SINUMERIK 808D 数控系统侧所设置的通信参数，必须与计算机侧通信 SinuCom PCIN 软件中设置参数保持一致；同时，在 SINUMERIK 808D PPU 侧进行通信参数设置之后，必须使用软键"存储"键对所修改的参数进行保存。

8.3.3　DNC 在线加工

在确保计算机与 SINUMERIK 808D 数控系统使用 RS-232 串口通信电缆进行正确连接，且两侧通信参数正确设置之后，就可以参照所介绍的基本操作步骤，实现 DNC 在线加工功能了。

1）本书第 8.3.1 节，图 8-7 中所给出的通信参数设置成功后的计算机侧的 SinuCom PCIN 软件主界面，单击"Send Data"按钮，软件会自动显示程序文件选择界面，如图 8-8 所示。

需要特别注意：在所传的加工程序中，程序开头必须使用固定格式的程序名和目标路径，否则程序传输会出错，其固定格式如下：

%_N_XXXX_MPF

;$ PATH =/_N_MPF_DIR

其中 XXXX 表示程序名，需要根据实际应用的情况进行修改，其余均保持不变。此外，DNC 在线加工只能执行后缀名为".MPF"格式的加工程序。

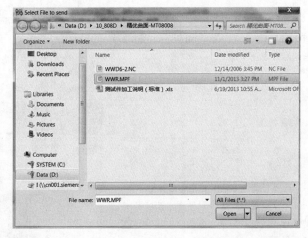

图 8-8　SinuCom PCIN 软件程序文件选择界面示例图

2）在图 8-8 中，会出现所存放的加工程序列表，可根据实际需要进行选择。在本例中，已选中程序 WWR.MPF 为例，单击"Open"按钮会出现软件主界面，如图 8-9 所示。

需要注意：图 8-9 中从下方的信息提示栏中，可以看到计算机侧目标程序的路径、程序容量的大小、当前已经传输了多少字节的程序等信息。

3）当计算机侧的 SinuCom PCIN 软件端完成上述操作之后，进入 RS-232 设置界面，如

图 8-10 所示。按"外部执行"键启动加工程序，从计算机端到 SINUMERIK 808D PPU 端数据传送。

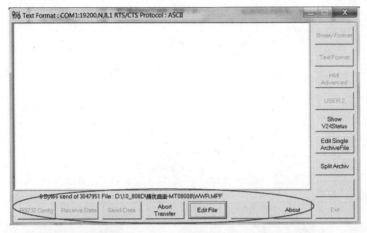

图 8-9　SinuCom PCIN 软件程序文件发送界面示例图

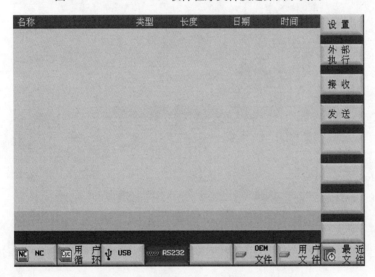

图 8-10　RS-232 通信参数设置界面示例图

需要说明："外部执行"的启动必须在完成前两步的基础上进行。对 SINUMERIK 808D 数控系统而言，只有 SinuCom PCIN 软件端先进行"Send Data"的操作，才可以在 SINUMERIK 808D PPU 端选择相应的"外部执行"或"接收"操作。如果没有遵循这样的操作顺序，则会导致数据传输过程出现错误，无法完成正常的数据传输。

4）在 SINUMERIK 808D PPU 端选择"外部执行"之后，计算机侧的 SinuCom PCIN 传输软件会自动地开始向 SINUMERIK 808D 数控系统的缓存区传输加工程序，直到加工程序传输完毕或缓存区存满，计算机才会停止向 SINUMERIK 808D 数控系统传输加工程序，如图 8-11 所示。

5）在计算机通过 SinuCom PCIN 软件向 SINUMERIK 808D 数控系统数据缓存区传输加工程序的同时，SINUMERIK 808D 数控系统会自动地切换到在线加工界面，如图 8-12 所示。

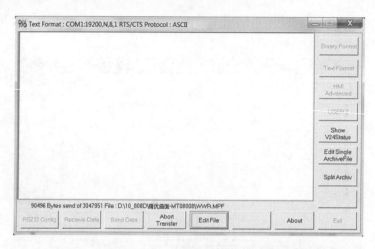

图 8-11 SinuCom PCIN 软件程序文件传输界面示例图

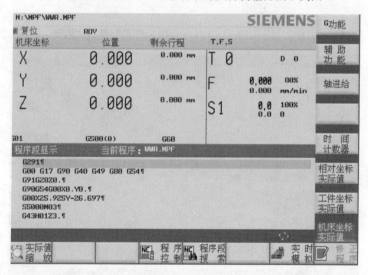

图 8-12 SINUMERIK 808D 程序在线加工界面示例图

在图 8-12 所示的界面，按下机床操作面板上的"程序启动"键，就可以启动加工程序，开始执行加工。在执行加工程序的过程中，已执行完的加工程序被自动从缓存删除，释放出缓存供计算机中的程序传输软件继续传输加工程序。

此外，按 SINUMERIK 808D PPU 上的"程序管理"键，选择"NC"选项，可以发现在 NC 程序存储区中有一个名为 WWR. MPF 的程序文件（即第一步中所选择的加工程序），该程序文件为缓存文件，当程序执行完或者程序传输中断后会自动消失。

8.4 服务计划

SINUMERIK 808D 数控系统可提供服务计划功能，通过该功能的使用，可以辅助使用者根据实际需要来建立一系列的维护计划。使用此功能建立维护计划的时候，可以根据不同的需求来设置相关参数，并通过时间长度作为维护计划的计量标准，且维护计划任务的完成需要被确认。

8.4.1　在 SINUMERIK 808D 数控系统界面建立服务计划

具体来说，可以通过以下操作步骤在 SINUMERIK 808D 数控系统上使用服务计划功能。

1）同时按下"上档"键和"诊断"键进入 SINUMERIK 808D 数控系统主菜单，然后选择水平软键"服务计划"进入如图 8-13 所示的服务计划主界面。

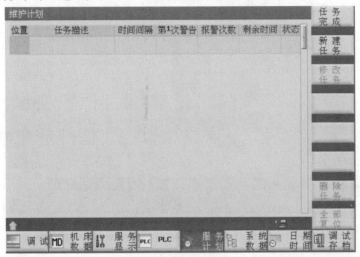

图 8-13　SINUMERIK 808D 数控系统服务计划主界面示例图

2）点击"新建任务"软键新建维护管理任务，可进入服务计划编辑界面，如图 8-14 所示。

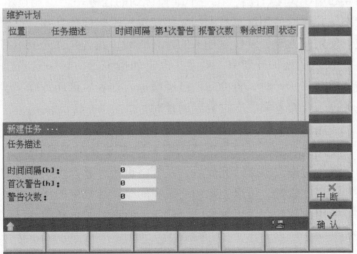

图 8-14　SINUMERIK 808D 数控系统服务计划编辑界面示例图

在服务计划编辑界面中，可以根据实际需要对以下主要内容进行编辑：

①任务描述：主要描述该维护任务的具体内容。

②时间间隔：从维护任务开始到最后一次报警出现的时间间隔。

③首次警告：从维护任务开始后到第一次出现报警的时间。

④警告次数：从第一次出现报警后，到设定的时间间隔截止，报警总共出现的次数。

3）在服务计划中的维护任务建立完成后，按垂直软键"确认"键确认建立该维护任务即可。如图 8-15 中所示，以添加一个增加冷却液的维护任务计划为例。

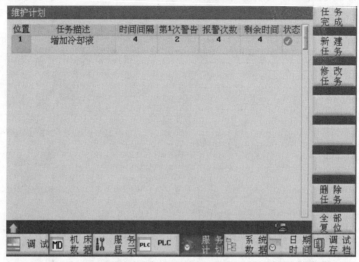

图 8-15　SINUMERIK 808D 数控系统维护计划监控界面示例图

图 8-15 中，从开始计时起，2 小时后第一次出现报警，之后每隔 1 小时报警一次。即两次报警之间的时间间隔 =（时间间隔 – 首次警告）÷（警告次数 – 1）

注：如果 n = 1，则只在所设定的第 1 次警告时有提示信息输出。

此外，从图 8-15 中还可以看出，在一个维护计划的任务中，还能显示出该维护任务的剩余时间及其状态，并可以使用屏幕右侧的操作按键对维护任务计划进行相应的操作。

①任务完成：使用此软键，复位该任务的计时时间，其含义就是提示的任务已经完成。

例如，图 8-15 所示的维护计划中，当第二次出现报警后，如果按"任务完成"键，则该任务复位，报警重新开始计时，若冷却液已经增加，则表示该任务确实已经完成，若冷却液未增加，该任务也不会接着第二次报警继续计时。

②新建任务：使用此软键，可以建立新任务。

③修改任务：使用此软键，可以再次进入图 8-15 所显示的服务计划编辑界面，对所选中的维护计划的任务进行修改。修改完成后，系统将重新计算该维护任务的时间。

④删除任务：使用此软键，可以删除当前选中的维护计划中的任务。

⑤全部复位：使用此软键，可以复位已经建立的所有维护任务的计时时间，重新开始计时。

8.4.2　在 SINUMERIK 808D 数控系统的 PLC 程序中建立服务计划

在本书第 8.4.1 节，在 SINUMERIK 808D PPU 侧建立维护计划数据可以通过使用数据块 DB9903 和 DB9904 直接传送到 PLC 程序中，PLC 根据该参数编写程序，并且置位/复位相关的 PLC 接口信号，与西门子 SINUMERIK 808D 数控系统相互配合，实现维护计划的功能。

需要注意：在 SINUMERIK 808D 数控系统标准 PLC 程序中，不能通过插入数据块的方式，直接插入数据块，而是需要通过调用插入的方式，调用 SINUMERIK 808D 数控系统标准 PLC 程序编程软件中预置的数据块 DB9903 和 DB9904 的库，将其自动插入标准 PLC 程序中。

如图 8-16 所示，在标准 PLC 程序中，打开系统特殊数据块的库，选中需要添加的 DB9903 及 DB9904 数据库，双击后并选择确认。

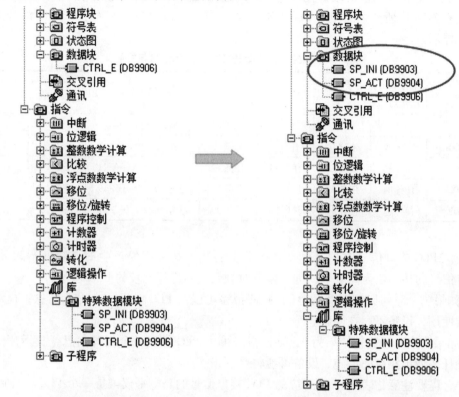

图 8-16　SINUMERIK 808D 标准 PLC 程序中调用特殊数据块库示例图

此时会发现在 PLC 数据块中，系统自动在主程序中添加了 DB9903 和 DB9904 这两个数据块。

在标准 PLC 程序中，添加服务计划相关的数据块 DB9903 和 DB9904 之后，就可以在 PLC 程序中进行相应的编辑操作。在编辑过程中，需要使用相关的 PLC 接口地址，见表 8-13、表 8-14、表 8-15、表 8-16 及表 8-17。

表 8-13　复位服务计划中的维护任务

DB1800	去 HMI 的信号　[可读/可写] PLC 到 HMI 的接口						
字节	位 7	位 6	位 5	位 4	位 3	位 2	位 1	位 0
DBB2000	任务 8	任务 7	任务 6	任务 5	任务 4	任务 3	任务 2	任务 1
DBB2001	任务 16	任务 15	任务 14	任务 13	任务 12	任务 11	任务 10	任务 9
DBB2002	任务 24	任务 23	任务 22	任务 21	任务 20	任务 19	任务 18	任务 17
DBB2003	任务 32	任务 31	任务 30	任务 29	任务 28	任务 27	任务 26	任务 25

使用表 8-13 中所介绍的相应 PLC 接口信号，可以复位 HMI 中服务计划所对应的维护任务。具体的动作过程为：当表 8-13 中 PLC 接口信号中的某一位为高电平时，那么该位对应的服务计划中的维护任务剩余时间将被复位，该任务重新开始计时。

可以将此动作过程的含义理解为：PLC 通过高定平输出，告知 SINUMERIK 808D 数控系统对当前该 PLC 位所对应的维护任务剩余时间进行复位，对该任务重新开始计时。

使用表 8-14 中所介绍的相应 PLC 接口信号，可以触发 HMI 中服务计划所对应的维护任务的报警提示。

表 8-14　服务计划中维护任务的提示信息与报警

DB1800	来自 HMI 的信号［只读］ HMI 到 PLC 的接口							
字节	位 7	位 6	位 5	位 4	位 3	位 2	位 1	位 0
DBB3000	任务 8	任务 7	任务 6	任务 5	任务 4	任务 3	任务 2	任务 1
DBB3001	任务 16	任务 15	任务 14	任务 13	任务 12	任务 11	任务 10	任务 9
DBB3002	任务 24	任务 23	任务 22	任务 21	任务 20	任务 19	任务 18	任务 17
DBB3003	任务 32	任务 31	任务 30	任务 29	任务 28	任务 27	任务 26	任务 25

使用该 PLC 接口信号时的具体动作过程为：当系统有报警产生时，会使得表 8-14 中 PLC 接口信号的某一位为高电平，进而触发对剩余时间进行比较的 PLC 程序。

1）如果剩余时间比较结果不为 0，则该报警可以由 PLC 触发一个提示信息，提示用户还能继续使用，设备不存在问题。

2）如果剩余时间比较结果为 0，则该报警可由 PLC 触发一个报警信息，提示用户若不对该维护任务做出相应的措施，设备可能将受到损害。

此外，需要注意，表 8-14 所对应的 PLC 接口信号的高电平仅维持一个 PLC 循环周期。

使用表 8-15 中所介绍的相应 PLC 接口信号，可以触发 HMI 中服务计划所对应的维护任务的应答。使用该接口信号，其作用相当于使用 HMI 中服务计划界面中的"任务完成"键。即当服务计划中的某一个维护任务被应答后，相关的 PLC 位被置位为 1，即相当于确认该 PLC 位所对应的任务被完成。

表 8-15　服务计划中维护任务的应答

DB1800	去 HMI 的信号［可读/可写］ PLC 到 HMI 的接口							
字节	位 7	位 6	位 5	位 4	位 3	位 2	位 1	位 0
DBB4000	任务 8	任务 7	任务 6	任务 5	任务 4	任务 3	任务 2	任务 1
DBB4001	任务 16	任务 15	任务 14	任务 13	任务 12	任务 11	任务 10	任务 9
DBB4002	任务 24	任务 23	任务 22	任务 21	任务 20	任务 19	任务 18	任务 17
DBB4003	任务 32	任务 31	任务 30	任务 29	任务 28	任务 27	任务 26	任务 25

需要注意，表 8-15 中所给出的 PLC 接口信号的高电平仅维持一个 PLC 循环周期。

使用表 8-16 中所介绍的相应 PLC 接口信号，可以对 HMI 中服务计划所对应的维护任务中的相关设定数据进行初始化的设置。

表 8-16 服务计划中维护任务的初始数据表

DB9903	来自 HMI 的信号〔只读〕 HMI 到 PLC 的接口							
字节	位 7	位 6	位 5	位 4	位 3	位 2	位 1	位 0
DBW0	任务 1 的时间间隔，单位：小时							
DBW2	任务 1 的第一次报警时间，单位：小时							
DBW4	任务 1 的报警次数							
DBW6	任务 1 保留							
…	…							
DBW248	任务 32 的时间间隔，单位：小时							
DBW250	任务 32 的第一次报警时间，单位：小时							
DBW252	任务 32 的报警次数							
DBW254	任务 32 保留							

在表 8-16 中的数据主要是维护计划相应任务建立时所确定的初始数据，该数据除了在 SINUMERIK 808D PPU 的"服务计划"界面下使用"修改任务"按键进行相关参数的修改外，其他任何操作均不能修改该数据表中的数值。

在表 8-17 中介绍的 PLC 接口信号，所显示的为 HMI 中服务计划所对应的维护任务中的相关数据执行过程中发生的实际数据值。该数据随着维护计划任务的执行而改变。

表 8-17 服务计划中维护任务的实际数据表

DB9904	来自 HMI 的信号〔只读〕 HMI 到 PLC 的接口							
字节	位 7	位 6	位 5	位 4	位 3	位 2	位 1	位 0
DBW0	任务 1 的剩余时间，单位：小时							
DBW2	任务 1 的报警次数							
DBW4	任务 1 保留 1							
DBW6	任务 1 保留 2							
…	…							
DBW248	任务 32 的剩余时间，单位：小时							
DBW250	任务 32 的报警次数							
DBW252	任务 32 保留 1							
DBW254	任务 32 保留 2							

基于表 8-13 至表 8-17 中 PLC 接口信号，以使用 PLC 程序控制服务计划所对应的维护任务 1 为例，给出 PLC 程序段，如图 8-17 所示。

在该段 PLC 程序中，主要要实现的 PLC 逻辑有以下几点：

1）HMI 出现报警时，在一个 PLC 周期内有 DB1800. DBX3000. 0 = 1，此时触发 PLC 内

部对任务 1 相关的实际报警次数（DB9904. DBW2）及初始设定报警次数（DB9903. DBW4）的比较：

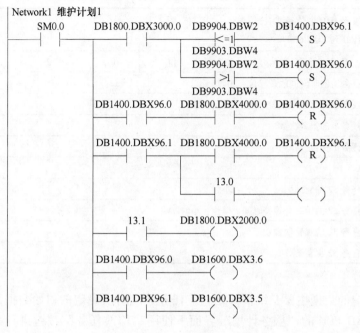

图 8-17　服务计划中维护任务 1 所对应的 PLC 程序示例

①实际报警次数不大于设定报警次数时，只输出提示信息。

②实际报警次数大于设定报警次数时，会输出报警信息。

2）DB1400. DBX96. 1 为任务需要执行的提示信息；DB1400. DBX96. 0 为提示该任务必须执行的报警信息。

当任务时间首次到达时，会先置位 DB1400. DBX96. 1 输出提示性信息；当提示的次数超出所设定的次数后，会进一步置位 DB1400. DBX96. 0 输出报警。从严重程度上来看，如果设置数据符合实际情况，那么提示性信息可以短时间忽略，但是报警信息则必须重视，否则可能会造成实际机床的损坏。

3）可使用外部按键 I3. 1 对任务 1 进行复位操作，即使得该任务重新开始计时。

对于其他任务号的 PLC 程序，可以根据图 8-17 中给出的任务 1 的 PLC 程序示例，参照表 8-13 至表 8-17 中 PLC 接口信号的说明，修改相应的 PLC 地址即可。

8.5　PI 服务

SINUMERIK 808D 数控系统的 PI 服务功能是指使用者通过对 PLC 程序的编辑，从而激活相应的 NC 任务。使用时，需首先在 PLC 程序中对 PI 服务进行初始化、启动、监视且选择需要的 PI 服务。

对于 SINUMERIK 808D 数控系统而言，PI 服务功能包括异步子程序调用、删除口令和数据存储功能等，这些功能均可以通过编辑使用相关的 PLC 程序来实现。

8.5.1　异步子程序调用

使用异步子程序功能，使得使用者可以通过 PLC 来触发一些 NC 程序，它不受任何操作模式的限制，也不受任何加工程序的限制。

在 SINUMERIK 808D 数控系统中，最多可同时支持两个异步子程序，这两个异步子程序文件必须事先存放在"程序管理"界面下的"用户循环"中，且文件名必须为 PLCA-SUP1. SPF 或 PLCASUP2. SPF。

每一个异步子程序在运行前需要进行初始化，在相应的 PI 索引激活时，将启动 PI 服务的 PLC 地址进行置位，异步子程序将一直处于已经初始化状态，直到系统断电后再上电。同时，第二个异步子程序的初始化必须在第一个异步子程序初始化完成后的下一个 PLC 扫描周期进行。

在同一时刻只能有一个异步子程序能执行，PLCASUP1 优先级高于 PLCASUP2。

1) 当 PLCASUP1 和 PLCASUP2 同时激活的时候，仅执行 PLCASUP1。

2) 当 PLCASUP2 正在运行时激活了 PLCASUP1，PLCASUP2 将停止，PLCASUP1 将运行。

3) 当 PLCASUP1 正在运行时激活了 PLCASUP2，在 PLCASUP2 启动运行前，PLCASUP1 将继续运行。其时序图如图 8-18 所示。

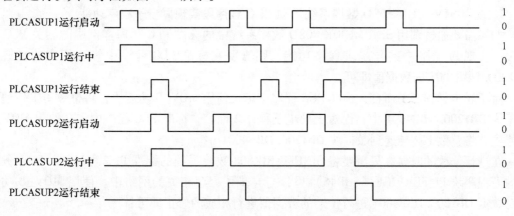

图 8-18　PI 服务功能中的异步子程序执行时序示例图

此外，在使用异步子程序时，可使用机床参数 MD11602 定义停止条件与异步子程序运行之间的关系。对于 MD11602 而言，具体的参数说明如下：

1) 位 0：该位置位，则即便有停止条件，仍然能够启动异步子程序。

2) 位 1：该位置位，则即便有轴未回参考点，仍然可以启动异步子程序。

3) 位 2：该位置位，则即便有读入禁止，仍然可以启动异步子程序。

4) 位 3 至位 15：保留未使用。

同时，在使用异步子程序的时候，相关 PLC 程序初始化及执行时所好需要调用表 8-18 及表 8-19 中所介绍的相关 PLC 接口信号。

当使用 PI 服务功能中的异步子程序功能时，可以通过调用 SINUMERIK 808D 数控系统中的标准 PLC 程序样例中的相关 PLC 程序段实现，也可以自行编辑相关的 PLC 程序段。本节对两种情况进行简要的介绍和分析。

表 8-18　PI 服务中的异步子程序初始化 PLC 接口信号表

序号	接口地址	功　能　描　述
1	DB1200. DBB4001	设为 1 时：PI 索引，初始化异步子程序 1
		设为 2 时：PI 索引，初始化异步子程序 2
2	DB1200. DBX4000. 0	初始化启动
3	DB1200. DBX5000. 0	初始化执行完成
4	DB1200. DBX5000. 1	初始化执行出错

表 8-19　PI 服务中的异步子程序执行 PLC 接口信号表

序号	信号功能	异步子程序 1 接口地址	异步子程序 2 接口地址
1	启动	DB3400. DBX0. 0	DB3400. DBX1. 0
2	程序执行结束	DB3400. DBX1000. 0	DB3400. DBX1001. 0
3	程序执行中	DB3400. DBX1000. 1	DB3400. DBX1001. 1
4	异步子程序未初始化	DB3400. DBX1000. 2	DB3400. DBX1001. 2
5	程序执行错误	DB3400. DBX1000. 3	DB3400. DBX1001. 3

1. 使用 SINUERIK808D 数控系统标准 PLC 程序段实现异步子程序功能

如果需要通过调用 SINUMERIK 808D 数控系统中的标准 PLC 程序样例中的相关 PLC 程序段，实现 PI 服务中的异步子程序功能，则需要在标准 PLC 程序中修改相应的传递给 DB1200. DBB4001 的数据值即可。

对于异步子程序 1 而言，标准 PLC 程序中定义使用 MOV_B 功能块，将整数 101 传递到数据块 DB1200. DBB4001 中；而对于异步子程序 2 而言，标准 PLC 程序中定义使用 MOV_B 功能块，将整数 102 传递到数据块 DB1200. DBB4001 中。

在进行修改的时候，只需要将 SINUMERIK808 数控系统的标准 PLC 程序中，PI 服务相关的子程序块 PI_SERVICE（SBR46）里，与异步子程序相关的网络中，使用 MOV_B 功能块对数据 DB1200. DBB4001 进行传输的数据值进行相应的修正即可：

1）在异步子程序 1 对应的网络中，将整数 101 修改为 1，可激活自定义的异步子程序 1 的调用。

2）在异步子程序 2 对应的网络中，将整数 102 修改为 2，可激活自定义的异步子程序 2 的调用。

在图 8-19 中，给出了相应的 PLC 程序修改示例图，帮助读者进一步加深对此修改过程及修改位置的理解。

需要注意的是，必须严格按照上述提示进行修改才可以激活自定义异步子程序的使用。在修改的同时，还需要将相应的异步子程序文件放入"程序管理"界面下的"用户循环"中，并已经将文件名设置为 PLCASUP1. SPF 或 PLCASUP2. SPF。

2. 自行编辑 PLC 调用 SINUMERIK 808D 数控系统中异步子程序功能

如果不想调用 SINUMERIK 808D 数控系统标准 PLC 程序样例中的相关 PLC 程序段，实现 PI 服务中的异步子程序功能，而是需要自行编辑 PLC 程序以实现 PI 服务中的异步子程序功能，则需要充分理解及使用表 8-18 和表 8-19 所给出的 PLC 接口信号在异步子程序功能调用中的相关作用，根据实际情况进行编辑。

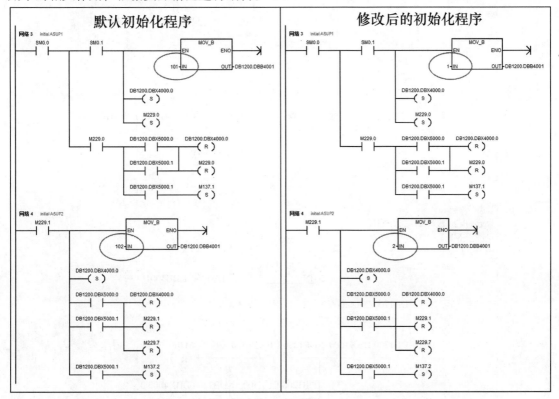

图 8-19　标准 PLC 程序中调用异步子程序初始化设置示例

在图 8-20 给出一个较为常见的，通过自定义的 PLC 程序实现异步子程序调用功能的程序示例，以帮助读者进一步理解相关 PLC 接口信号的使用及对应的 PLC 编辑逻辑，为实际应用提供帮助和参考依据。

需要注意：与调用标准 PLC 样例中异步子程序功能的一个相似之处在于：在通过自编辑 PLC 程序调用异步子程序功能时，同样需要先将通过 MOV_B 功能块传输到 DB1200.DBB4001 中的数值根据需要修改为整数 1 或整数 2。

在图 8-20 中的 PLC 示例启动运行后，将依次对异步子程序 1 和异步子程序 2 进行初始化，初始化完成后，分别按机床操作面板上的 K9 键和 K10 键可启动异步子程序 1 和异步子程序 2。

8.5.2　删除密码

对于 PI 服务中的删除密码功能，仅需要执行 PI 服务即可。与异步子程序功能的调用不同，删除密码功能的实现不需要进行初始化，其相关的 PLC 程序参考示例如图 8-21 所示。

如果使用图 8-21 所给出的 PLC 示例，则在 PLC 程序生效运行后，按机床操作面板的 K11 键（即对应于 DB1000.DBX2.3），即可删除西门子 SINUMERIK 808D 数控系统上所设置的口令。

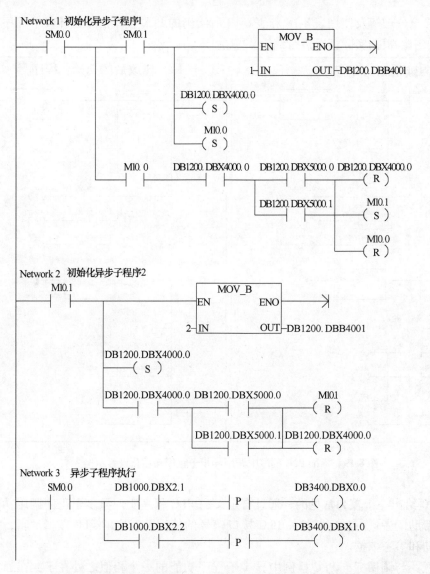

图 8-20 PI 服务功能中异步子程序初始化及执行 PLC 程序示例图

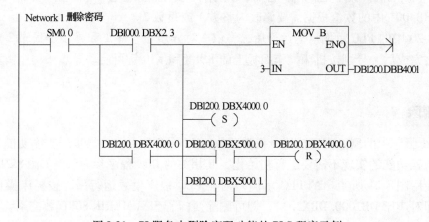

图 8-21 PI 服务中删除密码功能的 PLC 程序示例

8.5.3　数据存储

使用 PI 服务功能还可以进行数据存储，相关 PLC 程序的参考示例如图 8-22 所示。

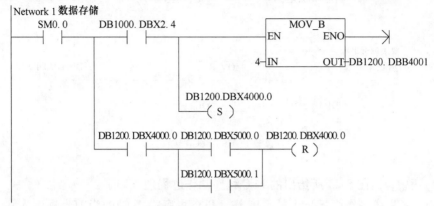

图 8-22　PI 服务中数据存储功能的 PLC 程序示例

如果使用图 8-22 所给出的 PLC 示例，则在 PLC 程序生效运行后，按机床操作面板 K12 键（即对应于 DB1000. DBX2. 4），即可实现对系统数据的存储。

该功能等同在西门子 SINUMERIK 808D 数控系统上按"数据存储"软键进行数据存储。

8.6　读轴数据

在实际应用中，通过 PLC 程序直接读取机床轴的当前坐标值和剩余坐标值也是 SINU-MERIK 808D 数控系统经常用到的功能之一，与该功能相关的 PLC 接口信号及说明见表 8-20 及表 8-21。

表 8-20　读轴数据的位置信号表

DB5700 ~ DB5704	来自坐标轴或主轴的位置信号［只读］ NCK 到 PLC 接口的信号							
字节	位 7	位 6	位 5	位 4	位 3	位 2	位 1	位 0
DBD0	坐标实际位置，实数							
DBD4	剩余坐标值，实数							

表 8-21　读轴数据的命令信号表

DB2600	读写 NC 数据［可读/可写］ PLC 到 NCK 接口的信号							
字节	位 7	位 6	位 5	位 4	位 3	位 2	位 1	位 0
DBB1						请求剩余坐标	请求实际坐标	

结合表 8-20 和表 8-21 中所给出的 PLC 相关接口信号，可使用图 8-23 中所示的 PLC 程序示例对轴坐标值数据进行读取操作。

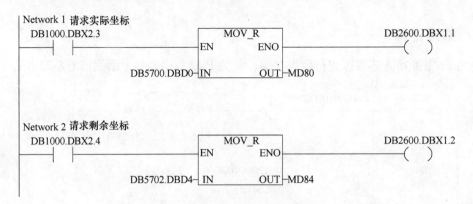

图 8-23　读轴数据的 PLC 程序示例

在实际应用中，对图 8-23 所给出的 PLC 程序动作过程理解如下：

1）按 MCP（机床操作面板）上的 K11 键，PLC 程序将 X 轴的当前坐标读入到 PLC 变量 MD80 中。

2）按 MCP（机床操作面板）上的 K12 键，PLC 程序将 Z 轴的剩余坐标读入到 PLC 变量 MD84 中。

8.7　快速输入/输出功能

西门子 SINUMERIK 808D 数控系统的 X21 接口提供 3 个快速数字量输入和一个快速数字量输出，可通过这些快速输入/输出接口实现一些相应的功能。为了确保快速输入/输出功能的正确实现，在使用该功能时，应重点注意以下 3 个方面内容。

8.7.1　快速输入/输出接线

使用快速输入/输出功能时，首先要确保在 SINUMERIK 808D 数控系统上进行正确的接线。基本接线原理图如图 8-24 所示。

需要特别注意：如果不将 X21 用于输出端口，则 X21 接口端子的引脚 1 可以不接 24V；如果需要 X21 接口端子中任意一个输入或输出引脚时，X21 接口端子的引脚 10 都必须与 0V 连接。

8.7.2　快速输入/输出 PLC 接口信号

除了确保快速输入/输出端口 X21 接线正确之外，还需要了解各快速输入/输出接口所对应的 PLC 接口地址信号。快速输入/输出接口所需用到的 PLC 接口信号见表 8-22。

对于快速输入信号而言，可以在 PLC 程序中直接使用 DB2900. DBX0. 0，DB2900. DBX0. 1 以及 DB2900. DBX0. 2 读取输入点的状态。

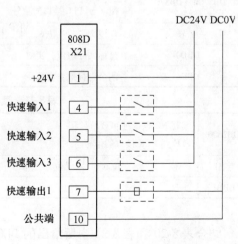

图 8-24　快速输入/输出接线示例图

表 8-22 快速输入/输出接口信号表

DB2900	快速输入/输出信号［只读］ NCK 到 PLC							
字节	位 7	位 6	位 5	位 4	位 3	位 2	位 1	位 0
DBB0						输入 3	输入 2	输入 1
DBB4								输出 1

而对于快速输出信号而言，则不能直接在 PLC 程序里对 DB2900. DBX4. 0 进行赋值，否则 PLC 程序会报错停止，但是可以通过间接地方式给快速输出进行赋值。具体的做法是：使用 PLC 接口信号 DB2800. DBX5. 0 和 DB2800. DBX6. 0；通过地址 DB2800. DBX6. 0 处的上升沿或下降沿触发地址 DB2800. DBX5. 0，NCK 内部会根据 DB2800. DBX0. 5 置位状态的变化和计数对 DB2900. DBX4. 0 的状态进行相应处理。总之在使用该方法的前提下，PLC 信号 DB2900. DBX4. 0 的状态与 PLC 信号 DB2800. DBX6. 0 的状态一直保持一致。

8.7.3 快速输入/输出在 PLC 程序中使用样例

基于 8.7.2 节中所介绍的快速输入/输出信号及读写方法，图 8-25 中以使用快速输入 1 来触发或者取消快速输出 1 的置位和复位为例，给出相应的 PLC 程序示例图。

需要说明：对于 SINUMERIK 808D 数控系统而言，图 8-25 中对快速输出点 1 的控制必须使用 DB2800. DBX5. 0 和 DB2800. DBX6. 0 给出的逻辑控制。换句话说，如果在实际应用中，需要使用 PLC 程序控制快速输出点，那么建议使用图 8-25 中的示例，可以根据实际需要，为 DB2900. DBX0. 0 处选择不同的输入信号。

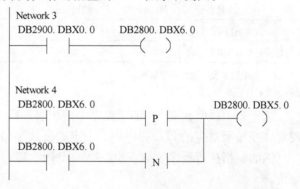

图 8-25 快速输入 1 触发快速输出 1 的 PLC 程序示例

此外，接口 X21 所对应的输入/输出引脚在系统内部还有相应的参考变量，在实际应用中，除了通过 PLC 程序接口信号读取或写入相关状态之外，还可以直接在 NC 加工程序中直接对其进行相应操作。具体的变量见表 8-23。

表 8-23 快速输入/输出接口输入/输出信号说明及对应变量一览表

图例	针脚号	信号	说　　明	对应变量
4 DI 1 5 DI 2 6 DI 3 7 DO 1 X21　FAST I/O	4	DI1	快速输入 1，PLC 地址为 DB2900. DBX0. 0	$ A_IN [1]
	5	DI2	快速输入 2，PLC 地址为 DB2900. DBX0. 1	$ A_IN [2]
	6	DI3	快速输入 3，PLC 地址为 DB2900. DBX0. 2	$ A_IN [3]
	7	DO1	快速输出 1，PLC 地址为 DB2900. DBX4. 0	$ A_OUT [1]

在实际应用中，可以通过使用在 NC 加工程序中，直接对 R 变量赋值的方法，通过系统

变量 $ A_IN [1]、$ A_IN[2]或者 $ A_IN[3]读取输入点的状态；或者通过在 NC 加工程序中使用系统变量 $ A_OUT[1]直接对快速输出 DB2900. DBX4. 0 进行赋值。

例如，可以在 NC 加工程序中编辑语句 R10 = $ A_IN[1]，从而将快速输入 1 的当前状态读入到 R 参数变量 R10 中；或者在 NC 加工程序中编辑语句 $ A_OUT[1] =1 或 $ A_OUT[1] =0，直接对快速输出 1 的状态进行给定控制（在 NC 加工程序中，当编辑 $ A_OUT[1] =1 时，DB2900. DBX4. 0 =1 被置位；当编辑 $ A_OUT[1] =0，则 DB2900. DBX4. 0 =0 被复位）。

8.8　NC 与 PLC 数据交换

在 SINUMERIK 808D 数控系统中，还提供了一个 4096 字节的公共存储区，用于实现 NC 和 PLC 之间的数据交换功能。

PLC 程序中定义有相应的接口地址对应于这个公共存储区。在实际应用中，可以使用相关的 PLC 数据块 DB4900. DBX0. 0 至 DB4900. DBX4095. 7，按字节、字或者双字进行读写。

同时，在 NC 中也定义了相应的系统变量，与 PLC 程序中的公共存储区一一对应。对相关的系统变量进行了介绍和说明见表 8-24。

表 8-24　公共存储区系统变量表

序号	变量名	数据类型	数据位数	序号	变量名	数据类型	数据位数
1	$ A_DBB [n]	字节	8 位	3	$ A_DBD [n]	双字	32 位
2	$ A_DBW [n]	字	16 位	4	$ A_DBR [n]	实数	32 位

注：表中的 n 表示地址的偏移量。

基于以上说明，在 NC 加工程序中使用表 8-17 中所给出的系统变量时，就可以同步地实现对该变量所对应的 PLC 程序中，指定的公共存储区内的相应 PLC 数据块进行读写。

例如，当执行程序 $ A_DBD[4] =10 时，PLC 程序内会自动出现 DB4900. DBD4 =10 的赋值。

需要注意：在实际的应用中，公共存储区的数据结构需要自行定义，且在同一程序段中最多只能写 3 个数据。

附录 A PLC 接口地址表

附录 A 导读:

在本书的第 4 章中,对 PLC 程序相关内容已进行了简要的说明;而对 SINUMER-IK 808D 数控系统而言,其系统内部同样有许多与 PLC 程序进行交互的接口信号。在本附录 A 中,简要地介绍与系统相关的 PLC 接口地址,以便读者根据实际需要进行调用。

首先,需要说明的是 SINUMERIK 808D 数控系统中的相关 PLC 接口信号,根据可操作性的不同,分为只读和可读写两种情况,详细内容见表 A-1。

表 A-1 PLC 接口地址特性区分表

特性标识	含 义 说 明
[r]	只读信号,标识该 PLC 信号只能监控当前状态,不能在 PLC 程序中进行状态写入 有此标识的 PLC 信号,其状态由 NCK 系统内部处理而变化,无法人为强制更改
[r/w]	可读写信号,标识该 PLC 信可以根据实际需要,在 PLC 程序中进行状态写入的操作

根据交互方向和部件的不同,可将 SINUMERIK 808D 数控系统 PLC 程序中所用到的 PLC 接口地址信号进行总结。

A.1 MCP 与 PLC 程序之间的信号交互

本节主要介绍中机床操作面板(简称为 MCP)上的按键及指示灯与相关 PLC 接口信号之间的交互。

A.1.1 来自 MCP 的信号

表 A-2 中给出机床操作面板(简称为 MCP)到 PLC 的接口信号对应表。

在 PLC 扫描周期内,首先读入这些输入信号,其中键 10 到键 21 为用户自定义键,可根据实际需要进行调用。

表 A-2 来自 MCP 的 PLC 信号地址表

DB1000	来自机床操作面板[r]							
字节	位 7	位 6	位 5	位 4	位 3	位 2	位 1	位 0
DBB0	M01 选择停	程序测试	MDA	单段	自动	回参考点	手动	手轮
DBB1	键 16	键 15	键 14	键 13	键 12	键 11	键 10	G0 修调
DBB2	100(INC)	10(INC)	1(INC)	键 21	键 20	键 19	键 18	键 17

（续）

DB1000	来自机床操作面板[r]							
DBB3	键32	键31	循环启动	进给保持	复位	主轴顺时针转	主轴停止	主轴逆时针转
DBB4		键39	键38	键37	键36	快速移动	键34	键33
DBB5								
DBB6								
DBB7								
DBB8	进给倍率格雷码							
DBB9	主轴倍率格雷码							

A. 1. 2　去向 MCP 的信号

表 A-3 中给出 PLC 接口信号反馈回 MCP 的信号对应表，通过 MCP 上的 LED 指示灯指示机床的运行状态。

表 A-3　去向 MCP 的信号地址表

DB1100	去向 MCP 的信号［r/w］							
字节	位7	位6	位5	位4	位3	位2	位1	位0
DBB0	M01 选择停	程序测试	MDA	单段	自动	回参考点	手动	手轮
DBB1	LED16	LED15	LED14	LED13	LED12	LED11	LED10	G0 修调
DBB2	100INC	10INC	1INC	LED21	LED20	LED19	LED18	LED17
DBB3			循环启动	进给保持	复位	主轴顺时针转	主轴停止	主轴逆时针转
DBB4								
DBB5								
DBB6								
DBB7								
DBB8	刀号 7 段显示码十位							
DBB9	刀号 7 段显示码个位							

A. 2　PLC 程序对 NC 数据的直接读写

本节主要介绍了 PLC 程序通过相关的接口信号，可以实现与某些 NC 数据的直接读写。

A. 2. 1　PLC 程序到 NCK 接口的信号

在进行 NC 数据的读取操作时，PLC 程序需要将相关指令发送给 NCK，相关的 PLC 接口信号见表 A-4。

A. 2. 2　NCK 接口到 PLC 程序的信号

在读取完成后，NCK 会自动将反馈的读写状态及读写结果进一步传递到 PLC 程序中，相关的 PLC 接口信号见表 A-5。

表 A-4　读写 NC 数据任务接口地址表

DB1200	读写 NC 数据［r/w］ PLC 到 NCK 的接口							
字节	位 7	位 6	位 5	位 4	位 3	位 2	位 1	位 0
DBB0							写入变量	启动
DBB1	变量数目							
DBB1000	变量索引 1：刀具号；2：刀沿号；3：零点偏移；5：R 参数							
DBB1001	区域编号							
DBB1002	NCK 变量 X 的列索引（字）							
DBB1004	NCK 变量 X 的行索引（字）							
DBB1008	写：NCK 变量 X							

表 A-5　读写 NC 变量结果接口地址表

DB1200	读写 NC 数据［r］ NCK 到 PLC 的接口							
字节	位 7	位 6	位 5	位 4	位 3	位 2	位 1	位 0
DBB2000							任务出错	任务完成
DBB3000							变量出错	变量有效
DBB3001	读写结果：0 - 无错误；1 - 不允许读写目标；5 - 无效地址；10 - 目标不存在							
DBB3002								
DBB3004	读：NCK 变量 X 的值							

A.3　PI 服务相关功能

本节主要介绍在调用 SINUMERIK 808D 数控系统中的 PI 服务相关功能时，与该功能相关联的 PLC 程序相关的接口信号（具体的 PI 服务及相关接口信号的使用可参见本书 8.5.1 节内容）见表 A-6、表 A-7。

表 A-6　PI 服务任务接口地址表

DB1200	PI 服务相关数据［r/w］ PLC 到 NCK 的接口							
字节	位 7	位 6	位 5	位 4	位 3	位 2	位 1	位 0
DBB4000								初始化启动
DBB4001	PI 索引 设为 1 时：初始化异步子程序 1 设为 2 时：初始化异步子程序 2 设为 3 时：删除口令功能 设为 4 时：数据存储功能							
DBB4004	PI 参数 1							
DBB4006	PI 参数 2							
…	…							
DBB4022	PI 参数 10							

表 A-7　PI 服务结果接口地址表

DB1200	读写 NC 数据〔r/w〕 PLC 到 NCK 的接口							
字节	位 7	位 6	位 5	位 4	位 3	位 2	位 1	位 0
DBB5000							初始化执行出错	初始化执行完成
DBB5001								
DBB5002								

A.4　断电保持数据区

在 SINUMERIK 808D 数控系统中有一个断电保持数据区，用于保存断电前的某些 PLC 状态。该断电保持区共有 128 个字节，具体的 PLC 接口信号见表 A-8。

表 A-8　断电保持数据区接口地址表

DB1400	断电保持数据〔r/w〕							
字节	位 7	位 6	位 5	位 4	位 3	位 2	位 1	位 0
DBB0	用户数据							
DBB1	用户数据							
…	…							
DBB127	用户数据							

A.5　PLC 程序报警信息相关

在 PLC 程序中，可以根据实际应用的需要自行编写报警信息，并且对每条报警可以做出响应。同时，每条报警文本还可以进一步对应地输出一个相关 PLC 变量。

本节主要对 PLC 程序中所有报警相关的 PLC 接口地址进行介绍说明。

A.5.1　激活 PLC 程序中用户报警

在 PLC 程序中可以编写自定义用户报警，具体的 PLC 接口信号见表 A-9。

表 A-9　激活用户报警接口地址表

DB1600	送至 HMI 的信号〔r/w〕 PLC 到 HMI 的接口							
字节	位 7	位 6	位 5	位 4	位 3	位 2	位 1	位 0
DBB0	700007 报警	700006 报警	700005 报警	700004 报警	700003 报警	700002 报警	700001 报警	700000 报警
DBB1	700015 报警	700014 报警	700013 报警	700012 报警	700011 报警	700010 报警	700009 报警	700008 报警
DBB2	700023 报警	700022 报警	700021 报警	700020 报警	700019 报警	700018 报警	700017 报警	700016 报警
…	…							
DBB15	700127 报警	700126 报警	700125 报警	700124 报警	700123 报警	700122 报警	700121 报警	700120 报警

A.5.2　用户报警中数据信息

在 PLC 程序中的自定义用户报警，还可以根据需要，使用定义好的格式标识符，在报警文本中插入以下相关数据：

1) ％d：十进制。

2) ％x：十六进制。

3) ％b：二进制。

4) ％o：八进制。

5) ％u：无符号整数。

6) ％f：浮点数。

例如可以设置 700009 的报警文本输出信息"冷却开始信号有效，但触点 KM％d 未吸合"，并写入 DB1600. DBB1036 = 32，则输出信息为：冷却开始信号有效，但触点 KM32 未吸合。

与此用户报警中数据信息相关的具体 PLC 接口信号见表 A-10。

表 A-10　用户报警变量输出数据信息表

DB1600	送至 HMI 的信号［r/w］ PLC 到 HMI 的接口							
字节	位 7	位 6	位 5	位 4	位 3	位 2	位 1	位 0
DBD1000	用于 700000 报警的变量（32 位）							
DBB1004	用于 700001 报警的变量（32 位）							
…	…							
DBB1508	用于 700127 报警的变量（32 位）							

A.5.3　用户报警响应的激活

在 PLC 程序中使用表 A-11 中的 PLC 接口地址，可以对相对应的功能进行激活和控制。

表 A-11　激活用户报警响应接口地址表

DB1600	送至 HMI 的信号［r/w］ PLC 到 HMI 的接口							
字节	位 7	位 6	位 5	位 4	位 3	位 2	位 1	位 0
DBB2000	上电响应			PLC 停止	急停	所有轴 进给保持	读入禁止	NC 启动 禁止

A.5.4　用户报警的报警应答

在 PLC 程序中使用表 A-12 中的 PLC 接口地址，可以在相关用户报警解决之后，清除 HMI 上所显示的报警信息。

表 A-12　激活用户报警应答接口地址表

DB1600	M/S 功能［r/w］ PLC 到 HMI 的接口							
字节	位 7	位 6	位 5	位 4	位 3	位 2	位 1	位 0
DBB3000								响应

A.6 HMI 与 PLC 程序之间的信号交互

在 SINUMERIK 808D 数控系统中，除了可以通过 MCP 进行某些程序的控制操作之外，还可以通过使用系统的 HMI 进行这些程序控制的操作。

本节介绍和说明对 PLC 程序与 HMI 之间进行数据交互时，相关的 PLC 接口地址内容。

A.6.1 来自 HMI 的程序控制信号

在表 A-13 中给出了来自 HMI 的程序控制信号，该信号为只读信号，不能在 PLC 程序中进行强制的写入操作；而只能够根据实际 HMI 选择状态的情况，将相应的状态信息返回给 PLC 程序。此外，该数据区为断电保持区。

表 A-13 来自 HMI 的程序控制信号接口地址表

DB1700	来自 HMI 的信号 [r] HMI 到 PLC 的接口							
字节	位 7	位 6	位 5	位 4	位 3	位 2	位 1	位 0
DBB0		空运行进给	M01 已选择		DRF 已选择			
DBB1	选择程序 测试				选择快速 倍率			
DBB2								选择程序 跳转
DBB3	JOG 方式 测量生效							
DBB7	复位				NC 停止		NC 启动	

A.6.2 通过 PLC 程序选择加工程序

在 SINUMERIK 808D 数控系统的程序管理器中，使用者可以通过 HMI 便捷地选择程序并进行加工。但是，如果实际应用需要，也可以通过编写 PLC 程序，由 PLC 程序来选择加工程序。下面将进行简要的介绍。

1. PLC 程序到 HMI 接口的信号

在实际应用中，根据需要编写 PLC 程序，将相关指令发送给 HMI 中，相关的 PLC 程序接口信号见表 A-14。

表 A-14 通过 PLC 程序选择加工程序的信号接口地址表

DB1700	程序选择信号 [r/w] PLC 到 HMI 的接口							
字节	位 7	位 6	位 5	位 4	位 3	位 2	位 1	位 0
DBB1000	从 PLC 选择程序：程序号							
DBB1001	从 PLC 选择程序的命令号：1－保存被选择的程序号；2－选择被保存的程序号							

2. HMI 反馈给 PLC 程序的信号

在相关指令由 PLC 程序传递到 HMI，并由 HMI 根据指令做出相关的判断和动作之后，HMI 会根据相关的状态反馈到 PLC 程序中，相关的 PLC 程序接口信号见表 A-15。

表 A-15　通过 PLC 程序选择加工程序的选择反馈信号接口地址表

DB1700	来自 HMI 的信号［r］ HMI 到 PLC 的接口							
字节	位 7	位 6	位 5	位 4	位 3	位 2	位 1	位 0
DBB2000							程序 选择错误	程序 已选择
DBB2001							程序 执行错误	执行程序

A. 6. 3　来自 HMI 工作模式的选择及时间传递信号

在 SINUMERIK 808D 数控系统的 HMI 上，可以进行工作模式的选择及时间设定，这些信息又可以通过表 A-16 所给出的相关 PLC 程序接口信号，传递到 PLC 程序中，进行后续的处理和操作。

表 A-16　HMI 到 PLC 程序的工作模式选择及时间传递信号接口地址表

DB1800	来自 HMI 的信号［r］ HMI 到 PLC 的接口							
字节	位 7	位 6	位 5	位 4	位 3	位 2	位 1	位 0
DBB0	复位	JOG 模式 启动测量				手动模式	MDA 模式	自动模式
DBB1						回参考点 模式		
DBB1000		调试存档 已读入					用保存的 数据启动	用默认值 启动
DBD1004	PLC 循环时间，单位：微秒，长整型数据							
DBB1008	年：十位，BCD 码				年：个位，BCD 码			
DBB1009	月：十位，BCD 码				月：个位，BCD 码			
DBB1010	日：十位，BCD 码				日：个位，BCD 码			
DBB1011	时：十位，BCD 码				时：个位，BCD 码			
DBB1012	分：十位，BCD 码				分：个位，BCD 码			
DBB1013	秒：十位，BCD 码				秒：个位，BCD 码			
DBB1014	毫秒：百位，BCD 码				毫秒：十位，BCD 码			
DBB1015	毫秒：个位，BCD 码				星期，BCD 码（1 = 星期日）			

A. 6. 4　维护计划相关接口信号

在本书第 8.4.2 节中对 SINUMERIK 808D 数控系统的维护计划功能进行了整体的介绍，

在使用该功能中，涉及 PLC 程序与 HMI 维护计划界面之间的数据交换，本节将介绍 PLC 信号接口地址内容。

1. PLC 程序去向 HMI 维护计划的信号

表 A-17 中给出了 PLC 接口信号用于使用 PLC 控制维护计划时，对相应 PLC 位所对应的任务进行复位处理（详见本书第 8.4.2 节中介绍的内容）。

表 A-17   复位服务计划中的维护任务信号接口地址表

DB1800	去 HMI 的信号 [r/w] PLC 到 HMI 的接口							
字节	位 7	位 6	位 5	位 4	位 3	位 2	位 1	位 0
DBB2000	任务 8	任务 7	任务 6	任务 5	任务 4	任务 3	任务 2	任务 1
DBB2001	任务 16	任务 15	任务 14	任务 13	任务 12	任务 11	任务 10	任务 9
DBB2002	任务 24	任务 23	任务 22	任务 21	任务 20	任务 19	任务 18	任务 17
DBB2003	任务 32	任务 31	任务 30	任务 29	任务 28	任务 27	任务 26	任务 25

表 A-18 中给出了接口信号用于使用 PLC 控制维护计划时，对相应 PLC 位对应的任务进行应答处理，即通过相关信号位置 1，确认所对应的任务完成（详见本书第 8.4.2 节中介绍的内容）。

表 A-18   服务计划中维护任务的应答信号接口地址表

DB1800	去 HMI 的信号 [r/w] PLC 到 HMI 的接口							
字节	位 7	位 6	位 5	位 4	位 3	位 2	位 1	位 0
DBB4000	任务 8	任务 7	任务 6	任务 5	任务 4	任务 3	任务 2	任务 1
DBB4001	任务 16	任务 15	任务 14	任务 13	任务 12	任务 11	任务 10	任务 9
DBB4002	任务 24	任务 23	任务 22	任务 21	任务 20	任务 19	任务 18	任务 17
DBB4003	任务 32	任务 31	任务 30	任务 29	任务 28	任务 27	任务 26	任务 25

2. HMI 维护计划去向 PLC 程序的信号

当相关的任务达到预置时间时，会在 HMI 上输出相应的提示信息或报警信息；同时 HMI 将此状态通过表 A-19 中给出的接口信号表传递到 PLC 程序中（详见本书第 8.4.2 节中介绍的内容）。

表 A-19   服务计划中维护任务的提示信息及报警信号接口地址表

DB1800	来自 HMI 的信号 [r] HMI 到 PLC 的接口							
字节	位 7	位 6	位 5	位 4	位 3	位 2	位 1	位 0
DBB3000	任务 8	任务 7	任务 6	任务 5	任务 4	任务 3	任务 2	任务 1
DBB3001	任务 16	任务 15	任务 14	任务 13	任务 12	任务 11	任务 10	任务 9
DBB3002	任务 24	任务 23	任务 22	任务 21	任务 20	任务 19	任务 18	任务 17
DBB3003	任务 32	任务 31	任务 30	任务 29	任务 28	任务 27	任务 26	任务 25

A.6.5 来自 HMI 的手轮操作信号

在 SINUMERIK 808D 数控系统的 HMI 可以进行手轮选择的相关操作，并通过相关的 PLC 接口信号将信息传递给 PLC 程序中。具体的 PLC 程序接口信号见表 A-20。

表 A-20 HMI 到 PLC 程序的手轮操作信号接口地址表

DB1900	来自 HMI 的信号 [r] HMI 到 PLC 的接口							
字节	位 7	位 6	位 5	位 4	位 3	位 2	位 1	位 0
DBB0	机床/工件坐标切换	模拟有效				报警取消		
DBB1003	机床轴	手轮已选择	轮廓手轮			手轮 1 控制的轴号		
						C	B	A
DBB1004	机床轴	手轮已选择	轮廓手轮			手轮 2 控制的轴号		
						C	B	A

A.6.6 PLC 程序到 HMI 的状态信号

通过 PLC 程序对刀具自动测量进项控制，并将相应的指令和状态传递给 HMI。具体的 PLC 程序接口信号见表 A-21。

表 A-21 PLC 程序到 HMI 的刀具自动测量信号接口地址表

DB1900	去 HMI 的信号 [r/w] PLC 到 HMI 的接口							
字节	位 7	位 6	位 5	位 4	位 3	位 2	位 1	位 0
DBB5000						键盘锁定		
DBB5002								手动测刀使能
DBD5004	手动模式下刀具测量的 T 号，长整型							

A.7 NC 通道辅助功能对 PLC 程序的激活

在 SINUMERIK 808D 数控系统中，NC 加工程序中 T、S、D、H 及 M 指令都可以传送到 PLC 程序中，由 PLC 程序根据不同的代码定义不同的功能，实现不同的动作。具体的 PLC 程序接口信号见表 A-22。

表 A-22 NCK 通道的 NC 程序辅助功能信号到 PLC 程序的信号接口地址表

DB2500	来自 NCK 通道的辅助功能信号 [r/w] NCK 到 PLC 的接口							
字节	位 7	位 6	位 5	位 4	位 3	位 2	位 1	位 0
DBB4				M 功能组 5 改变	M 功能组 4 改变	M 功能组 3 改变	M 功能组 2 改变	M 功能组 1 改变

（续）

DB2500	来自 NCK 通道的辅助功能信号［r/w］ NCK 到 PLC 的接口							
字节	位 7	位 6	位 5	位 4	位 3	位 2	位 1	位 0
DBB6								S 功能组 改变
DBB8								T 功能组 改变
DBB10								D 功能组 改变
DBB12						H 功能组 3 改变	H 功能组 2 改变	H 功能组 1 改变
DBB1000	M7	M6	M5	M4	M3	M2	M1	M0
…				…				
DBB1012					M99	M98	M97	M96
DBD2000	T 功能 1，长整型，换刀时的目标刀号							
DBD3000	M 功能 1，长整型							
DBB3004	M 功能 1 的扩展地址（字节）							
DBD3008	M 功能 2，长整型							
DBB3012	M 功能 2 的扩展地址（字节）							
DBD3016	M 功能 3，长整型							
DBB3020	M 功能 3 的扩展地址（字节）							
DBD3024	M 功能 4，长整型							
DBB3028	M 功能 4 的扩展地址（字节）							
DBD3032	M 功能 5，长整型							
DBB3036	M 功能 5 的扩展地址（字节）							
DBD4000	S 功能 1，浮点数							
DBB4004	S 功能 1 的扩展地址（字节）							
DBD4008	S 功能 2，浮点数							
DBB4009	S 功能 2 的扩展地址（字节）							
DBD5000	D 功能，长整型							
DBD6000	H 功能 1，浮点数							
DBB6004	H 功能 1 的扩展地址（字节）							
DBD6008	H 功能 2，浮点数							
DBB6012	H 功能 2 的扩展地址（字节）							
DBD6016	H 功能 3，浮点数							
DBB6020	H 功能 3 的扩展地址（字节）							

A.8　NCK 与 PLC 程序之间的数据交互

在 SINUMERIK 808D 数控系统中，系统 NCK 可以和 PLC 程序进行数据交互，从而完成相应的指令控制和状态监控反馈等活动。

一般来说，在 NCK 与 PLC 程序进行数据交互的过程中，西门子公司还会进一步根据信号的生效对象和控制功能的不同，将相关信号区分为一般信号、通用信号及通道信号等。

1）一般信号：通常针对基本的系统信息和保护。

2）通道信号：通常针对通道内定义的相关轴的运行模式、状态、控制等相关信号。通道信号只能控制该通道内的相关几何轴，无法控制其他通道内的几何轴。

3）通用信号：通常对与系统模式控制相关的功能。无论有几个通道，通用信号同时适用于所有的通道内的信号。

在 SINUMERIK 808D 数控系统中，由于其为单通道系统，所以对通用信号与通道信号之间的区别并不明显。

本节对所有的 NCK 与 PLC 程序之间的数据交互进行介绍。

A.8.1　NCK 与 PLC 程序之间的一般信号

表 A-23 中给出 PLC 到 NCK 的一般控制信号相关的 PLC 接口地址，可根据需要激活相应功能。

表 A-23　从 PLC 程序到 NCK 的一般信号接口地址表

DB2600	去 NCK 的一般信号［r/w］ PLC 到 NCK 的接口							
字节	位 7	位 6	位 5	位 4	位 3	位 2	位 1	位 0
DBB0	保护级别：影响相关的显示机床数据					急停应答	急停	
	4 级	5 级	6 级	7 级				
DBB1						请求坐标 剩余值	请求坐标 实际值	INC 对操作 方式有效

当系统中激活某种功能或产生报警时，系统 NCK 会对相应情况进行内部的控制处理，同时将相关的监控状态传递给 PLC 程序，便于 PLC 程序依据该状态进行相应的处理。具体的 PLC 信号及对应的功能信息见表 A-24。

表 A-24　从 NCK 到 PLC 程序的一般信号接口地址表

DB2700	来自 NCK 的一般信号［r］ NCK 到 PLC 的接口							
字节	位 7	位 6	位 5	位 4	位 3	位 2	位 1	位 0
DBB0							急停有效	
DBB1	英制有效						探头 2 有效	探头 1 有效
DBB2	NC 就绪	驱动就绪	驱动运行					
DBB3		温度报警						NCK 报警

A.8.2 快速输入/输出信号

在表 A-25、表 A-26 中给出使用 SINUMERIK 808D 数控系统中的快速输入/输出功能时，相关的 PLC 接口信号表。需要注意的是使用快速输入/输出功能时，必须按照本书第 8.7 节中给出的固定结构进行设置。

表 A-25　快速输入/输出信号接口地址表 1

DB2800	快速输入/输出信号 [r/w] PLC 到 NCK 接口							
字节	位 7	位 6	位 5	位 4	位 3	位 2	位 1	位 0
DBB0	程序段数字 NCK 输入							
						输入 3	输入 2	输入 1
DBB1	来自 PLC 用于 NCK 输入的值							
						输入 3	输入 2	输入 1
DBB4	程序段数字 NCK 输出							
								输出 1
DBB5	用于 NCK 输出端的覆盖屏幕窗口							
								输出 1
DBB6	来自 PLC 用于 NCK 输出的值							
								输出 1
DBB7	用于 NCK 输出端的预置屏幕窗口							
								输出 1

表 A-26　快速输入/输出信号接口地址表 2

DB2900	快速输入/输出信号 [r] NCK 到 PLC 接口							
字节	位 7	位 6	位 5	位 4	位 3	位 2	位 1	位 0
DBB0	数字 NCK 输入的实际值							
						输入 3	输入 2	输入 1
DBB4	数字 NCK 输出的实际值							
								输出 1
DBB1000	外部数字 NCK 输入的实际值							
						输入 3	输入 2	输入 1
DBB1004	外部数字 NCK 输出的 NCK 设定值							
								输出 1

A.8.3 NCK 与 PLC 程序之间的基本通用信号

表 A-27 中给出与 PLC 程序到 NCK 的通用信号相关联的 PLC 接口地址，可根据需要激活相关的功能。

表 A-27　从 PLC 程序到 NCK 的通用信号接口地址表

DB3000	去 NCK 的一般信号 [r/w] PLC 到 NCK 的接口							
字节	位 7	位 6	位 5	位 4	位 3	位 2	位 1	位 0
DBB0	复位			禁止 方式转换		手动	MDA	自动
DBB1						回参考点		
DBB2	机床功能：增量选择							
		连续运行	增量 INC			100INC	10INC	1INC

PLC 程序通过表 A-27 中对应的信号接口将指令传递到 NCK 之后，NCK 进行相应的处理和控制动作，进而将处理后的结果及监控状态，通过表 A-28 中 PLC 接口地址，反馈到 PLC 程序中。

表 A-28　从 NCK 到 PLC 程序的通用信号接口地址表

DB3100	来自 NCK 的一般信号 [r] NCK 到 PLC 的接口							
字节	位 7	位 6	位 5	位 4	位 3	位 2	位 1	位 0
DBB0	复位				系统就绪	手动	MDA	自动
DBB1						回参考点		
DBB2	机床功能							
		连续运行	增量 INC			100INC	10INC	1INC

A.8.4　NCK 与 PLC 程序之间的基本通道信号

表 A-29 中给出从 PLC 程序到 NCK 的通道控制信号相关的 PLC 接口地址，可根据需要激活相关的功能。

表 A-29　从 PLC 程序到 NCK 的通道信号接口地址表

DB3200	去 NCK 的一般信号 [r/w] PLC 到 NCK 的接口							
字节	位 7	位 6	位 5	位 4	位 3	位 2	位 1	位 0
DBB0		激活 空运行	激活 M01 停	激活 单段运行	激活 DRF	激活前进	激活后退	
DBB1	激活程序 测试					激活 保护区	激活 回参考点	
DBB2							激活 程序跳转	
DBB4	进给倍率							
	H	G	F	E	D	C	B	A

（续）

DB3200	去 NCK 的一般信号 [r/w] PLC 到 NCK 的接口							
字节	位 7	位 6	位 5	位 4	位 3	位 2	位 1	位 0
DBB5	快速进给修调							
	H	G	F	E	D	C	B	A
DBB6	进给倍率 生效	快速倍率 生效	进给速度 限制	程序终止	删子程序 循环次数	删除剩余 行程	读入禁止	进给保持
DBB7				NC 停止进给 轴/主轴	NC 停止	程序结束 NC 停止	NC 启动	NC 启动禁止
DBB8	激活以机床为参照的保护区							
	区域 8	区域 7	区域 6	区域 5	区域 4	区域 3	区域 2	区域 1
DBB9	激活以机床为参照的保护区							
							区域 10	区域 9
DBB10	激活通道专用的保护区							
	区域 8	区域 7	区域 6	区域 5	区域 4	区域 3	区域 2	区域 1
DBB11	激活通道专用的保护区							
							区域 10	区域 9
DBB13	刀具 未禁止		关闭工件 计数器		激活固定进给率			
					进给轴 4	进给轴 3	进给轴 2	进给轴 1
DBB14	换刀命令 无效	JOG 循环	激活组合的 M01	负向模拟 轮廓手轮	模拟轮廓 手轮开		激活轮廓 手轮 1	激活轮廓 手轮 2
DBB15	激活程序 跳转 9	激活程序 跳转 8	反转轮 廓手轮方向					
DBB16								GOTOS 控制
DBB1000	工件坐标系中的轴 1							
	移动命令 +	移动命令 −	快速叠加	移动键禁止	进给保持		激活手轮 2	激活手轮 1
DBB1001	工件坐标系中的轴 1，机床功能							
		连续运行	增量 INC			100INC	10INC	1INC
DBB1003	工件坐标系中的轴 1							
								手轮旋转反向
DBB1004	工件坐标系中的轴 2							
	移动命令 +	移动命令 −	快速叠加	移动键禁止	进给保持		激活手轮 2	激活手轮 1
DBB1005	工件坐标系中的轴 2，机床功能							
		连续运行	增量 INC			100INC	10INC	1INC
DBB1006	工件坐标系中的轴 2							
								手轮旋转反向

（续）

DB3200	去 NCK 的一般信号［r/w］ PLC 到 NCK 的接口							
字节	位 7	位 6	位 5	位 4	位 3	位 2	位 1	位 0
DBB1008	工件坐标系中的轴 3							
	移动命令 +	移动命令 −	快速叠加	移动键禁止	进给保持		激活手轮 2	激活手轮 1
DBB1009	工件坐标系中的轴 3，机床功能							
		连续运行	增量 INC			100INC	10INC	1INC
DBB1010	工件坐标系中的轴 3							
								手轮旋转反向

　　在 PLC 程序中，通过表 A-30 中对应的 PLC 接口信号地址将指令传递到 NCK 之后，NCK 进行相应的处理和控制动作，进而将处理后的结果及监控状态，通过表 A-30 中所给出的相关的 PLC 接口地址，反馈到 PLC 程序中。

表 A-30　从 NCK 到 PLC 程序的通道信号接口地址表

DB3300	来自 NCK 的通道状态信号［r］ NCK 到 PLC 的接口							
字节	位 7	位 6	位 5	位 4	位 3	位 2	位 1	位 0
DBB0		最后动作 程序段有效	M0/M01 有效	移动程序段 有效	动作程序段 有效	前进有效	后退有效	外部执行 有效
DBB1	程序测试 有效		M2/M30 有效	程序搜索 有效	手轮倍率 有效	旋转进给 有效		回参考点 有效
DBB3	通道状态				程序状态			
	复位	中断	有效	终止	中断	停止	中断	运行
DBB4	NCK 报警	NCK 通道 报警	通道运行中		所有轴静止	所有轴已回 参考点	停止请求	启动请求
DBB7			反转轮廓 手轮方向					保护区 不再保护
DBB8	预激活机床相关的保护区域							
	区域 8	区域 7	区域 6	区域 5	区域 4	区域 3	区域 2	区域 1
DBB9	预激活机床相关的保护区域							
							区域 10	区域 9
DBB10	预激活通道相关的保护区域							
	区域 8	区域 7	区域 6	区域 5	区域 4	区域 3	区域 2	区域 1
DBB11	预激活通道相关的保护区域							
							区域 10	区域 9
DBB12	超出以机床为参照的保护区域							
	区域 8	区域 7	区域 6	区域 5	区域 4	区域 3	区域 2	区域 1

（续）

字节	位7	位6	位5	位4	位3	位2	位1	位0
DB3300	来自 NCK 的通道状态信号［r］ NCK 到 PLC 的接口							
DBB13	超出以机床为参照的保护区域						区域 10	区域 9
DBB14	超出已通道以参照的保护区域							
	区域 8	区域 7	区域 6	区域 5	区域 4	区域 3	区域 2	区域 1
DBB15	超出以通道为参照的保护区域						区域 10	区域 9
DBB1000	工件坐标系中的轴 1							
	移动命令 +	移动命令 –	快速叠加	移动键禁止	进给保持		激活手轮 2	激活手轮 1
DBB1001	工件坐标系中的轴 1，机床功能							
		连续运行	增量 INC			100INC	10INC	1INC
DBB1003	工件坐标系中的轴 1							
								手轮旋转反向
DBB1004	工件坐标系中的轴 2							
	移动命令 +	移动命令 –	快速叠加	移动键禁止	进给保持		激活手轮 2	激活手轮 1
DBB1005	工件坐标系中的轴 2，机床功能							
		连续运行	增量 INC			100 INC	10 INC	1 INC
DBB1006	工件坐标系中的轴 2							
								手轮旋转反向
DBB1008	工件坐标系中的轴 3							
	移动命令 +	移动命令 –	快速叠加	移动键禁止	进给保持		激活手轮 2	激活手轮 1
DBB1009	工件坐标系中的轴 3，机床功能							
		连续运行	增量 INC			100 INC	10 INC	1 INC
DBB1010	工件坐标系中的轴 3							
								手轮旋转反向
DBB4000								G0 有效
DBB4001			驱动测试 运行请求				到达所需 工件数量	外部编程 语言有效
DBB4002		空运行 进给有效	组合 M0/ M1 有效					ASUP 停止
DBB4004	ProgEvent 显示							
			程序段查找 后启动		引导启动	操作面板 复位	零件程序 结束	零件程序 复位启动
DBB4005		JOG 循环 有效						
DBB4006							ASUP 无效	ASUP 有效

A.8.5　NCK 与 PLC 程序之间的 G 功能通道信号

当 NC 加工程序调用 G 功能执行指令之后，由 NCK 进行相应的处理和控制动作，进而将所激活的 G 功能的相应信息，通过表 A-31 中所给出的相关的 PLC 接口地址，反馈到 PLC 程序中。

表 A-31　从 NCK 到 PLC 程序的 G 功能通道信号接口地址表 G

DB3500	来自 NCK 通道的 G 功能 [r] NCK 到 PLC 的接口							
字节	位 7	位 6	位 5	位 4	位 3	位 2	位 1	位 0
DBB0	激活组 1 的 G 功能（字节）							
…	…							
DBB63	激活组 64 的 G 功能（字节）							

A.8.6　NCK 与 PLC 程序之间的 M/S 功能信号

当 NC 加工程序调用 M/S 功能执行指令之后，由 NCK 进行相应的处理和控制动作，进而将所激活的 G 功能的相应信息，通过表 A-32 中所给出的相关的 PLC 接口地址，反馈到 PLC 程序中。

需要说明的是，在表 A-32 的 DB370x 信号中，x 代表轴号：0 表示 X 轴；1 表示 Y 轴；2 表示 Z 轴；3 表示主轴。

表 A-32　从 NCK 到 PLC 程序的 M/S 功能传输信号接口地址表

DB370x	M/S 功能 [r] NCK 到 PLC 的接口							
字节	位 7	位 6	位 5	位 4	位 3	位 2	位 1	位 0
DBD0	用于主轴的 M 功能（长整型数据）							
DBD4	用于主轴的 S 功能（浮点数）							

A.8.7　NCK 与 PLC 程序之间的轴相关的信号

通过系统 NCK 与 PLC 程序之间的数据交换，还能对系统的进给轴或者主轴进行控制，同时接收进给轴或者主轴相关的状态反馈。

本节主要介绍系统 NCK 与 PLC 程序之间的轴相关的信号，表 A-33 中所使用的 DB380x 及 DB390x 中，x 代表轴号：0 表示 X 轴；1 表示 Y 轴；2 表示 Z 轴；3 表示主轴。

1. 从 PLC 程序到 NCK 的进给轴或主轴的信号

通过 PLC 程序中相关接口信号，将指令传递到系统 NCK 中，NCK 在接受指令之后，会对指令进行相应的处理，并进而对相应的进给轴或主轴输出合适的指令信号，从而实现相关的控制。

在表 A-33 中给出从 PLC 程序到 NCK 的进给轴或主轴相关控制信号的 PLC 接口地址，可根据需要激活相关的功能。

表 A-33　从 PLC 程序到 NCK 的进给轴或主轴的信号接口地址表

DB380x	去向进给轴/主轴的信号［r/w］ PLC 到 NCK 的接口							
字节	位 7	位 6	位 5	位 4	位 3	位 2	位 1	位 0
DBB0	进给倍率							
	H	G	F	E	D	C	B	A
DBB1	倍率生效		测量系统 1	跟踪运行	进给/主轴禁止			
DBB2	参考点值				夹紧运行	删除余程/主轴复位	伺服使能	
	4	3	2	1				
DBB3	程序测试时轴/主轴使能	进给轴/主轴速度极限	激活固定进给率				固定点移动使能	
			进给轴 4	进给轴 3	进给轴 2	进给轴 1		
DBB4	移动键		快速移动修调	移动键禁止	进给/主轴停止	激活手轮		
	正向	负向					2	1
DBB5	机床功能，仅当 DB2600. DBX1. 0 = 1 时有效							
		连续运行	增量 INC			100 INC	10 INC	1 INC
DBB1000	参考点信号				软限位开关		硬限位开关	
					+	−	+	−
DBB1002						激活程序测试	抑制程序测试	
DBB4000			抱闸					
DBB4001	脉冲使能	速度调节器 PI→P	电动机已选择					

注：在表 A-33 中，DBB4000 与 DBB4001 为驱动相关的 PLC 接口信号地址。

在表 A-34 中给出从 PLC 程序到 NCK 的主轴相关控制信号的 PLC 接口地址，可根据需要激活相关的功能。

表 A-34　从 PLC 程序到 NCK 的主轴的信号接口地址表

DB3803	去主轴的信号［r/w］ PLC 到 NCK 的接口							
字节	位 7	位 6	位 5	位 4	位 3	位 2	位 1	位 0
DBB2000	删除 S 值	齿轮箱切换时没有转速监控	主轴重新同步		换档完成	实际齿轮级		
			2	1		C	B	A
DBB2001		M3/M4 反向		重新定位				主轴倍率生效
DBB2002	逆时针摆动	顺时针摆动	摆动速度	PLC 控制摆动				

（续）

DB3803	去主轴的信号［r/w］ PLC 到 NCK 的接口							
字节	位 7	位 6	位 5	位 4	位 3	位 2	位 1	位 0
DBB2003	主轴倍率							
	H	G	F	E	D	C	B	A
DBB5006				主轴定向	自动换档	主轴逆时针转	主轴顺时针转	主轴停止

2. 从 NCK 到 PLC 程序的进给轴或主轴的信号

PLC 程序通过表 A-33 中对应的信号接口将指令传递到 NCK 之后，NCK 将进行相应的处理和控制动作，进而将处理后的结果及监控状态，通过表 A-35 中所给出的相关的 PLC 接口地址，反馈到 PLC 程序中。

表 A-35　从 NCK 到 PLC 程序的进给轴或主轴的信号接口地址表

DB390x	来自进给轴/主轴的信号［r］ NCK 到 PLC 的接口							
字节	位 7	位 6	位 5	位 4	位 3	位 2	位 1	位 0
DBB0				已回参考点	编码器频率极限超出			主轴/非
	静准停	粗准停			2	1		进给轴
DBB1	电流环生效	速度环生效	位置环生效	进给轴/主轴静止	跟踪激活	轴运行就绪		运行请求
DBB2			固定点到达	固定点移动激活	测量生效		手轮叠加生效	
DBB4	移动命令		有效的手轮					
	+	−	+	−			2	1
DBB5	有效的机床功能							
			连续运行	增量 INC		100 INC	10 INC	1 INC
DBB1002								润滑脉冲
DBB4001	脉冲已使能	速度调节器已切换到 P	驱动就绪					
DBB4002		实际速度等于给定速度	实际速度小于额定速度	实际速度小于最小速度		加速结束		
DBB5002		加速度极限报警	速度极限报警	已叠加的运动				
DBB5003		到达最大加速度	到达最大速度	同步运行	轴加速			

在 PLC 程序通过表 A-34 中对应的信号接口将指令传递到 NCK 之后，NCK 将进行相应

的处理和控制动作之后，进而将处理后的结果及监控状态，通过表 A-36 中所给出的相关的 PLC 接口地址，反馈到 PLC 程序中。

表 A-36　从 NCK 到 PLC 程序的主轴的信号接口地址表

DB3903	来自主轴的信号［r］ NCK 到 PLC 的接口							
字节	位 7	位 6	位 5	位 4	位 3	位 2	位 1	位 0
DBB2000					需要换档	设定齿轮级		
						C	B	A
DBB2001	实际按顺时针转动	速度监测	速度到达给定值			给定值提高	给定值受限制	超出速度限值
DBB2002	主轴有效方式				刚性攻丝			恒定切削速度
	控制	摆动	定位					

A.9　NCK 用户数据在 PLC 程序中的应用

在 SINUMERIK 808D 系统中，可以在 PLC 程序中使用用户数据所对应的相关 PLC 接口信号的激活与否，来控制某一 PLC 相关功能是否生效。这样在实际应用中，就可以通过对用户数据的设定，来实现相关 PLC 程序功能的调用与取消。

本节介绍 NCK 用户数据（14510/14512/14514/14516）在 PLC 程序中相关应用及接口信号。

A.9.1　NCK 用户数据 14510/14512/14514 在 PLC 程序中的应用

在表 A-37 中介绍了 NCK 用户数据 14510/14512/14514 在 PLC 程序中所对应的 PLC 接口地址，可根据需要激活相关的功能。

表 A-37　用户数据在 PLC 程序中对应关系表 1

DB4500	来自 NCK 的信号［r］ NCK 到 PLC 的接口							
字节	位 7	位 6	位 5	位 4	位 3	位 2	位 1	位 0
DBW0	整型值，对应机床数据 14510［0］							
DBW2	整型值，对应机床数据 14510［1］							
…	…							
DBW62	整型值，对应机床数据 14510［31］							
DBB1000	十六进制值，对应机床数据 14512［0］							
DBB1001	十六进制值，对应机床数据 14512［1］							
…	…							
DBB1031	十六进制值，对应机床数据 14512［31］							
DBD2000	浮点数，对应机床数据 14514［0］							
DBD2004	浮点数，对应机床数据 14514［1］							
…	…							
DBD2028	浮点数，对应机床数据 14514［7］							

A. 9. 2　NCK 用户数据 14516 在 PLC 程序中的应用

在表 A-38 中介绍了 NCK 用户数据 14516 在 PLC 程序中所对应的 PLC 接口地址，可根据需要激活相关的功能。

需要注意的是，NCK 用户数据 14516 的使用，通常针对于表 A-9 中所列的用户报警相关，进行报警清除条件及响应相关的控制。

表 A-38　用户数据在 PLC 程序中对应关系表 2

DB4500	来自 NCK 的信号［r］ NCK 到 PLC 的接口							
字节	位 7	位 6	位 5	位 4	位 3	位 2	位 1	位 0
DBB3000	十六进制值，对应机床数据 14516［0］							
	报警清除条件		700000 报警的响应					
	上电	删除键	无定义	PLC 停止	急停	进给保持	读入禁止	启动禁止
…	…							
DBB3127	十六进制值，对应机床数据 14516［127］							
	报警清除条件		700127 报警的响应					
	上电	删除键	无定义	PLC 停止	急停	进给保持	读入禁止	启动禁止

附录 B　SINAMICS V60 驱动器相关信息

附录 B 导读：

在本书的第 6 章中，已经对 SINAMICS V60 驱动器的基本调试方法和操作方法进行了简要的说明和描述，本附录主要介绍在调试和使用过程中，需要使用到的 SINAMICS V60 驱动器全部的参数数据、相关报警信息以及相应报警的常见处理方法。

B. 1　SINAMICS V60 驱动器参数列表

在表 B-1 中介绍了 SINAMICS V60 驱动器全部的参数列表，并对其相关功能和使用条件进行说明，在实际应用中可根据需要进行设定。

表 B-1　SINAMICS V60 驱动器参数列表

参数	参数名称	范围	默认值	增量	单位	生效
P01	参数写入保护	0~1	0	1	—	立即生效
	0：所以其他参数（P01 除外）都是只读的 1：可以对其他所有参数进行读取和写入 注意：每次上电后，P01 将自动被复位成 0！					
P05	内部使能	0~1	0	1	—	立即生效
	0：需要外部使能 JOG 模式 1：内部使能 JOG 模式 注意：每次上电后，P05 将自动被复位成 0！					
P16	电动机最大电流限制	0~100	100	1	%	重新上电
	此参数用于将电动机的最大电流（2 倍额定电动机电流）限制至给定的比例					
P20	速度环比例增益	0.01~5.00	取决于驱动器型号	0.01	N·m*s/rad	立即生效
	默认值设置如下： 4N·m：0.81（0.54）　6N·m：1.19（0.79）　7.7N·m：1.50（1.00）　10N·m：2.10（1.40） 注意：默认值取决于所使用的软件版本					
	此参数规定了控制回路的比例大小（比例环节增益 Kp） 设置的数值越大，增益和刚性就越高。参数值取决于具体的驱动和负载。一般情况下，负载惯量越大，数值也就设置得越大。然而，如果并未发生系统振动，则将数值设置的尽可能大					
P21	速度环积分作用时间	0.1~300.0	取决于驱动型号	0.1	ms	立即生效
	默认值设置如下： 4N·m：17.7（44.2）　6N·m：17.7（44.2）　7.7N·m：17.7（44.2）　10N·m：18.0（45.0） 注意：默认值取决于所使用的软件版本					
	此参数规定了控制回路的积分作用时间（Tn，积分环节） 设置的数值越小，增益和刚性就越高。参数值取决于具体的驱动和负载					

（续）

参数	参数名称	范围	默认值	增量	单位	生效
P26	最高转速限制	0 ~ 2200	2200	20	r/min	重新上电
	此参数规定了可能的最高电动机转速					
P30	位置比例增益	0.1 ~ 3.2	3.0（2.0）	0.1	1000/min	立即生效
	1）设定位置环调节器的比例增益 2）设定值越大，增益越高，刚度越大，相同频率指令脉冲条件下，位置滞后量越小。但数值太大可能会引起振荡和超调 3）参数数值根据具体的伺服驱动系统型号和负载情况确定					
P31	位置前馈增益	0 ~ 100	85（0）	1	%	立即生效
	1）设定位置环前馈增益 2）设定为 100% 时，表示在任何频率的指令脉冲下，位置滞后量总是为 0 3）位置环的前馈增益增大，控制系统的高速响应特性提高，但会使系统的位置环不稳定，容易产生振荡 4）除非需要很高的响应特性，否则位置环的前馈增益一般设置为 0					
P34	最大可允许跟随误差	20 ~ 999	500	1	100 个脉冲	立即生效
	注意： 此参数规定了所允许的最大跟随误差值，当实际跟随误差值大于此参数时，驱动发出位置超差（A43）报警					
P36	输入脉冲倍率	1、2、4、5、8、10、16、20、100、1000	1	3	—	重新上电
	该参数定义输入脉冲的倍率： 例如，当 P36 = 100 时，输入频率 = 1kHz，输出频率 = 1kHz × 100 = 100kHz					
	注意： 脉冲频率设定值 = 实际脉冲频率 × 输入脉冲倍率 只有软件版本为 V01.06 或者更新，参数 P36 才可以使用 当 P36 设定为 100 和 1000 时，速度会发生波动					
P41	抱闸打开延迟时间	20 ~ 2000	100	10	ms	重新上电
	在驱动使能后，驱动会延迟 P41 中相应时间，再打开抱闸 下列情况可以使能驱动： A. 当同时满足下列三个条件时： 1）已使能端子 65（外部使能） 2）驱动已接收到 NC 的使能信号 3）驱动为探测到报警 B. 当同时满足下列两个条件时： 1）已使能端子 65（外部使能） 2）电动机通过功能菜单项 "JOG-RUN" 来运行 C. 当同时满足下列两个条件时： 1）P05 = 1（可以内部使能 JOG 模式） 2）电动机通过功能菜单项 "JOG-RUN" 来运行					

（续）

参数	参数名称	范围	默认值	增量	单位	生效
P42	电动机运转时抱闸关闭时间	20～2000	100	10	ms	重新上电
	在电动机转速大于30r/min并且驱动器出现报警时，如果在此参数设置的时间内电动机转速仍大于参数P43设定的速度值，那么驱动器会在出现报警后的此参数设置的时间内关闭抱闸					
P43	电动机运转时抱闸关闭速度	0～2000	100	20	r/min	重新上电
	在电动机转速大于30r/min并且驱动器出现报警时，如果在参数P42设置的时间内电动机转速已经小于此参数设定的速度值，那么驱动器会在电动机转速等于此参数设置的速度值时关闭抱闸					
P44	电动机停止时关闭抱闸后的使能时间	20～2000	600	10	ms	重新上电
	在电动机转速小于20r/min时，驱动器会在抱闸关闭后在此参数设定的时间内继续保持使能					
P46	JOG速度	0～2000	200	10	r/min	立即生效
	此参数设置了JOG模式下的电动机转速					
P47	电动机加/减速时间常数	0.0～10.0	4.0	0.1	s	重新上电
	此参数定义了电动机从0r/min加速至2000r/min或从2000r/min减速至0r/min的时间					
P99	此参数仅供西门子公司内部使用					

B.2 SINAMICS V60 驱动器相关报警

在表 B-2 中介绍了 SINAMICS V60 驱动器相关报警，在实际应用中可根据具体情况进行查询了解。

表 B-2 SINAMICS V60 驱动器报警一览表

报警代码	报警名称	报警说明
A01	功率板 ID 错误	无法识别的功率板
A02	参数错误	参数确认出错（CRC错误、编码器类型或参数标题无效）
A03	存储器受损	存储器写入失败
A04	控制电压错误	控制电压低于3.5V
A05	IGBT 过电流	探测到 IGBT 过电流
A06	内部芯片检测到过电流	探测到内部芯片过电流
A07	接地短路	驱动自检时接地短路
A08	编码器 UVW 错误	探测到编码器 U 相位信号、V 相位信号以及 W 相位信号的情况相同。（全部高电平或者低电平）
A09	编码器 TTL 错误	TTL 脉冲错误
A14	内部错误	软件故障
A21	直流母线过电压	直流母线电压高于 405V

（续）

报警代码	报警名称	报 警 说 明
A22	IT 保护	IGBT 电流超出电流上限值达 300ms
A23	直流母线欠电压	直流母线电压低于 200V
A41	超速	实际电机转速高于 2300r/min
A42	IGBT 过温	IGBT 过热
A43	跟随误差过大	跟随误差超出 P43 设定的最大值
A44	I^2t 保护	电动机负载超过额定电动机转矩
A45	紧急停止	在驱动正常运行时，65 使能丢失

B.3 SINAMICS V60 驱动器相关报警的处理方法

在表 B-3 中介绍了 SINAMICS V60 驱动器引发相关报警的可能原因，并根据通常的应用经验及驱动器特点给出相关报警可能需要使用到的处理方法，使用者可根据实际应用情况进行查询，并参考可能的引发原因和处理方法进行初步的故障诊断及排除工作。

需要注意的是，表 B-3 中只给出常见的故障产生原因及可能的相关处理方法，如果无法根据表 B-3 中所给出的信息排除故障，应及时与西门子公司的服务工程师联系进行后续的处理。

表 B-3 SINAMICS V60 驱动器报警处理方法一览表

报警代码	报警出现状态	可能原因	处理方法	报警清除
A01	—	功率板电路损坏	更换驱动设备	重新上电
A02	—	在保存数据时突然断电导致损坏数据存储区域	恢复默认参数	重新上电
A03	—	将用户参数保持到闪存失败	更换驱动设备	重新上电
A04	—	1) 24V 直流电源异常 2) 驱动受阻	1) 检查 24V 电源 2) 更换驱动设备	重新上电
A05	1) 接通主电源时出现 2) 电动机运行过程出现	1) 驱动器 U/V/W/PE 之间短路 2) 接地不良 3) 电动机绝缘损坏 4) 驱动器受损	1) 检查接线 2) 正确接线 3) 更换电动机 4) 更换驱动器	重新上电
A06	1) 接通主电源时出现 2) 电动机运行过程出现	1) 驱动器 U/V/W/PE 之间短路 2) 接地不良 3) 电动机绝缘损坏 4) 驱动器受损	1) 检查接线或 U/V/W 有一相断线 2) 正确接线 3) 更换电机 4) 更换驱动器	重新上电
A07	1) 接通主电源时出现 2) 电动机运行过程出现	1) IGBT 模块损坏 2) U/V/W 与 PE 之间短路	1) 更换驱动器 2) 检查接线	重新上电

（续）

报警代码	报警出现状态	可能原因	处理方法	报警清除
A08	—	1）驱动器 U/V/W 信号损坏 2）电缆不良 3）电缆屏蔽不良 4）屏蔽地线未接好 5）编码器接口电路故障	1）更换编码器 2）检查编码器接口电路	重新上电
A09	—	1）驱动器 A/B/Z 信号损坏 2）电缆不良 3）电缆屏蔽不良 4）屏蔽地线未连接好 5）编码器接口电路故障	1）检查编码器电缆连接 2）检查编码器接口电路	重新上电
A14	—	1）出现内部软件故障 2）编码器短路	1）上电复位 2）检查编码器接口电路	重新上电
A21	—	1）电路板故障 2）电源电压过高/波形不正常 3）内部制动电阻断线/损坏 4）制动回路容量不够	1）更换驱动器 2）检查供电电源 3）更换驱动设备 4）降低起停频率 减小电流限制值 减小负载惯量 使用更大功率驱动和电动机	按操作面板 Enter 键或使用驱动器上 X6 接口的 RST 端子
A22	—	1）电动机被机械卡死 2）负载过大	1）检查负载机械部分 2）减少负载 使用更大功率的驱动器和电动机	按操作面板 Enter 键或使用驱动器上 X6 接口的 RST 端子
A23	—	1）电路板故障 电源熔丝损坏 整流器损坏 2）电源电压低 电源容量不够 瞬时掉电	1）更换驱动器 2）检查电源	按操作面板 Enter 键或使用驱动器上 X6 接口的 RST 端子
A41	1）接 24V 直流时出现 2）电动机运行过程出现 3）电动机刚起动时出现	1）控制电路板故障 编码器故障 2）编码器故障 编码器电缆不良 3）电动机 U/V/W 接线错误 编码器接线错误	1）更换驱动器 更换伺服电动机 2）更换伺服电动机 更换编码器电缆 3）正确接线	按操作面板 Enter 键或使用驱动器上 X6 接口的 RST 端子

（续）

报警代码	报警出现状态	可能原因	处理方法	报警清除
A42	—	1）周围环境温度过高 2）驱动过载 3）电路板故障	1）检查周围环境温度 2）检查驱动负载 3）更换驱动器	按操作面板 Enter 键或使用驱动器上 X6 接口的 RST 端子
A43	1）接通 24V 直流电源时出现 2）接通主电源及控制线，输入指令脉冲后电动机不转或反转 3）电动机在运行过程中出现	1）电路板故障 2）电动机 U/V/W 或编码器电缆接线错误 编码器故障 3）最大允许跟随误差小 位置环比例增益太小 转矩不足 速度不足 指令脉冲频率太高	1）更换驱动器 2）正确接线 更换伺服电动机 3）增加跟随误差范围（P34） 增大增益 检查电流限制值（P16）/减少负载容量/更换大功率驱动和电动机 检查最高转速限值（P26） 降低频率或检查 P36 中设置的数值是否正确	按操作面板 Enter 键或使用驱动器上 X6 接口的 RST 端子
A44	1）接通 24V 直流电源时出现 2）电动机运行过程中出现	1）电路板故障 2）超过额定转矩运行 抱闸没有打开 电动机不稳定振荡 编码器接线错误	1）更换驱动器 2）检查负载/降低起停频率/更换大功率驱动和电动机 检查保证是否打开 调整增益/减小负载惯量 检查接线	按操作面板 Enter 键或使用驱动器上 X6 接口的 RST 端子
A45	—	驱动器在 RUN 状态时 65 使能信号丢失	检查 65 使能端子	按操作面板 Enter 键或使用驱动器上 X6 接口的 RST 端子